普通高等教育“十二五”高职高专规划教材·专业课（理工科）系列

电气控制及PLC技术

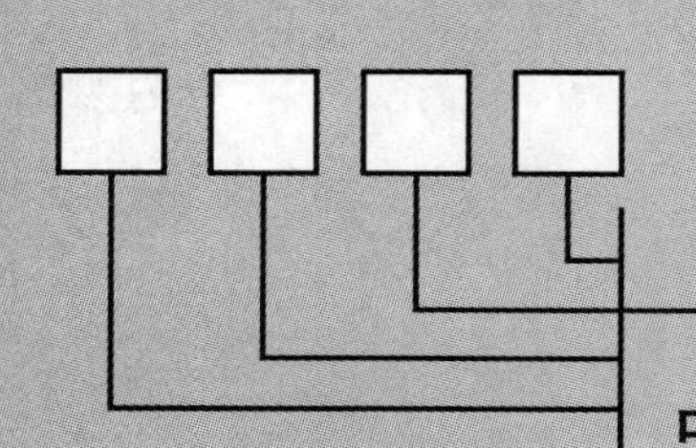

中国高等教育学会　组织编写

主　编　李美菊　陈　建

副主编　范振瑞　孙晓鹏　梁　强　宋清龙

参　编　李晓楠　叶云云　徐伟伟　陈丽娟

中国人民大学出版社

·北京·

前　言

可编程序控制器（PLC）作为现代化的自动控制装置已普遍应用于工业的各个领域，是生产过程自动化必不可少的智能控制设备。掌握 PLC 的组成原理及编程方法，熟悉 PLC 的应用技巧，是每一位机电专业技术人员必须具备的基本能力之一。

本书以培养学生的职业能力为重点，与行业企业结合进行基于工作过程的课程开发与设计。我们通过企业岗位调研，了解维修电工岗位的典型工作任务，并对典型工作任务进行归类和划分后确定了电气控制与 PLC 这一领域，将其转化为学习的目标和任务。因此，课程设置依据了现场维修电工岗位的工作任务需求，课程内容设计依据了完成实际岗位的工作任务所需的技能、知识及态度。本书在编写过程中吸取了大量已出版的 PLC 技术教材的优点，从实际应用角度出发，形成了独特的内容体系。

本书以职业岗位为目标，以职业能力为核心，以职业标准为内容，以教学模块为结构，以最新技术为课程视野，以产学研为途径，以一体化实训和真实工作环境为教学情境，基于工作过程，以项目教学为形式，创新教学方法和手段，是一本集职业能力培养和职业综合素质教育为一体、工学结合、理论实践一体化的教材。根据现场对本课程知识技能的需求，我们将学习领域分为常用机床电气控制线路安装及维修、电动机 PLC 控制系统的设计及应用、工业生产线 PLC 控制系统的设计与应用、灯光控制系统的设计及应用、PLC 综合控制系统的设计与应用共五个学习情境，每个情境由 3～5 个学习任务构成，学生的主体作用逐步加强，老师的指导作用逐步减弱。最后实现由学生在老师的指导下学习变为引导学生自主学习完成项目的转变。

本书围绕维修电工 PLC 控制系统的安装、调试及运行、维护等工作过程，基于由浅入深，由简单到复杂的原则，通过五个学习情境、多个学习任务的实施，完全体现出电气控制与 PLC 课程的教学特色：一是完全采用工程实例，项目载体即是现场工程项目，做到理论联系实际、工学结合；二是个性化、开放性的教学特色，学生可以根据自己的基础及兴趣自主选择项目载体，在项目完成过程中，教师为学生创造了一个开放的环境，学生可以充分发挥自己的能动性；三是将职业标准融入教学，将考证纳入教学情境及项目。

本教材知识结构清晰，每个教学情境相互独立，学习任务结合实际，在理论与实践的结合上进行了有效的探索，力求为初学 PLC 的读者提供一本有价值的学习资料，同时也为 PLC 爱好者提供一本与生产实践紧密结合且便于实际操作的实用教材。

本书由德州职业技术学院李美菊、陈建主编并统稿，范振瑞、孙晓鹏、梁强、宋清龙任副主编。李晓楠、叶云云、徐伟伟及陈丽娟参与了编写。本书在编写过程中得到了德州职业技术学院领导和电气工程系领导的大力支持，以及电气工程系老师多方面的帮助，在此一并表示感谢。

编者

2013 年 7 月

目 录

情境一 常用机床电气控制线路安装及维修

现代机床通常是由电动机来拖动的，目前，国内普遍采用继电器—接触器控制的电力拖动控制线路实现机床电气控制。通过本情景的学习，主要掌握以下三个方面的知识：

1. CA6140 车床电气控制线路的安装、调试与维修

CA6140 车床是机械加工中用得最广泛的一种机床，其控制线路涉及点动、自锁及顺序起动等电力拖动基本控制电路。

2. Z3050 摇臂钻床电气控制线路的安装、调试与维修

钻床的机构、主要运动形式、电力拖动特点及控制要求都基本相同，Z3050 摇臂钻床摇臂的夹紧和放松由电动机配合液压装置自动进行。

3. X62W 万能铣床电气控制线路的安装、调试与维修

常用的万能铣床有 X62W 型卧式万能铣床和 X52K 型立式万能铣床，这两种铣床在结构上大体相似，工作台进给方式、主轴变速等都一样，电气控制线路经过系列化以后也基本一致，差别在于 X62W 型卧式万能铣床铣头水平方式放置，而 X52K 型立式万能铣床铣头垂直方式放置。

1. 掌握常用低压电器的基本知识。
2. 熟悉绘制、识读电路图的原则。
3. 掌握 CA6140 卧式车床的电路图，并掌握其控制线路的分析、安装、调试、维修。
4. 掌握 Z3035 摇臂钻床的基本结构及运动形式，掌握其电路工作原理并能检修常见故障。
5. 熟悉 X62W 万能铣床的基本结构及运动形式，熟悉其电路工作原理并能对其进行安装、调试和维修。

30 学时

任务一 CA6140 车床电气控制线路

任务描述

普通车床是一种应用极为广泛的金属切削机床，能够车削外圆、内圆、端面、螺纹、螺杆以及钻孔、铰孔等。

如图 1—1 所示，CA6140 车床是机械加工中应用较广的卧式车床，它主要由床身、主轴箱、进给箱、溜板箱、刀架、卡盘、尾架、丝杠和光杆等组成。

CA6140 车床有两个主要的运动：一是卡盘带动工件的旋转，也就是车床主轴的运动；二是溜板带动刀架的直线运动，称为进给运动。下面我们来学习安装 CA6140 型车床的电气控制线路。

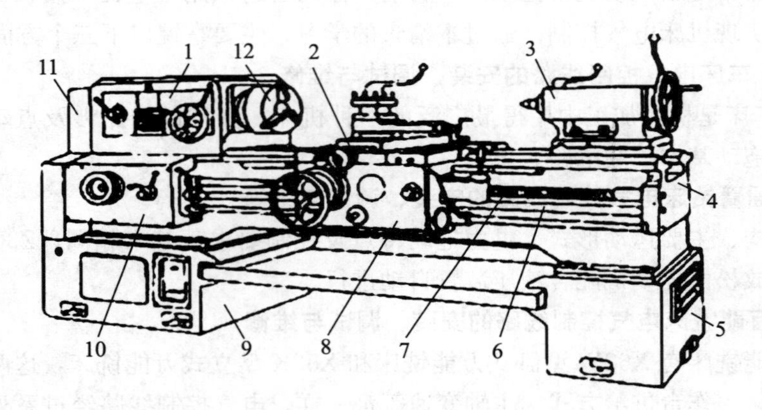

1—主轴箱；2—刀架；3—尾架；4—床身；5—床腿；6—光杠；
7—丝杠；8—溜板箱；9—床腿；10—进给箱；11—挂轮架；12—卡盘

图 1—1 CA6140 型卧式车床外形及结构

该车床型号的意义如图 1—2 所示。

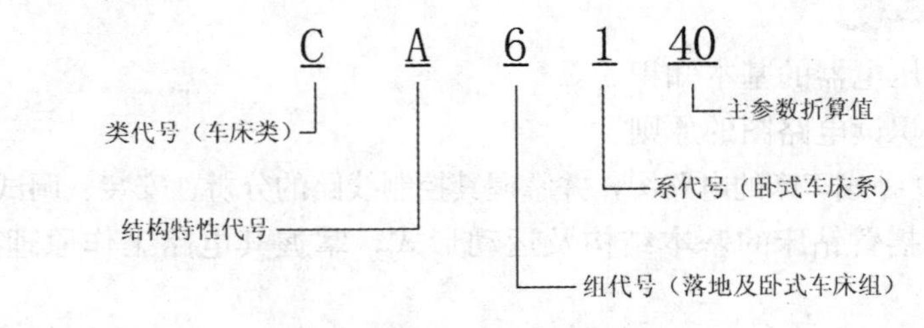

图 1—2 车床的型号

一、电路图的绘制及识读原则

电路图是根据机械运动形式对电气控制系统的要求，采用国家统一规定的电气图形符号和文字符号，按照电气设备和电器的工作顺序，详细表示电路、设备或成套装置的全部组成和连接关系，而不涉及其结构尺寸、实际位置的一种简图。

电路图能充分表达电气设备和电器的用途、作用以及电路的工作原理，是电气线路安装、调试和维修的理论依据。

绘制、识读电路图时应遵循以下原则：

(1) 电路图一般分为电源电路、主电路和辅助电路三部分。

电源电路要画成水平直线，三相交流电源的相序 U、V、W 自上而下依次画出，中线 N 和保护地线 PE 依次画在相线之下。直流电源的“+”极画在上边，“−”极画在下边。电源开关要水平画出。

主电路是指受电的动力装置及其控制、保护电器的支路，是电源向负载提供电能的电路。电力拖动控制线路的主电路主要由主熔断器、接触器的主触头、热继电器的热元件以及电动机等组成。主电路通过的电流是电动机的工作电流，电流较大，因此主电路用粗实线画在电路图的左侧并垂直于电源电路。

辅助电路一般包括控制主电路工作状态的控制电路，显示主电路工作状态的指示电路，以及提供机床设备局部照明的照明电路等。它主要由主令电器的触头、接触器的线圈及辅助触头、继电器的线圈及触头、指示灯和照明灯等组成。辅助电路通过的电流都比较小，一般不超过 5A。辅助电路一般跨接在两相电源线之间，按照控制电路、指示电路和照明电路的顺序依次垂直画在主电路图的右侧，耗能元件（如接触器和继电器的线圈、指示灯等）要画在电路图的下方，与下边电源线相连。而各种电器的触头则要画在耗能元件与上边电源线之间。为读图方便，一般应按照自左至右、自上而下的排列来表示操作顺序。

(2) 电路图中，各电器的触头状态都按电路未通电或电器未受外力作用时的常态位置画出。分析原理时，应从触头的常态位置出发。

(3) 电路图中，各电器元件不画出其实际的外形图，而采用国家统一规定的电气图形符号表示。电路图中，同一电器的各元件不按它们的实际位置画在一起，而是按其在线路中所起的作用分别画在不同的电路中，但它们的动作却是相互关联的，因此必须标注相同的文字符号。图中相同的电器较多时，需要在电器文字符号后面加注不同的数字以示区别，如 KM1、KM2 等。

(4) 画电路图时，应尽可能减少或避免线条交叉。对有直接电联系的交叉导线连接点，要用小黑圆点表示；无直接电联系的交叉导线则不画小黑圆点。

(5) 电路图采用电路编号法，即对电路中的各个接点用字母或数字编号。

①主电路在电源开关的出线端，按相序依次编号为 U11，V11，W11。然后按从上至下、从左至右的顺序，每经过一个电器元件后，编号要递增，如 U12，V12，W12；U13，V13，W13；…。单台三相交流电动机（或设备）的三根引出线按相序依次编号为 U，V，

W。对于多台电动机引出线的编号，为了不引起误解和混淆，在字母前用不同的数字加以区别，如 1U，IV，lW；2U，2V，2W；…。

②辅助电路编号按“等电位”原则，从上至下、从左至右的顺序用数字依次编号，每经过一个电器元件后，编号要依次递增。控制电路编号的起始数字必须是 1，其他辅助电路编号的起始数字依次递增 100，如照明电路编号从 101 开始；指示电路编号从 201 开始等。

二、低压电器

工作在交流 1 200V、直流 1 500V 额定电压及以下的电路中，能根据外界信号（机械力、电动力和其他物理量）自动或手动接通或断开电路的电器称为低压电器。其作用是实现对电路或非电对象的切换、控制、保护、检测和调节。

1. 低压断路器

低压断路器通常称为空气开关，它集控制和多种保护功能于一体，线路正常工作时，它作为电源开关接通和切断电路；当线路发生短路、过载和失压等故障时，它能自动跳闸切断故障电路，从而保护电路和电器。在机床电气控制线路中，常用三极塑壳式断路器，其外形如图 1—3 所示。

图 1—3　常用低压断路器的外形图

低压断路器主要由触点系统、操作机构、保护元件（各种脱扣器）和灭弧系统四部分组成。断路器合闸或分断操作是靠操作机构手动或电动进行的，合闸后自由脱扣机构将触头锁在合闸位置上，使触头闭合。当电路发生故障时，通过各自的脱扣器使自由脱扣机构动作，以实现自动分断的保护作用。低压断路器的型号及符号如图 1—4、图 1—5 所示。

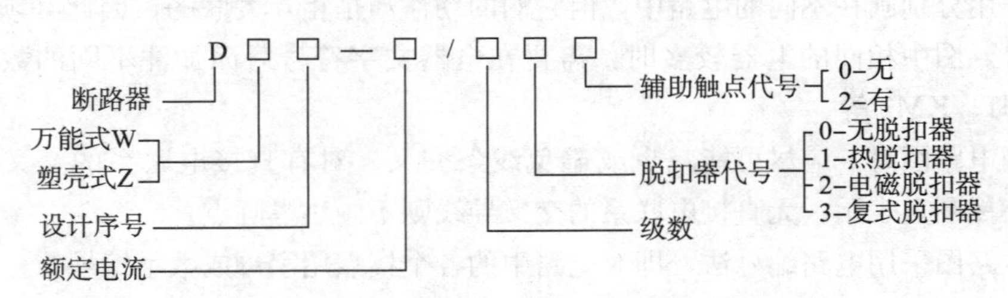

图 1—4　低压断路器的型号含义

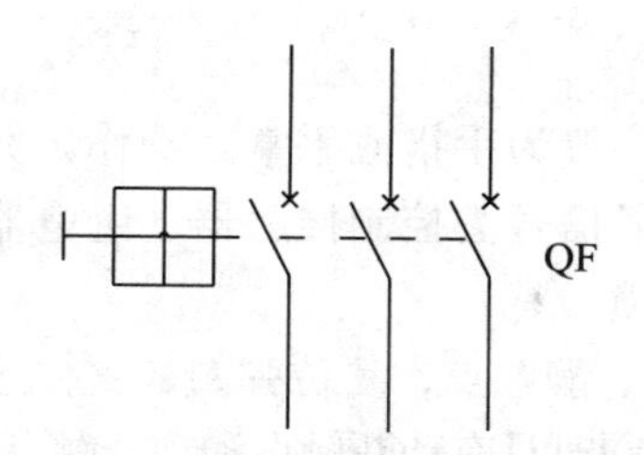

图 1—5　低压断路器的图形符号、文字符号

2. 低压熔断器

熔断器由熔体（俗称保险丝）和安装熔体的熔管（或熔座）两部分组成。其中熔体是关键部分，熔体是由低熔点的金属材料（如铅、锡、锌、铜、银及其合金等）制成，其形状有丝状、带状、片状等；熔管的作用是安装熔体及在熔体熔断时熄灭电弧，多由陶瓷、绝缘钢纸或玻璃纤维材料制成。熔断器串联在电路中，起短路保护的作用。常见熔断器的外形及符号如图 1—6、图 1—7 所示。

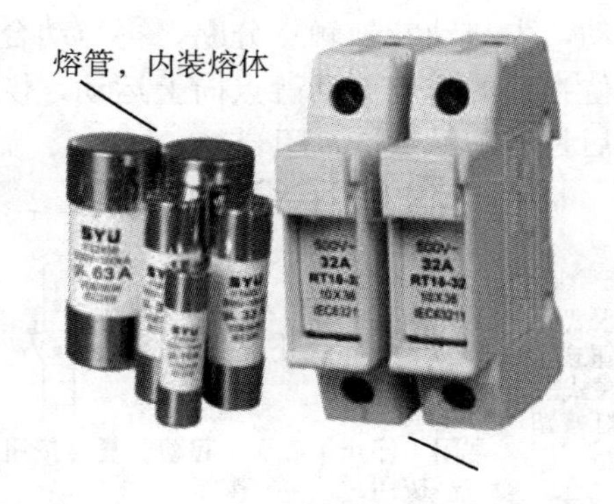

图 1—6　有填料密封管式熔断器

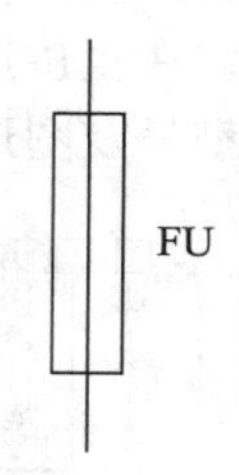

图 1—7　熔断器的图形符号、文字符号

熔断器的型号如图 1—8 所示。

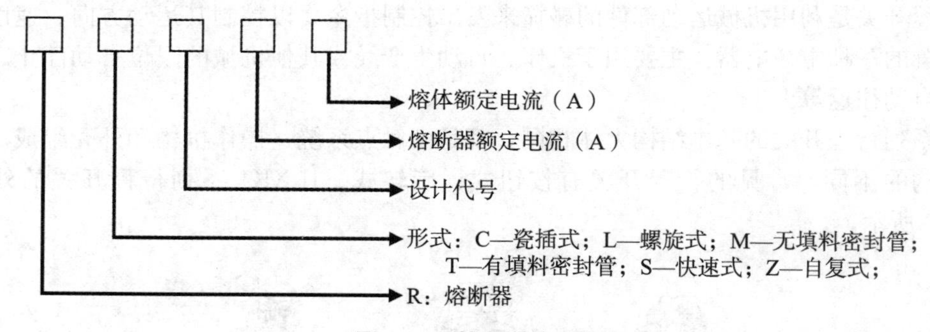

图 1—8　熔断器的型号

3. 主令电器

主令电器是一种专门发出指令、接通或断开控制电路的电器。在电力拖动控制系统中常用来控制电动机的起动、停车、调速及制动等。常用的主令电器有按钮、行程开关、接近开关等。

（1）按钮。

按钮开关是一种用人力（一般为手指或手掌）操作，并具有储能（弹簧）复位的通断装置，在控制电路中发出指令或信号去控制接触器、继电器等电器，再由它们去控制主电路的通断、功能转换或电气联锁。

按钮由按钮帽、桥式动触点、静触点、复位弹簧、支柱连杆及外壳等构成，如图 1—9 所示。按钮通常做成复合式的，即同时具有动断触点和动合触点。常用的按钮如图 1—10 所示。

图 1—9　按钮开关的结构　　图 1—10　常用按钮的外形

操作时，将按钮帽往下按，桥式动触点就向下运动，先与动断静触点分断，再与动合静触点接通。一旦操作人员的手指离开按钮帽，在复位弹簧的作用下动触点向上运动，恢复初始位置。在复位过程中，先是动合触点分断，然后是动断触点恢复闭合。

按钮的型号及图形符号如图 1—11 所示。

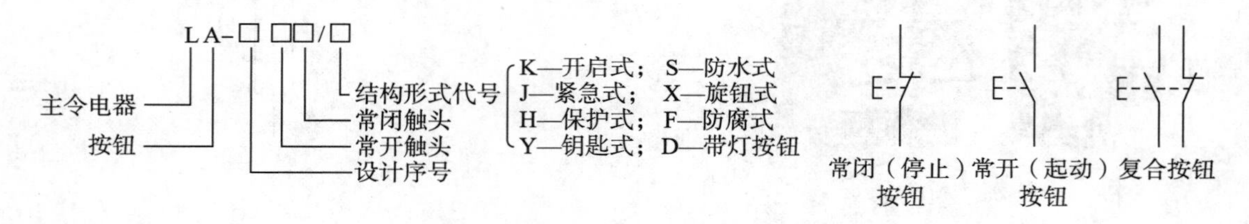

图 1—11　按钮开关的型号与符号

（2）行程开关。

行程开关是利用机械运动部件的碰撞来发出控制指令，以控制其运动方向、速度、行程或位置的一种主令电器。主要用于机床、自动生产线或其他机械的限位自动停止、反向运动、自动往返等。

各系列行程开关的基本结构大体相同，都是由触点系统、操作机构和外壳组成。根据操作机构的不同，常见的行程开关有按钮式、旋转式。JLXK1 系列行程开关的外形如图 1—12所示。

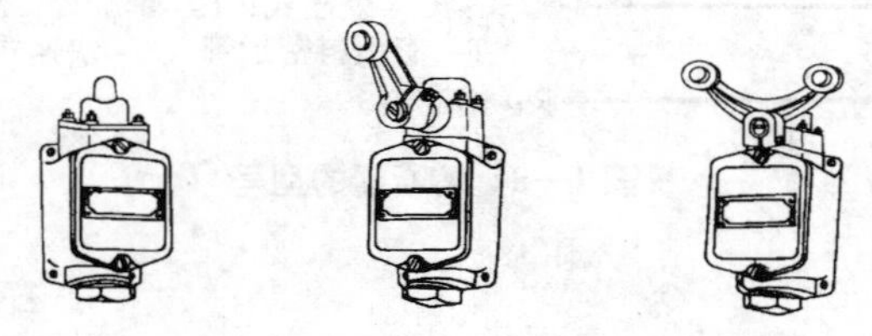

（a）按钮式　（b）单轮旋转式　（c）双轮旋转式

图 1—12　JLXK1 系列行程开关

JLXK1 系列行程开关的动作原理如图 1—13 所示。当运动部件的挡铁碰压行程开关的滚轮时，杠杆连同转轴一起转动，使凸轮推动撞块，当撞块被压到一定位置时，推动微动开关快速动作，使其动断触点断开，动合触点闭合。

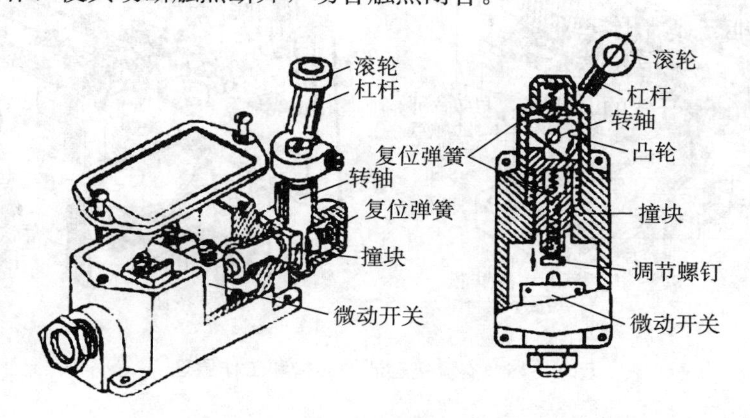

图 1—13　JLXK1－111 型行程开关的结构和动作原理图

常用的行程开关有 LX19 和 JLXL1 系列，其型号及含义如图 1—14 所示。

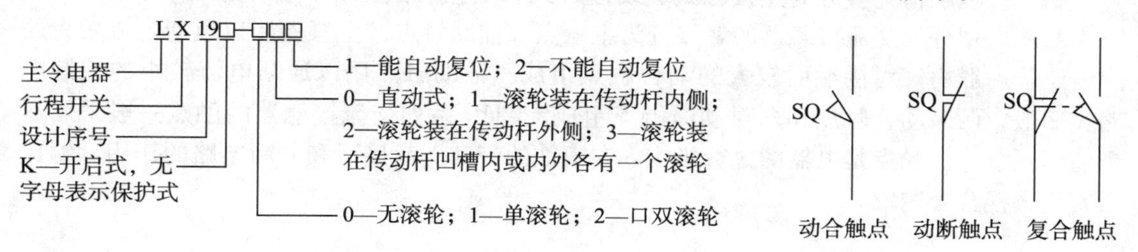

图 1—14　行程开关的型号及符号图

4. 接触器

接触器是一种自动的电磁式开关，适用于远距离频繁地接通或断开交、直流主电路及控制电路，其主要控制对象是电动机。它不仅能实现自动操作和欠压零压释放保护功能，而且具有控制容量大、工作可靠、操作频率高、使用寿命长等优点。

接触器按主触点通过的电流种类，分为交流接触器和直流接触器两种。在机床电气控制线路中，主要采用的是交流接触器。

交流接触器主要由电磁系统、触点系统、灭弧装置及辅助部件等组成。CJ10-20 型交流接触器的结构和工作原理如图 1—15 所示。

（1）电磁系统。

电磁系统由线圈、动铁芯（衔铁）和静铁芯三部分组成。如图 1—16 所示，工作时给线圈通电，线圈中流过的电流产生磁场，使静铁芯产生足够大的吸力，克服反作用弹簧的反作用力，将衔铁吸合带动触点系统断开或接通受控电路。当接触器线圈断电或电压显著下降时，由于电磁吸力消失或过小，衔铁在反作用弹簧的作用下复位，带动各触点恢复到原始状态。常用的 CJ10 等系列的交流接触器在 0.88～1.08 倍的额定电压下，能保证可靠吸合。CJ10 系列交流接触器的衔铁运动方式有两种：衔铁直线运动的螺管式如图 1—16

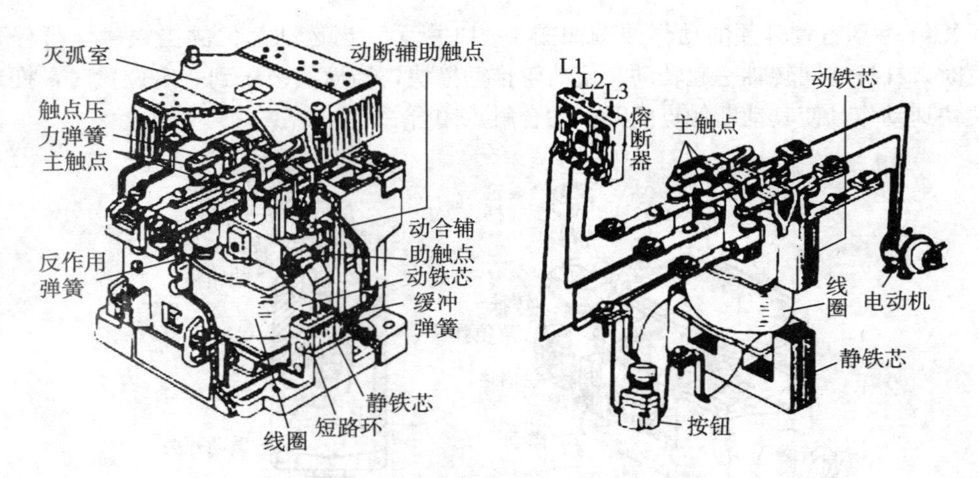

图 1—15　交流接触器的结构和工作原理

所示，衔铁绕轴转动的拍合式。

（2）触点系统。

触点按接触情况可分为点接触式、线接触式和面接触式三种，分别如图 1—17 所示。按通断能力划分，交流接触器的触点分为主触点和辅助触点。主触点用以通断电流较大的主电路，一般由三对接触面较大的动合触点组成。辅助触点用以通断电流较小的控制电路，一般由两对动合触点和两对动断触点组成。CJ10 系列交流接触器的触点一般采用双断点桥式触点。触点是电器的执行机构，在衔铁的带动下起接通和分断电路的作用，触点通常用铜银合金制成。

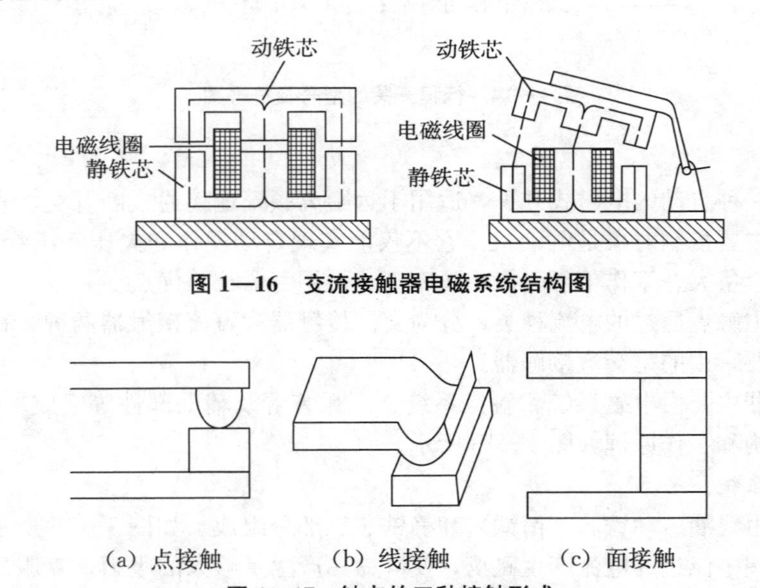

图 1—16　交流接触器电磁系统结构图

（a）点接触　（b）线接触　（c）面接触

图 1—17　触点的三种接触形式

（3）灭弧装置。

交流接触器在断开大电流或高电压电路时，会在动、静触头间产生很强的电弧，它一方面会灼伤触头，减少触头的使用寿命；另一方面会使电路切断时间延长，造成短路或引起火灾。所以，容量在 10A 以上的接触器中都装有灭弧装置。

交流接触器在电路图中的型号及符号如图 1—18、图 1—19 所示。

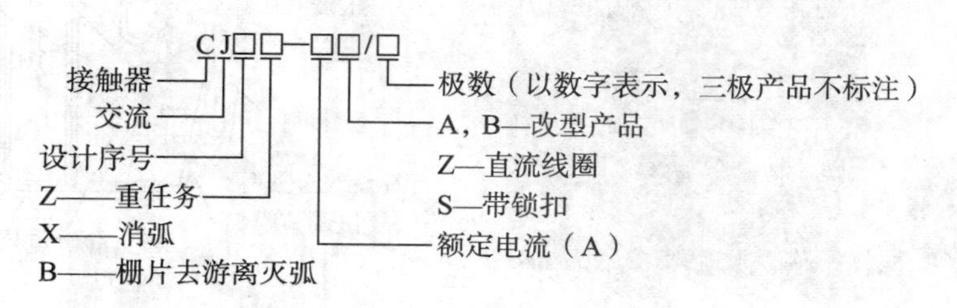

图 1—18　交流接触器型号

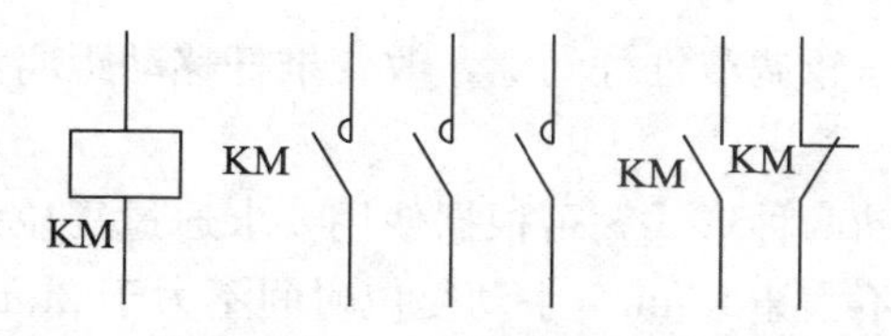

图 1—19　交流接触器符号

选用交流接触器时，它的工作电压应高于被控制电路的最高电压，主触点的额定电流应大于被控制电路的最大工作电流，吸引线圈的额定电压应与被控辅助电路的电源电压相一致，一般采用 380V 或 220V，在线路复杂或电源电压较低及有特殊要求时可选 127V、36V 等。

5. 热继电器

继电器是一种根据输入信号接通或断开小电流电路，进而实现远距离控制和保护电力拖动装置的控制电器。其输入量可以是电流、电压等电量，也可以是温度、时间、速度、压力等非电量，而输出则是触点的动作或者是电路参数的变化。继电器不直接控制电流较大的主电路，而是通过接触器或其他电器对主电路进行控制。

热继电器是通过流过继电器的电流所产生的热效应而动作的自动保护电器。主要用于电动机的过载保护、断相保护、三相电流不平衡运行的保护及其他电气设备发热状态的控制。热继电器的形式有多种，其中以双金属片式热继电器应用为最多。按极数划分，热继电器可分为单极、两极和三极，其中三极热继电器又分为带断相保护装置和不带断相保护装置两种。

JR18 系列热继电器的外形和结构如图 1—20 所示。它主要由热元件、动作机构、触点系统、电流整定装置、复位机构和温度补偿元件等部分组成。

（1）热元件。

热元件是热继电器的主要组成部分，由主双金属片和绕在外面的电阻丝组成。主双金属片由两种热膨胀系数不同的金属片复合而成，金属片的材料多为铁镍铬合金和铁镍合金。电阻丝一般用康铜或镍铬合金等材料制成。

（2）动作机构和触点系统。

动作机构利用杠杆传递及弓簧式瞬跳机构来保证触点动作的迅速、可靠。触点系统采用单断点弓簧跳跃式动作，一般为一个动合触点、一个动断触点。

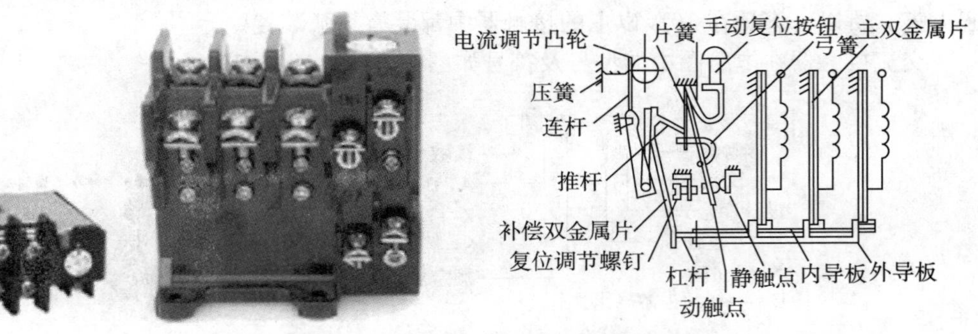

图 1—20　JR18 系列热继电器的外形图和结构图

（3）电流整定装置。

通过旋钮和电流调节凸轮调节推杆间隙，改变推杆移动距离，从而调节整定电流值。

（4）复位机构。

复位机构有手动和自动两种形式，可根据使用要求通过复位调节螺钉进行自由调整选择。一般自动复位的时间不大于 8min，手动复位时间不大于 2min。

使用时，将热继电器的三相热元件分别串接在电动机的三相主电路中，动断触点串接在控制电路的接触器线圈回路中。当电动机过载时，流过电阻丝的电流超过热继电器的整定电流，电阻丝发热，主双金属片向右弯曲，推动导板向右移动，通过温度补偿双金属片推动推杆绕轴转动，从而推动触点系统动作，动触点与动断静触点分开，使接触器线圈断电，接触器触点断开，将电源切断起保护作用。电源切断后，主双金属片逐渐冷却恢复原位，动触点在失去作用力的情况下，靠弹簧的弹性自动复位。

热继电器整定电流的大小可通过旋转电流整定旋钮来调节，旋钮上刻有整定电流值标尺。所谓热继电器的整定电流，是指热继电器连续工作而不动作的最大电流。

由于热继电器主双金属片受热膨胀的热惯性及动作机构传递信号的惰性原因，热继电器从电动机过载到触点动作需要一定的时间，因此热继电器不能用作短路保护。但也正是这个热惯性和机械惰性，保证了热继电器在电动机起动或短时过载时不会动作，从而满足了电动机的运行要求。

热继电器的型号和符号如图 1—21 和图 1—22 所示。

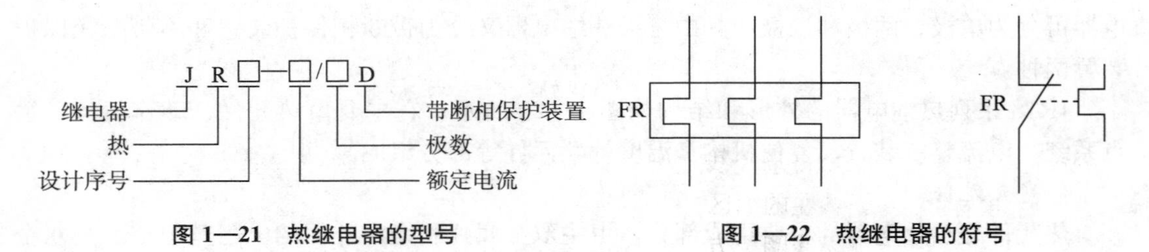

图 1—21　热继电器的型号

图 1—22　热继电器的符号

根据电动机的额定电流选择热继电器的规格，一般使热继电器的额定电流大于电动机的额定电流，发热元件的整定电流为电动机额定电流的 0.95～1.05 倍。根据电动机定子绕组的连接方式选择热继电器的结构形式。定子绕组为星形连接方式的选用普通三相结构的热继电器，定子绕组为三角形连接方式的选用三相结构带断相保护器的热继电器。

三、电力拖动基本控制方式

按下按钮电动机就通电运转，松开按钮电动机就断电停转的控制方式，称为点动。

当起动按钮松开后，接触器通过自身的辅助常开触头使其线圈保持通电的控制方式叫做自锁。与起动按钮并联起自锁作用的辅助触头叫做自锁触头。

几台电动机的起动或停止按一定的先后顺序来完成的控制方式，叫做电动机的顺序控制。

任务分析

一、CA6140 车床电力拖动及控制要求

CA6140 卧式车床的电力拖动及控制要求见表 1—1。

表 1—1　　CA6140 卧式车床的电力拖动及控制要求

运动种类	运动形式	控制要求
主运动	由主轴通过卡盘或顶尖带动工件旋转	(1) 主轴电动机选用三相笼式异步电动机，采用齿轮箱进行机械调速 (2) 车削螺纹时要求主轴有正反转，由摩擦离合器来实现，电动机只做单向旋转 (3) 主轴电动机的容量不大，可采用直接起动
进给运动	刀架带动刀具的直线运动	由主轴电动机拖动，动力由挂轮箱传递给进给箱来实现刀具的纵向、横向进给。加工螺纹时，要求刀具的移动和主轴转动有固定的比例关系
辅助运动	刀架带动刀具的快速移动	由刀架快速移动电动机拖动，该电动机可直接起动，点动控制
	加工过程中刀具和工件温度较高，需用切削液冷却	冷却泵电动机和主轴电动机要实现顺序控制，冷却泵电动机不需要正反转和调速

二、CA6140 车床电气控制线路分析

CA6140 卧式车床电路图如图 1—23 所示。

1. 机床电路图的识读

电路图按电路功能分为若干个单元，并用文字将其功能标注在电路图上部的栏内。在电路图下部划分为若干图区，并从左至右依次用阿拉伯数字编号标注在图区栏内，一条支路为一个图区。

接触器线圈下方画出两条竖线，分成左、中、右三栏，左栏表示主触头所在的图区，中栏表示辅助常开触头所在的图区，右栏表示辅助常闭触头所在的图区。而继电器只有常开、常闭两种触头，所以线圈下方画一条竖线，分成左右两栏，左栏表示常开触头所在的图区，右栏表示常闭触头所在的图区。对备而未用的触头，在相应的栏内标记“×”或不标记任何符号。

触头文字符号下面标记的数字表示该电器线圈所在的图区。

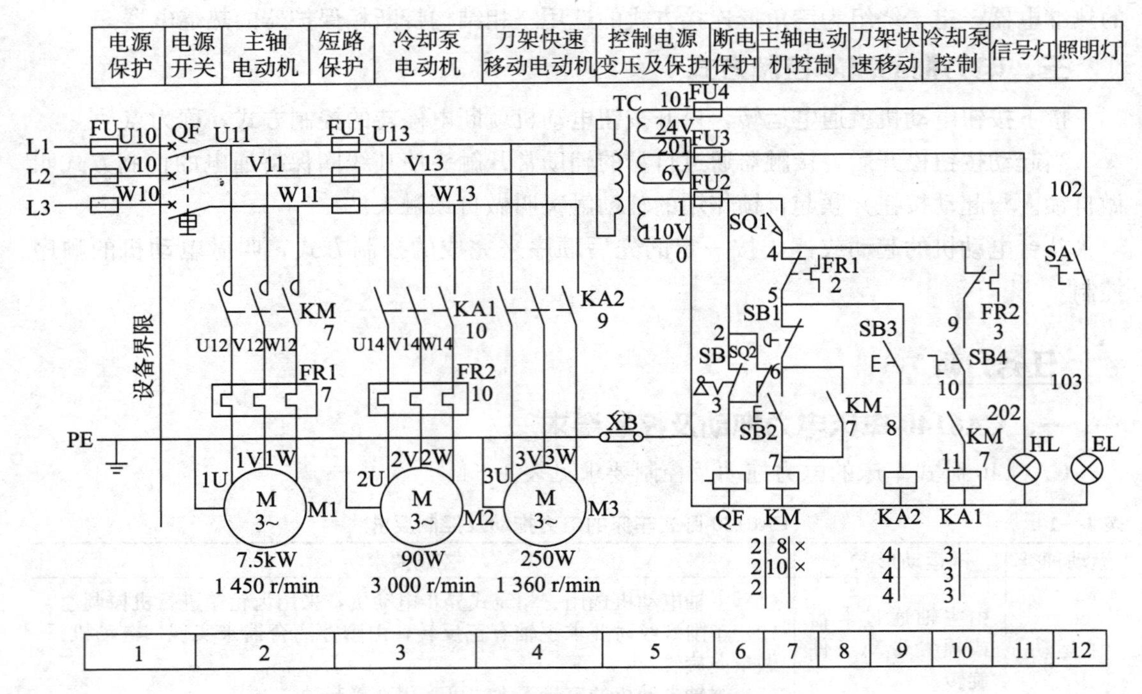

图 1—23　CA6140 卧式车床电路图

2. 主电路分析

CA6140 卧式车床的电源由钥匙开关 SB 控制，将 SB 向右旋转，再扳动断路器 QF 将三相电源引入。主电路中共有 3 台电动机：M1 为主轴电动机，M2 为冷却泵电动机，M3 为刀架快速移动电动机。其控制和保护见表 1—2。

表 1—2　　主电路的控制和保护电路

名称及代号	作用	控制电器	保护电器
主轴电动机 M1	带动主轴旋转和刀架做进给运动	接触器 KM	过载保护 FR1
冷却泵电动机 M2	输送冷却液	中间继电器 KA1	过载保护 FR2 短路保护 FU1
快速移动电动机 M3	拖动刀架快速移动	中间机电器 KA2	短路保护 FU1

快速移动电动机 M3 是短暂的点动工作模式，所以不设置过载保护。

3. 控制电路分析

控制电路通过控制变压器 TC 输出的 110V 交流电压供电，由熔断器 FU2 作短路保护。正常工作时，床头皮带罩处的行程开关 SQ1 的常开触头闭合，钥匙开关 SB 和配电壁龛处的行程开关 SQ2 都是断开的。

当打开床头皮带罩时，行程开关 SQ1 的常开触头恢复断开，切断控制电路电源，保护人身安全；当打开配电壁龛门时，行程开关 SQ2 的常闭触头恢复闭合，QF 线圈通电，断路器 QF 自动断开，切断车床电源。

（1）主轴电动机 M1 的控制。

M1 的起动：

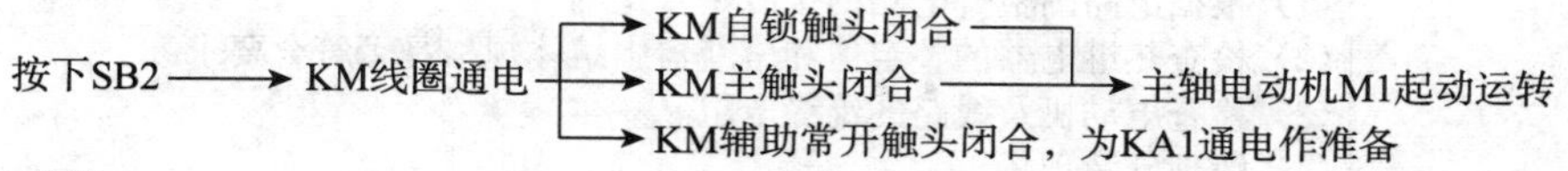

按下SB2 ——→ KM线圈通电 ——→ KM自锁触头闭合、KM主触头闭合 ——→ 主轴电动机M1起动运转；KM辅助常开触头闭合，为KA1通电作准备

M1 的停止：

按下SB1 ——→ KM1线圈断电 ——→ KM主触头复位断开 ——→ M1断电停转

（2）冷却泵电动机 M2 的控制。

主轴电动机 M1 和冷却泵电动机在控制电路中顺序控制。当主轴电动机 M1 起动后，KM 的辅助常开触头闭合，合上旋钮开关 SB4，中间继电器 KA1 吸合，冷却泵电动机 M2 起动。当 M1 失电停转或断开旋钮开关 SB4 时，M2 停止运行。

（3）刀架快速移动电动机 M3 的控制。

刀架快速移动电动机 M3 的起动是靠安装在进给操作手柄顶端的按钮 SB3 控制的，它与中间继电器 KA2 组成点动控制。将操作手柄扳向所需移动的方向，按下按钮 SB3，中间继电器 KA2 线圈通电，其常开触头闭合使电动机 M3 起动运转，刀架就沿指定的方向快速移动。

4. 照明、信号灯电路分析

控制变压器 TC 的二次侧分别输出 24V 和 6V 的电压，作为机床照明灯和信号灯的电源。EL 是车床的照明灯，由旋钮开关 SA 控制，FU4 作短路保护。HL 是电源指示灯，FU3 作短路保护。

任务实施

一、器材准备

（1）电工常用工具。

（2）MF47 型万用表、500V 兆欧表等。

（3）CA6140 型车床模拟电气控制板、走线槽、各种规格软线、编码套管等。

二、CA6140 车床电气控制线路的安装与调试

CA6140 车床电气控制线路的安装与调试见表 1—3。

表 1—3　　CA6140 车床电气控制线路安装与调试

步骤	工艺要求
选配并检查元件和电气设备	（1）根据 CA6140 车床电路图选择合适的电气设备及元件，并逐个检查规格、质量 （2）根据电动机的容量、线路走向及要求和各元件的尺寸，正确选配导线、导线通道类型和数量、接线端子板等
在控制板上固定电器元件和走线槽	安装走线槽时，要求横平竖直，排列整齐匀称，安装牢固，便于走线
在控制板上进行配线	按板前线槽配线工艺进行配线
控制板外的元件固定和布线	（1）选择合理的导线走向 （2）控制箱外导线的线头上套装与电路图相同线号的编码套管 （3）按规定在通道内放好备用导线

续前表

步骤	工艺要求
自检	(1) 根据电路图检查电路的接线是否正确 (2) 检查热继电器的整定值和熔断器中熔体规格是否符合要求 (3) 检查电动机及线路的绝缘电阻 (4) 清理安装现场
通电试车	(1) 接通电源，点动控制各电动机的起动，以检查各电动机的转向是否符合要求 (2) 通电空转试车。空转时，观察各电器元件、线路、电动机工作是否正常。发现异常，立刻切断电源检查，排除故障后再次通电试车

三、CA6140 车床电气控制线路的维修

(1) 操作 CA6140 型车床模拟电气控制板，熟悉车床主要的运动形式，了解车床的各种工作状态和操作方法。

(2) 在 CA6140 型车床模拟电气控制板上设置自然故障点。要求根据故障现象，依据电路图用逻辑分析法初步确定故障范围，在电路图中标出最小故障范围并正确排除故障。

任务检查与评价

1. 结合学生完成的情况进行点评并给出考核成绩。
2. 展示学生优秀设计方案和排故方案，激发学生的学习热情。

任务评析表

内容	满分	评分要求		扣分
器材的选用及检查	10	(1) 电器元件选错型号和规格 (2) 导线不符合要求 (3) 线槽、线管、编码套管选用不当 (4) 电器元件漏检或错检	每个扣 2 分 扣 4 分 每项扣 2 分 每个扣 1 分	
安装布线	35	(1) 电器元件布置不合理，安装不牢固 (2) 线槽铺设不符合要求 (3) 不按电路图接线 (4) 接点松动、露铜过长、压绝缘层、反圈等 (5) 损伤导线绝缘层或线芯 (6) 漏装或套错编码套管 (7) 漏接地线	每处扣 5 分 每处扣 4 分 扣 25 分 每个扣 1 分 每根扣 3 分 每个扣 1 分 扣 10 分	
通电试车	15	(1) 热继电器未整定或整定错误 (2) 熔体规格选择不当 (3) 试车不成功	每只扣 5 分 每只扣 5 分 扣 10 分	
故障排除	40	(1) 设备操作不熟练 (2) 仪表使用方法不正确 (3) 排除故障前不调查研究 (4) 在原理图上未标出故障最小范围或标错 (5) 扩大故障范围或产生新故障点 (6) 损坏电器元件 (7) 排除故障后通电试车不成功	扣 20 分 扣 10 分 扣 10 分 每个扣 5 分 扣 30 分 扣 25 分 扣 25 分	
安全文明生产	违反安全文明生产规程		扣 10～70 分	
定额时间	训练每超 5min 扣 5 分		成绩	
开始时间		结束时间		实际时间

任务二 Z3050 摇臂钻床电气控制线路

任务描述

机械加工过程中经常需要加工各种各样的孔，钻床就是一种用途广泛的孔加工机床，它主要用于钻削精度要求不太高的孔，还可以用来扩孔、铰孔、镗孔以及攻螺纹等。如图1—24 所示的 Z3050 摇臂钻床是一种常见的台式钻床。

Z3050 摇臂钻床的型号意义和结构如图 1—24 所示。

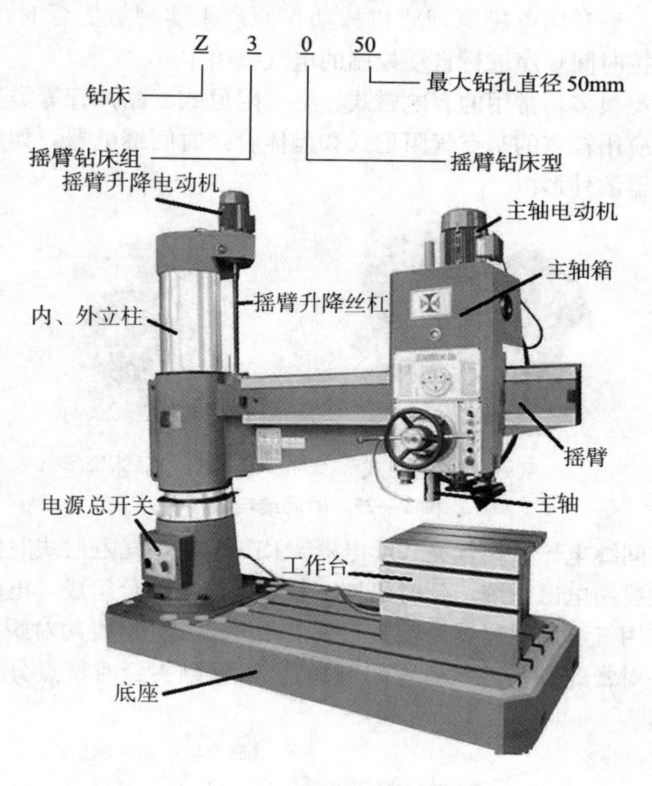

图 1—24 Z3050 摇臂钻床的结构

Z3050 摇臂钻床主要由底座、内立柱、外立柱、摇臂、主轴箱、工作台等组成。内立柱固定在底座上，其外部套着空心的外立柱，外立柱可绕固定不动的内立柱旋转一周。摇臂一端的套筒部分借助于丝杠，可沿外立柱上下移动，但两者不能相对转动，即不能绕外柱转动，只能与外立柱一起相对内立柱旋转。

主轴箱是一个复合的部件，具有主轴、主轴旋转部件以及主轴进给的全部变速和操作机构。主轴箱安装在摇臂的水平导轨上，由手轮操纵沿摇臂做径向移动。

进行加工时，先将主轴箱固定在摇臂导轨上，摇臂固定在外立柱上，外立柱紧固在内立柱上。工件不大时可将其压紧在工作台上加工，较大工件需安装在夹具上加工，通过调整摇臂高度、旋转及主轴箱位置，完成钻头的调准，转动手轮操控钻头进行钻削。

下面我们来学习 Z3050 摇臂钻床的电气控制线路，并安装、调试。

相关知识

一、联锁

当一个接触器通电动作时，通过其辅助常闭触头使另一个接触器不能通电动作，接触器之间这种相互制约的作用叫做接触器联锁（或互锁）。实现联锁作用的辅助常闭触头称为联锁触头（或互锁触头），联锁用符号“▽”表示。

二、时间继电器

时间继电器是一种利用电磁原理或机械动作原理来实现触头延时动作的自动控制电器，广泛用于需要按时间顺序进行自动控制的电气线路中。

时间继电器种类很多，常用的有电磁式、空气阻尼式、晶体管等类型。目前，在电力拖动控制线路中，应用较多的是空气阻尼式和晶体管式时间继电器，如图 1—25 所示的就是这两种时间继电器的外形。

(a) 空气阻尼式

(b) 晶体管类

图 1—25　时间继电器

空气阻尼式时间继电器又称气囊式继电器。JS7-A 型空气阻尼式时间继电器的结构如图 1—26 所示，主要由电磁系统、延时机构、触头系统三部分组成。电磁系统为双 E 形电磁铁，延时机构采用气囊式阻尼器，触头系统借用微动开关组成两对瞬时触头和两对延时触头（都分别是一对常开触头、一对常闭触头）。根据触头延时特点分为通电延时继电器和断电延时继电器。

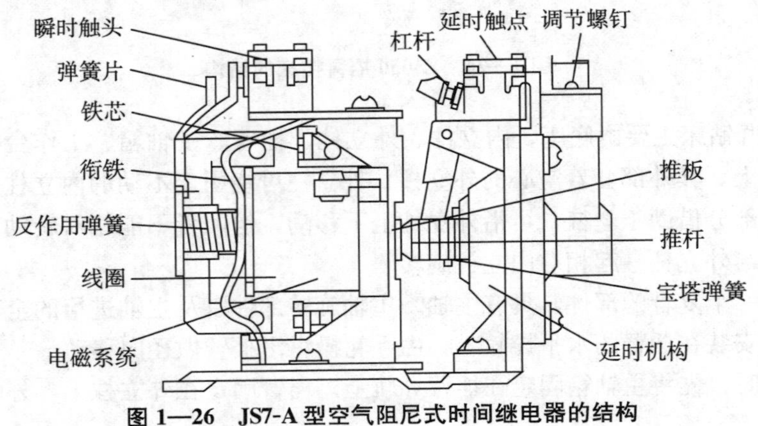

图 1—26　JS7-A 型空气阻尼式时间继电器的结构

空气阻尼式时间继电器是利用气囊中的空气通过小孔节流的原理来获得延时动作的，其原理示意图如图 1—27 所示。图 1—27（a）是通电延时继电器，当电磁系统的线圈通电时，微动开关 SQ2 的触头瞬时动作，而 SQ1 的触头由于气囊中空气阻尼的作用延时动作，其延时的长短取决于进气的快慢，可通过旋动调节螺钉进行调节。当线圈断电时，微动开关的触头均瞬时动作。

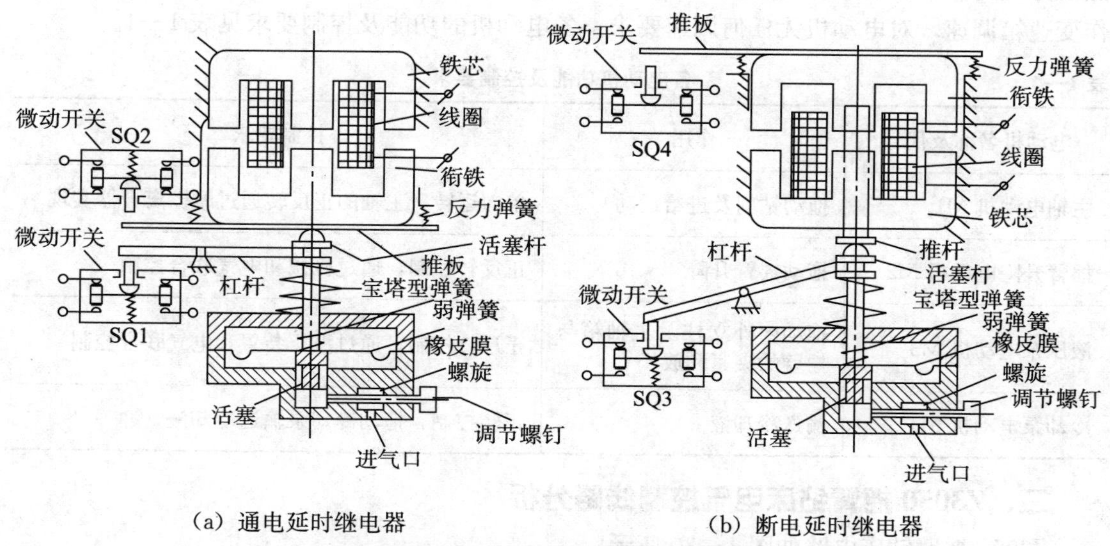

（a）通电延时继电器　　（b）断电延时继电器

图 1—27　时间继电器的原理示意图

通电延时继电器和断电延时继电器的组成元件是通用的，将通电延时继电器的电磁机构翻转 180°安装即成为断电延时继电器。

时间继电器在电路图中的符号和型号如图 1—28、图 1—29 所示。

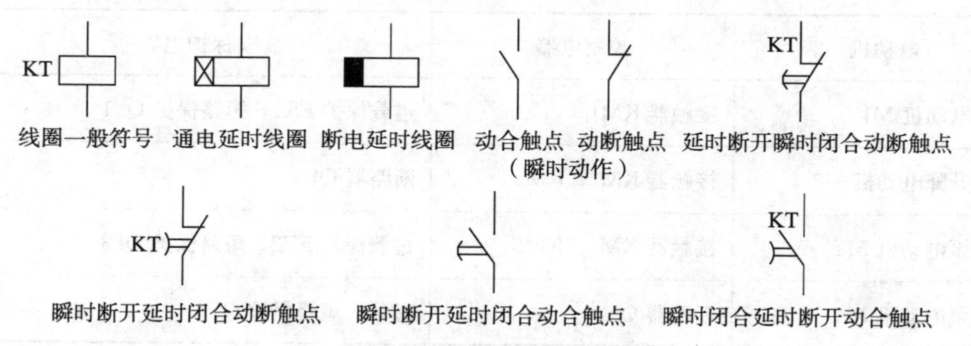

图 1—28　时间继电器的符号

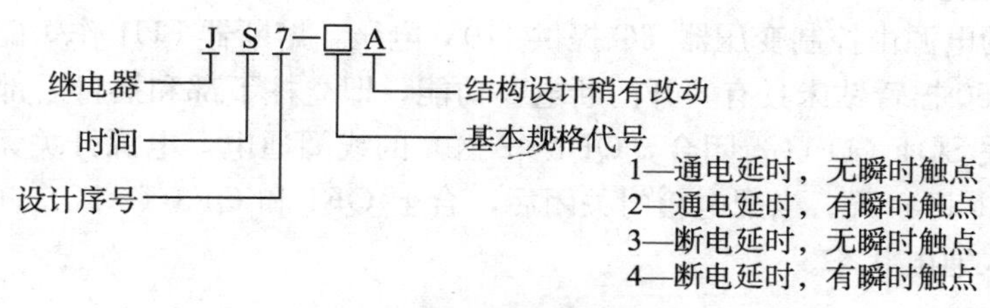

图 1—29　时间继电器的型号

任务分析

一、Z3050 摇臂钻床的电力拖动及控制要求

由于摇臂钻床的运动部件较多，为简化传动装置，使用多台电动机拖动。为适应多种加工方式的要求，主轴及进给应能在较大范围内调速。这些调速都是机械调速，用手柄操作变速箱调速，对电动机无任何调速要求。各电动机的功能及控制要求见表 1—4。

表 1—4　各电动机功能及控制要求

电动机名称及代号	作用	控制要求
主轴电动机 M1	拖动钻削及进给运动	单向运转，主轴的正反转通过摩擦离合器实现
摇臂升降电动机 M2	拖动摇臂升降	正反转控制，通过机械和电气联合控制
液压泵电动机 M3	拖动内外立柱及主轴箱与摇臂的夹紧和放松	正反转控制，通过液压装置和电气联合控制
冷却泵电动机 M4	输送冷却液	正转控制，拖动冷却泵输送冷却液

二、Z3050 摇臂钻床电气控制线路分析

Z3050 摇臂钻床电路如图 1—30 所示。

1. 主电路分析

Z3050 摇臂钻床电气控制线路共有四台三相异步电动机，它们的控制和保护见表 1—5。

表 1—5　主电路的控制和保护电器

电动机	控制电器	保护电器
主轴电动机 M1	接触器 KM1	过载保护 FR1，短路保护 QF1
摇臂升降电动机 M2	接触器 KM2、KM3	断路器 QF3
液压泵电动机 M3	接触器 KM4、KM5	过载保护 FR2，短路保护 QF3
冷却泵电动机 M4	断路器 QF2	过载、短路保护 QF2

2. 控制电路分析

控制电路的电源由控制变压器 TC 提供 110V 电压，熔断器 FU1 作短路保护。为保证操作安全，Z3050 摇臂钻床具有“开门断电”功能，即立柱下部和摇臂后部的配电箱门打开，则门控开关 SQ4（11 区）闭合，QF1（2 区）的线圈通电，电源开关无法合上，电源指示灯 HL1（10 区）灭。当配电箱门关闭后，合上 QF1 和 QF3（5 区），电源指示灯亮，表示钻床已进入通电状态。

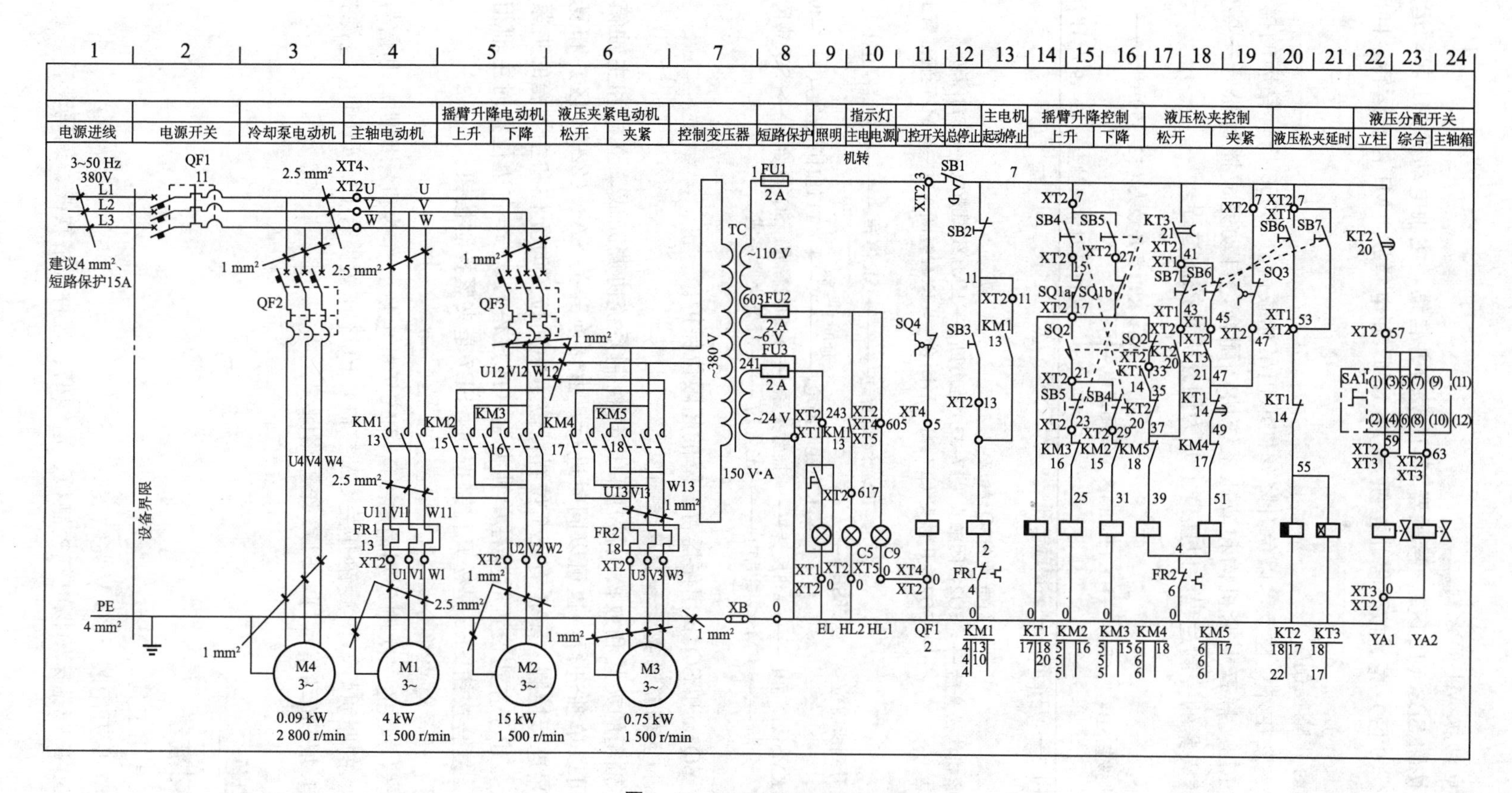

图1—30 Z3050摇臂钻床电路图

（1）主轴电动机 M1 的控制。

按下起动按钮 SB3（12 区），接触器 KM1 吸合并自锁，主轴电动机 M1 起动运行，同时指示灯 HL2（9 区）亮。按下停止按钮 SB2，KM1 断电释放，M1 停止运转，同时 HL2 熄灭。

（2）摇臂的升降控制。

摇臂通常夹紧在外立柱上，以免升降丝杠承担吊挂载荷。Z3050 摇臂钻床的摇臂升降由升降电动机 M2、摇臂夹紧机构和液压系统协调配合，自动完成摇臂松开→摇臂上升（下降）→摇臂夹紧的控制过程。以摇臂上升为例分析其控制过程。

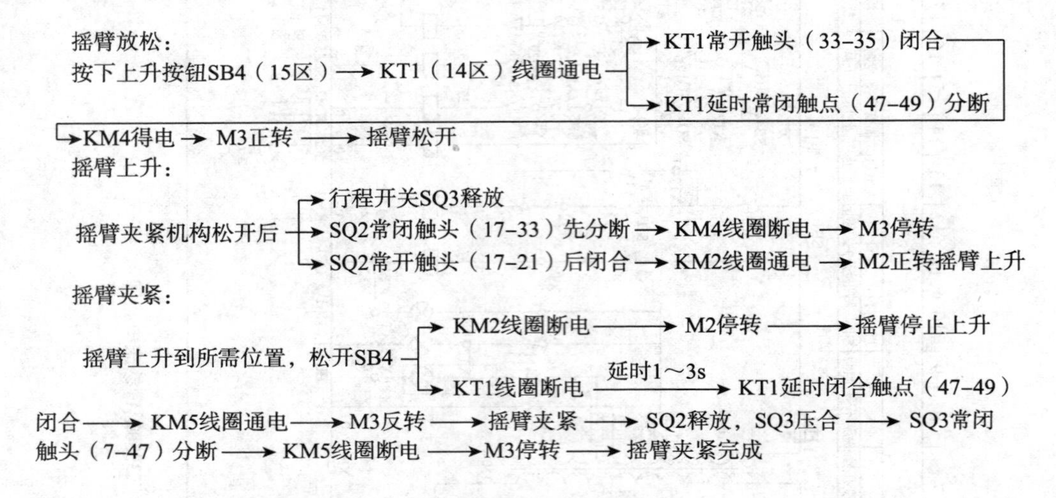

组合开关 SQ1a 和 SQ1b 用作摇臂升降的超限位保护。

（3）立柱和主轴箱的夹紧和放松控制。

立柱和主轴箱的夹紧和放松由液压和电气控制系统协调完成。立柱和主轴箱的夹紧（或放松）既可以单独进行，也可以同时进行，由转换开关 SA1（22-24 区）和复合按钮 SB6（或 SB7）进行控制。SA1 有三个位置，位于中间位置时立柱和主轴箱的夹紧（或放松）同时进行，位于左边位置时立柱单独夹紧（或放松），位于右边位置时主轴箱单独夹紧（或放松）。复合按钮 SB6 是松开控制按钮，SB7 是夹紧控制按钮。

（4）照明、信号灯电路分析。

控制变压器 TC 的二次侧分别输出 24V 和 6V 的电压，作为机床照明灯和信号灯的电源。EL 是车床的照明灯，由旋钮开关 SA 控制，FU3 作短路保护。HL1 是电源指示灯，HL2 是主轴电动机转动指示灯，FU2 作短路保护。

任务实施

一、器材准备

（1）电工常用工具。

（2）MF47 型万用表、500V 兆欧表等。

（3）Z3050 摇臂钻床模拟电气控制板、走线槽、各种规格软线、编码套管等。

二、Z3050 摇臂钻床电气控制线路的安装与调试

表 1—6　　**Z3050 摇臂钻床电气控制线路的安装与调试**

步骤	工艺要求
选配并检查元件和电气设备	（1）根据 Z3050 摇臂钻床电路图选择合适的电气设备及元件，并逐个检查规格、质量 （2）根据电动机的容量、线路走向及要求和各元件的尺寸，正确选配导线、导线通道类型和数量、接线端子板等
在控制板上固定电器元件和走线槽	安装走线槽时，要求横平竖直、排列整齐匀称、安装牢固、便于走线。
在控制板上进行配线	按板前线槽配线工艺进行配线
控制板外的元件固定和布线	（1）选择合理的导线走向 （2）控制箱外导线的线头上套装与电路图相同线号的编码套管 （3）按规定在通道内放好备用导线
自检	（1）根据电路图检查电路的接线是否正确 （2）检查热继电器的整定值和熔断器中熔体规格是否符合要求 （3）检查电动机及线路的绝缘电阻 （4）清理安装现场
通电试车	（1）接通电源，点动控制各电动机的起动，以检查各电动机的转向是否符合要求 （2）通电空转试车。空转时，观察各电器元件、线路、电动机工作是否正常。发现异常，立刻切断电源检查，排除故障后再次通电试车

三、Z3050 摇臂钻床电气控制线路的维修

（1）操作 Z3050 摇臂钻床模拟电气控制板，熟悉车床主要的运动形式，了解车床的各种工作状态和操作方法。

（2）在 Z3050 摇臂钻床模拟电气控制板上设置自然故障点。要求根据故障现象，依据电路图用逻辑分析法初步确定故障范围，在电路图中标出最小故障范围并正确排除故障。

任务检查与评价

1. 结合学生完成的情况进行点评并给出考核成绩。
2. 展示学生优秀设计方案和排故方案，激发学生学习热情。

任务评析表

内容	满分	评分要求		扣分
器材的选用及检查	10	（1）电器元件选错型号和规格 （2）导线不符合要求 （3）线槽、线管、编码套管选用不当 （4）电器元件漏检或错检	每个扣 2 分 扣 4 分 每项扣 2 分 每个扣 1 分	
安装布线	35	（1）电器元件布置不合理，安装不牢固 （2）线槽铺设不符合要求 （3）不按电路图接线 （4）接点松动、露铜过长、压绝缘层、反圈等 （5）损伤导线绝缘层或线芯 （6）漏装或套错编码套管 （7）漏接地线	每处扣 5 分 每处扣 4 分 扣 25 分 每个扣 1 分 每根扣 3 分 每个扣 1 分 扣 10 分	

续前表

内容	满分	评分要求		扣分
通电试车	15	(1) 热继电器未整定或整定错误 (2) 熔体规格选择不当 (3) 试车不成功	每只扣 5 分 每只扣 5 分 扣 10 分	
故障排除	40	(1) 设备操作不熟练 (2) 仪表使用方法不正确 (3) 排除故障前不调查研究 (4) 在原理图上未标出故障最小范围或标错 (5) 扩大故障范围或产生新故障点 (6) 损坏电器元件 (7) 排除故障后通电试车不成功	扣 20 分 扣 10 分 扣 10 分 每个扣 5 分 扣 30 分 扣 25 分 扣 25 分	
安全文明生产	违反安全文明生产规程		扣 10～70 分	
定额时间	训练每超 5min 扣 5 分		成绩	
开始时间		结束时间		实际时间

任务三 X62W 万能铣床电气控制线路

任务描述

万能铣床是一种通用的多用途机床，它可以用圆柱铣刀、角度铣刀、圆片铣刀、端面铣刀等刀具对零件进行平面、斜面、螺旋面及成形面的加工，还可以加装万能铣头、分度头和圆工作台等机床附件扩大加工范围。

图 1—31 所示的 X62W 卧式万能铣床，铣头水平放置，是常用万能铣床的一种，它主要由底座、床身、悬梁、主轴、刀杆支架、工作台、回转盘、横溜板和升降台等组成。其型号意义如下：

X 6 2 W

铣床 —— X

卧式 —— 6

2号工作台（表示工作台台面宽度） —— 2

万能 —— W

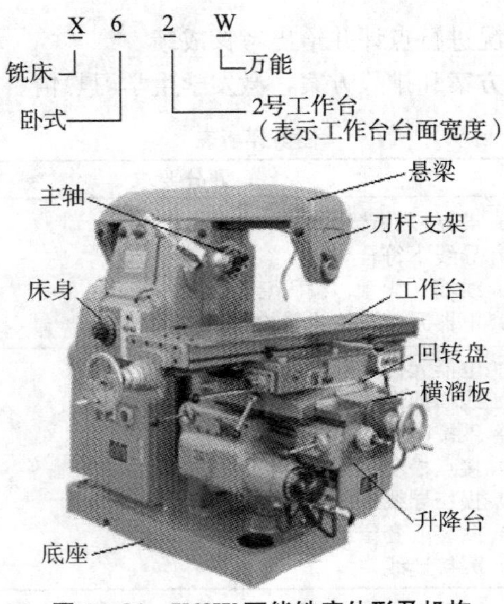

图 1—31 X62W 万能铣床外形及机构

相关知识

X62W 卧式万能铣床主轴电动机动作、进给等皆由电磁离合器来实现。

电磁离合器又称电磁联轴节，它是利用表面摩擦和电磁感应原理，在两个做旋转运动的物体间传递转矩的执行电器。由于它便于远距离控制，能耗小，动作迅速、可靠，结构简单，故广泛应用于机床的电气控制中。

摩擦片式电磁离合器的主动摩擦片可以沿轴向自由移动，并同主动轴一起转动。从动摩擦片与主动摩擦片交替叠装，可以随从动齿轮转动，并在主动轴转动时可以不转。当线圈通电产生磁场后，将摩擦片吸向铁芯，衔铁也被吸住，紧紧压住各摩擦片。于是，依靠主动摩擦片与从动摩擦片之间的摩擦力，使从动齿轮随主动轴转动，实现制动转矩的传递。

任务分析

一、X62W 万能铣床电力拖动及控制要求

1. 主运动

X62W 万能铣床的主运动是主轴带动铣刀的旋转运动。

铣削加工有顺铣和逆铣两种加工方式，但大多数情况下一批工件只需要一个方向铣削，在加工过程中不需要变换主轴的旋转方向，所以主轴电动机单向旋转，用组合开关来控制主轴电动机的正反转。铣削加工过程中对主轴的调速采用改变变速箱齿轮传动比来实现。

铣削加工是不连续的切削加工方式，为减小振动，主轴上装有飞轮，但这样停车困难，因此主轴电动机采用电磁离合器制动实现准确停车。

2. 进给运动

铣床工作台前后、左右和上下 6 个方向的进给运动和快速移动都是由一台进给电动机拖动，6 个方向的选择由两套操纵手柄通过不同的传动链来实现，要求进给电动机能正反转。为扩大加工能力，在工作台上加装圆形工作台，圆形工作台的回转运动由进给电动机经传动机构驱动。

为保证机床和刀具的安全，在铣削加工时，任何时刻工件都只能有一个方向的进给运动，因此采用机械操作手柄和行程开关配合的方式实现 6 个运动方向的连锁。要求主轴旋转后，才能有进给运动；进给停止后，主轴才能停止或同时停止。

二、X62W 万能铣床电器控制线路分析

X62W 万能铣床的电路如图 1—32 所示。

1. 主电路分析

X62W 万能铣床主电路共有 3 台电动机，其控制和保护见表 1—7。

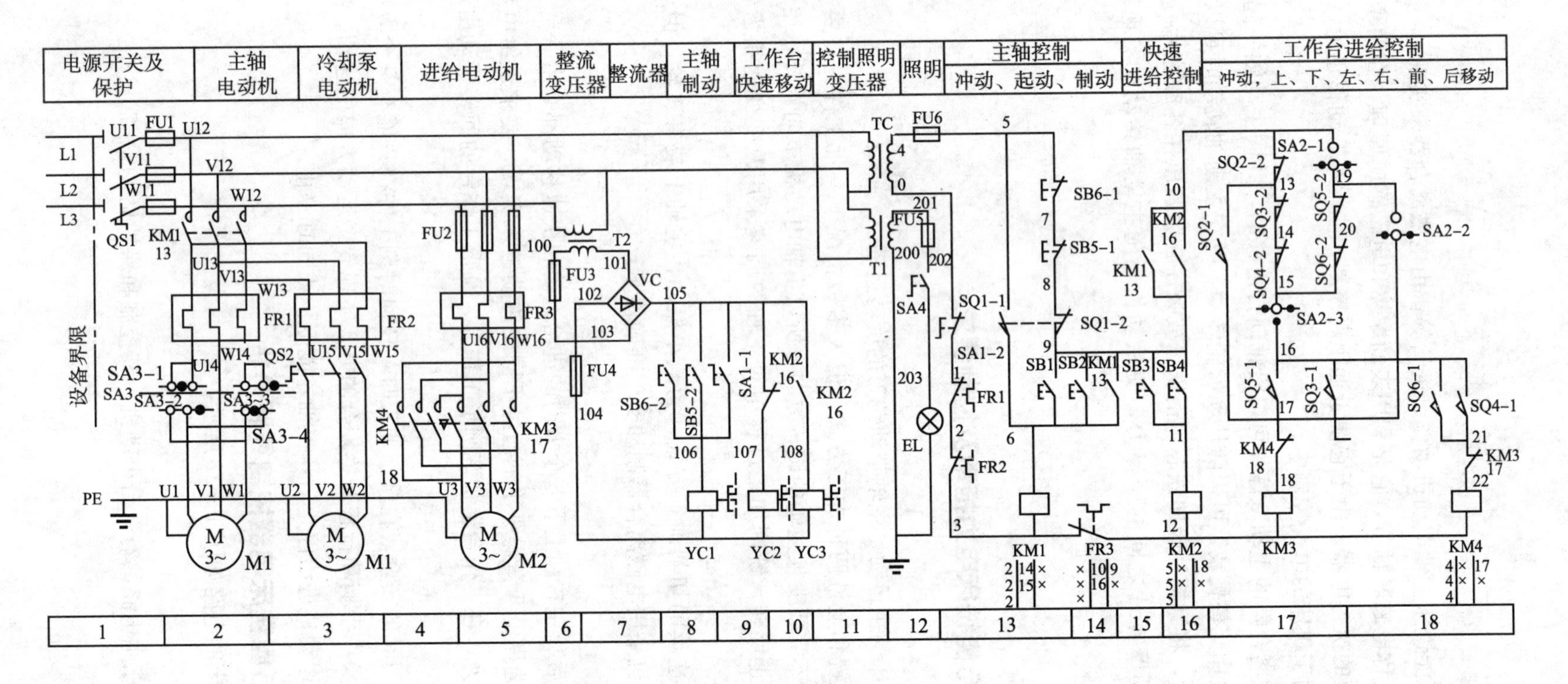

图1—32　X62W万能铣床电路图

表 1—7　X62W 万能铣床主电路的控制和保护电器

电动机名称及代号	功能	控制电路	保护电器
主轴电动机 M1	拖动主轴带动铣刀旋转	接触器 KM1 和组合开关 SA3	过载保护 FR1 短路保护 FU1
进给电动机 M2	拖动进给运动和快速移动	接触器 KM3 和 KM4	过载保护 FR3 短路保护 FU2
冷却泵电动机 M3	供应冷却液	手动开关 QS2	过载保护 FR2 短路保护 FU1

2. 控制电路分析

控制电路由控制变压器 TC 输出 110V 电压供电。

(1) 主轴电动机 M1 的控制。

主轴电动机 M1 采用两地控制方式，SB1 和 SB2 是两组起动按钮，SB5 和 SB6 是两组停止按钮。KM1 是主轴电动机 M1 的起动接触器，YC1 是主轴制动用的电磁离合器，SQ1 是主轴变速时瞬时点动的位置开关。

主轴电动机 M1 起动前，应首先选择好主轴的转速，然后合上电源开关 QS1，再把主轴换向开关 SA3 扳到所需要的转向。按下起动按钮 SB1（或 SB2），接触器 KM1 线圈得电，KM1 主触头和自锁触头闭合，主轴电动机 M1 起动运转，KM1 常开辅助触头（9～10）闭合，为工作台进给电路提供了电源。按下停止按钮 SB5（或 SB6），SB5-1（或 SB6-1）常闭触头分断，接触器 KM1 线圈断电，KM1 触头复位，电动机 M1 断电惯性运转，SB5-2（或 SB6-2）常开触头闭合，接通电磁离合器 YC1，主轴电动机 M1 制动停转。

主轴换铣刀时将转换开关 SA1 扳向换刀位置，这时常开触头 SA1-1 闭合，电磁离合器 YC1 线圈通电，主轴处于制动状态以便换刀；同时常闭触头 SA1-2 断开，切断了控制电路，保证了人身安全。

主轴变速时，利用变速手柄与点动位置开关 SQ1，通过 M1 点动，使齿轮系统产生一次抖动，以便齿轮顺利啮合，且变速前应先停车。

(2) 进给电动机 M2 的控制。

工作台的进给运动在主轴起动后方可进行。工作台的进给可在 3 个坐标的 6 个方向进行，进给运动是通过两个操作手柄和机械联动机构控制相应的位置开关使进给电动机 M2 正转或反转来实现的，并且 6 个方向的运动是联锁的，不能同时接通。

工作台的左右进给运动由左右进给操作手柄控制。操作手柄与位置开关 SQ5 和 SQ6 联动，有左、中、右三个位置，其控制关系见表 1—8。当手柄扳向中间位置时，位置开关 SQ5 和 SQ6 均未被压合，进给控制电路处于断开状态；当手柄扳向左或右位置时，手柄压下位置开关 SQ5 或 SQ6，使常闭触头 SQ5-2 或 SQ6-2 分断，常开触头 SQ5-1 或 SQ6-1 闭合，接触器 KM3 或 KM4 通电动作，电动机 M2 正转或反转。由于在 SQ5 或 SQ6 被压合的同时，通过机械机构已将电动机 M2 的传动链与工作台下面的左右进给丝杠相搭合，所以电动机 M2 的正转或反转就拖动工作台向左或向右运动。

表 1—8　　左右进给控制手柄位置与工作台运动方向的关系

手柄位置	行程开关动作	接触器动作	电动机 M2 转向	传动链搭合丝杠	工作台运动方向
左	SQ5	KM3	正转	左右进给丝杠	向左
中	无	无	停止	无	停止
右	SQ6	KM4	反转	左右进给丝杠	向右

工作台的上下和前后进给运动是由一个手柄控制的。该手柄与位置开关 SQ3 和 SQ4 联动，有上、下、前、后、中 5 个位置，其控制关系见表 1—9。当手柄扳至中间位置时，位置开关 SQ3 和 SQ4 均未被压合，工作台无任何进给运动；当手柄扳至下或前位置时，手柄压下位置开关 SQ3 使常闭触头 SQ3-2 分断，常开触头 SQ3-1 闭合，接触器 KM3 通电动作，电动机 M2 正转，带动着工作台向下或向前运动；当手柄扳向上或后时，手柄压下位置开关 SQ4，使常闭触头 SQ4-2 分断，常开触头 SQ4-1 闭合，接触器 KM4 通电动作，电动机 M2 反转，带动着工作台向上或向后运动。

表 1—9　　上下和前后进给控制手柄和工作台运动方向的关系

手柄位置	行程开关动作	接触器动作	电动机 M2 转向	传动链搭合丝杠	工作台运动方向
上	SQ4	KM4	反转	上下进给丝杠	向上
下	SQ3	KM3	正转	上下进给丝杠	向下
中	无	无	停止	无	停止
前	SQ3	KM3	正转	前后进给丝杠	向前
后	SQ4	KM4	反转	前后进给丝杠	向后

当两个操作手柄被置定于某一进给方向后，只能压下四个位置开关 SQ3、SQ4、SQ5、SQ6 中的一个开关，接通电动机 M2 正转或反转电路，同时通过机械机构将电动机的传动链与三根丝杠（左右丝杠、上下丝杠、前后丝杠）中的一根（只能是一根）相搭合，拖动工作台沿选定的进给方向运动，而不会沿其他方向运动。两个手柄实行了联锁控制，如当把左右进给手柄扳向左时，若又将另一个进给手柄扳到向下进给方向，则位置开关 SQ5 和 SQ3 均被压下，触头 SQ5-2 和 SQ3-2 均分断，断开了接触器 KM3 和 KM4 的通路，电动机 M2 只能停转，保证了操作安全。

快速移动是通过两个进给操作手柄和快速移动按钮配合实现的。安装好工件后，扳动进给操作手柄选定进给方向，按下快速移动按钮 SB3 或 SB4（两地控制），接触器 KM2 得电，KM2 常闭触头分断，电磁离合器 YC2 断电，将齿轮传动链与进给丝杠分离；KM2 两对常开触头闭合，一对使电磁离合器 YC3 通电，将电动机 M2 与进给丝杠直接搭合；另一对使接触器 KM3 或 KM4 通电动作，电动机 M2 通电正转或反转，带动工作台沿选定的方向快速移动。由于工作台的快速移动采用的是点动控制，松开 SB3 或 SB4，快速移动即停止。

主轴变速与进给变速相同，利用变速盘与点动位置开关 SQ2 使 M1 产生瞬时点动，齿轮系统顺利啮合。

当需要圆形工作台旋转时，将开关 SA2 扳到接通位置，这时触头 SA2-1 和 SA2-3 断开，触头 SA2-2 闭合，电流经 10—13—14—15—20—19—17—18 路径，使接触器 KM3 通电，电动机 M2 起动，通过一根专用轴带动圆形工作台做旋转运动。转换开关 SA2 扳到断开位置，这时触头 SA2-1 和 SA2-3 闭合，触头 SA2-2 断开，以保证工作台在 6 个方向的进给运动，因为圆形工作台的旋转运动和 6 个方向的进给运动也是联锁的。

3. 冷却泵和照明电路分析

主轴电动机 M1 和冷却泵电动机 M3 采用顺序控制，冷却泵电动机 M3 由手动开关 QS2 控制。

机床照明由变压器 T1 供给 24V 的安全电压，由开关 SA4 控制。熔断器 FU5 是其短路保护。

任务实施

一、器材准备

（1）电工常用工具。

（2）MF47 型万用表、500V 兆欧表等。

（3）X62W 万能铣床模拟电气控制板、走线槽、各种规格软线、编码套管等。

二、X62W 万能铣床电气控制线路的安装与调试

表 1—10　　X62W 万能铣床电气控制线路的安装与调试

步骤	工艺要求
选配并检查元件和电气设备	（1）根据 X62W 万能铣床电路图选择合适的电气设备及元件，并逐个检查规格、质量 （2）根据电动机的容量、线路走向及要求和各元件的尺寸，正确选配导线、导线通道类型和数量、接线端子板等
在控制板上固定电器元件和走线槽	安装走线槽时，要求横平竖直、排列整齐匀称、安装牢固、便于走线。
在控制板上进行配线	按板前线槽配线工艺进行配线
控制板外的元件固定和布线	（1）选择合理的导线走向 （2）控制箱外导线的线头上套装与电路图相同线号的编码套管 （3）按规定在通道内放好备用导线
自检	（1）根据电路图检查电路的接线是否正确 （2）检查热继电器的整定值和熔断器中熔体规格是否符合要求 （3）检查电动机及线路的绝缘电阻 （4）清理安装现场
通电试车	（1）接通电源，点动控制各电动机的起动，以检查各电动机的转向是否符合要求 （2）通电空转试车。空转时，观察各电器元件、线路、电动机工作是否正常。发现异常，立刻切断电源检查，排除故障后再次通电试车

三、X62W 万能铣床电气控制线路的维修

（1）操作 X62W 万能铣床模拟电气控制板，熟悉车床主要的运动形式，了解车床的各种工作状态和操作方法。

（2）在 X62W 万能铣床模拟电气控制板上设置自然故障点。要求根据故障现象，依据

电路图用逻辑分析法初步确定故障范围，在电路图中标出最小故障范围并正确排除故障。

任务检查与评价

1. 结合学生完成的情况进行点评并给出考核成绩。
2. 展示学生优秀设计方案和排故方案，激发学生学习热情。

任务评析表

内容	满分	评分要求		扣分
器材的选用及检查	10	（1）电器元件选错型号和规格 （2）导线不符合要求 （3）线槽、线管、编码套管选用不当 （4）电器元件漏检或错检	每个扣 2 分 扣 4 分 每项扣 2 分 每个扣 1 分	
安装布线	35	（1）电器元件布置不合理，安装不牢固 （2）线槽铺设不符合要求 （3）不按电路图接线 （4）接点松动、露铜过长、压绝缘层、反圈等 （5）损伤导线绝缘层或线芯 （6）漏装或套错编码套管 （7）漏接地线	每处扣 5 分 每处扣 4 分 扣 25 分 每个扣 1 分 每根扣 3 分 每个扣 1 分 扣 10 分	
通电试车	15	（1）热继电器未整定或整定错误 （2）熔体规格选择不当 （3）试车不成功	每只扣 5 分 每只扣 5 分 扣 10 分	
故障排除	40	（1）设备操作不熟练 （2）仪表使用方法不正确 （3）排除故障前不调查研究 （4）在原理图上未标出故障最小范围或标错 （5）扩大故障范围或产生新故障点 （6）损坏电器元件 （7）排除故障后通电试车不成功	扣 20 分 扣 10 分 扣 10 分 每个扣 5 分 扣 30 分 扣 25 分 扣 25 分	
安全文明生产	违反安全文明生产规程		扣 10～70 分	
定额时间	训练每超 5min 扣 5 分			成绩
开始时间		结束时间		实际时间

思考题

1. 简述交流接触器的工作原理。

2. 若 CA6140 车床主轴电动机只能点动，则可能的故障原因有哪些？在此情况下，冷却泵电动机能否正常工作？

3. 根据以下控制要求，绘制电路图：电动机 M1 起动后 M2 才能起动，M2 停止后 M1 才能停止。

情境二　电动机 PLC 控制系统的设计及应用

1. 电动机起停 PLC 控制系统

电动机起停 PLC 控制系统在现代生产过程中是应用比较广泛的控制方式。

2. 工作台自动往返 PLC 控制系统

工作台自动往返在生产中经常被使用，如刨床工作台的自动往返等。工作台在无人控制的情况下，由电动机带动，经限位开关控制在两点间自动往返。

3. 三相异步电动机的星—角降压起动 PLC 控制系统

三相异步电动机星—角降压起动控制是应用最广泛的起动方式，电动机首先星形起动，延时几秒后变为三角形起动方式。

4. 自动门 PLC 控制系统

自动门控制系统是利用两种不同传感器与 PLC 系统共同控制的。当有人走到门前进入超声开关发射声波的作用范围时，升门动作开始，直到升门完毕。当人进入到大门遮住光电开关的光束时，光电开关动作，人继续进入大门后，接收器重新接收到光束，降门动作开始，直到降门动作完成。当再次检测到门前有人时，又重复开始前面动作。

5. 送料小车三点往返运行 PLC 控制系统

送料小车的作用是将搅拌好的成品料运送到成品料存储仓中。送料小车由电动机带动，经限位开关控制在三点间自动往返运行。

1. 掌握 PLC 控制系统的总体构建。
2. 掌握 PLC 软元件及基本指令的应用。
3. 强化基本指令程序的编写能力。
4. 掌握 PLC 电气系统图的识读及绘制。
5. 熟悉 PLC 系统的电源技术指标。
6. 掌握 PLC 电气系统设备及器件选择。

7. 掌握电动机 PLC 控制系统的安装工艺。

8. 掌握电动机 PLC 控制系统安装、调试、试车技能。

30 学时

任务一 电动机起停 PLC 控制系统

任务描述

一、电动机起停 PLC 控制系统的工作描述

电动机起停 PLC 控制系统在现代生产过程中是最基本最广泛的一种控制方式。按下起动按钮，电动机运转；按下停止按钮，电动机停止运转。

二、任务要求

当按下起动按钮 SB1 后，电动机 M1 运转，按下停止按钮 SB2 电动机 M1 停止运转，如图 2—1 所示。本任务主要目的是掌握 PLC 基本指令的应用。

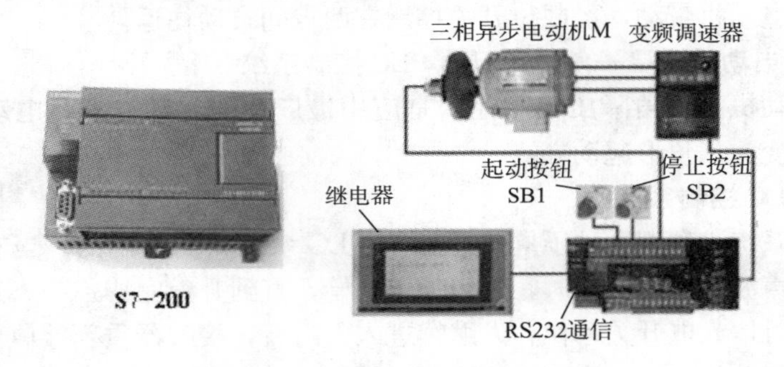

图 2—1 电动机控制示意图

相关知识

一、PLC 的产生及定义

1. PLC 的产生

20 世纪 60 年代，继电器控制在工业控制领域占主导地位，该控制系统对开关量进行顺序控制。这种采用固定接线的控制系统体积大、耗电多、可靠性不高、通用性和灵活性较差，因此迫切需要新型控制装置出现。

20 世纪 60 年代末，美国的汽车制造业竞争十分激烈，各生产厂家的汽车型号不断更新，这也必然要求其加工生产线随之改变，并对整个控制系统重新配置。1968 年，美国最大的汽车制造商通用汽车公司为了适应汽车型号的不断翻新，提出了这样的设想：把计算机的功能完善、通用灵活等优点与继电器接触器控制简单易懂、操作方便、价格便宜等优点结合起来，制成一种通用控制装置，以取代原有的继电器控制线路；并要求把计算机的编程方法和程序输入方法加以简化，用“自然语言”进行编程，使得不熟悉计算机的人也能方便地使用。美国数字设备公司（DEC）根据以上设想和要求，在1969年研制出第一台可编程控制器（PLC），在通用汽车公司的汽车生产线上使用并获得了成功。这就是第一台PLC的产生。当时的PLC仅有执行继电器逻辑控制、计时、计数等较少的功能。

2. PLC的发展

从PLC产生至今，已经发展到第四代产品。其过程基本可分为：

第一代PLC（1969—1972年）：大多用1位机开发，用磁芯存储器存储，只具有单一的逻辑控制功能，机种单一，没有形成系列化。

第二代PLC（1973—1975年）：采用了8位微处理器及半导体存储器，增加了数字运算、传送、比较等功能，能实现模拟量的控制，开始具备自诊断功能，初步形成系列化。

第三代PLC（1976—1983年）：随着高性能微处理器及位片式CPU在PLC中大量的使用，PLC的处理速度大大提高，从而促使它向多功能及联网通信方向发展，增加了多种特殊功能，如浮点数的运算、三角函数、表处理、脉宽调制输出等，自诊断功能及容错技术发展迅速。

第四代PLC（1983年—现在）：不仅全面使用16位、32位高性能微处理器，高性能位片式微处理器，RISC（Reduced Instruction Set Computer）精简指令系统CPU等高级CPU，而且在一台PLC中配置多个微处理器，进行多通道处理，同时生产了大量内含微处理器的智能模块，使得第四代PLC产品成为具有逻辑控制功能、过程控制功能、运动控制功能、数据处理功能、联网通信功能的真正名符其实的多功能控制器。

正是由于PLC具有多种功能，并集三电（电控装置、电仪装置、电气传动控制装置）于一体，使得PLC在工厂中备受欢迎，用量高居首位，成为现代工业自动化的三大支柱（PLC、机器人、CAD/CAM）之一。

由于PLC的发展，使其功能已经远远超出了逻辑控制的范围，因而用“PLC”已不能描述其多功能的特点。1980年，美国电气制造商协会（NEMA）给它起了一个新的名称，叫“Programmable Controller”，简称PC。由于PC这一缩写在我国早已成为个人计算机（Personal Computer）的代名词，为避免造成名词术语混乱，因此在我国仍沿用PLC表示可编程控制器。

3. PLC的定义

可编程逻辑控制器（Programmable Logic Controller，PLC）是一种带有指令存储器、数字的或模拟的输入/输出接口，以位运算为主，能完成逻辑、顺序、定时、计数和运算等功能，用于控制机器或生产过程的自动化控制装置。

二、PLC的结构

PLC的结构多种多样，但其组成的一般原理基本相同，都是采用以微处理器为核心的结构。硬件系统一般主要由中央处理器（CPU）、存储器（RAM、ROM）、输入接口（I）、输出接口（O）、扩展接口、编程器和电源等几部分组成，如图2—2所示。

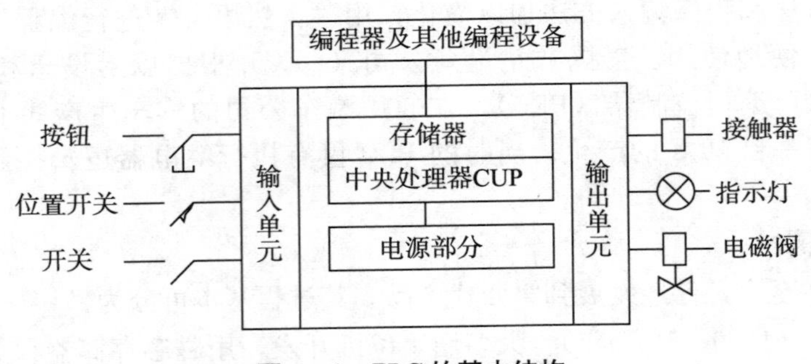

图 2—2　PLC 的基本结构

1. 中央处理器（CPU）

CPU 是 PLC 控制系统的核心，相当于人的大脑，它控制着整个 PLC 控制系统有序地运行。PLC 控制系统中，PLC 程序的输入和执行、各 PLC 之间或 PLC 与上位机之间的通信、接收现场设备的状态和数据都离不开该模块。CPU 模块还可以进行自我诊断，即当电源、存储器、输入/输出端子、通信等出现故障时，它可以给出相应的指示或做出相应的动作。

2. 存储器单元

存储器是具有记忆功能的半导体电路，用来存放系统程序、用户程序和数据。

（1）系统程序存储器。

系统程序存储器存放 PLC 生产厂家编写的系统程序，固化在 PROM 和 EEPROM 中，用户不能修改。

（2）用户程序存储器。

用户程序存储器可分程序存储区和数据存储区。程序存储区存放用户编写的控制程序，用户用编程器写入 RAM 或 EEPROM。数据存储区存放程序执行过程中所需或产生的中间数据，包括输入/输出过程映象，定时器、计数器的预置值和当前值。

3. 输入/输出接口

输入/输出接口又称 I/O 接口，是系统的眼、耳、手、脚，是联系外部现场和 CPU 模块的桥梁。用户设备需输入 PLC 的各种控制信号，如限位开关、操作按钮、选择开关、行程开关以及其他一些传感器输出的开关量或模拟量（要通过模数变换进入机内）等，通过输入接口电路将这些信号转换成中央处理器能够接收和处理的信号。

输出接口电路将中央处理器送出的弱电控制信号转换成现场需要的强电信号输出，以驱动电磁阀、接触器、电动机等被控设备的执行元件。

（1）输入接口。

输入接口接收和采集输入信号（如限位开关、操作按钮、选择开关、行程开关以及其他一些传感器输出的开关量），并将这些信号转换成 CPU 能够接受和处理的数字信号。输入接口电路通常有两种类型：直流输入型（见图 2—3）和交流输入型（见图 2—4）。从图中可以看出，两种类型都设有 RC 滤波电路和光电耦合器，光电耦合器一般由发光二极管和光敏晶体管组成，在电气上使 CPU 内部和外界隔离，增强了抗干扰能力。

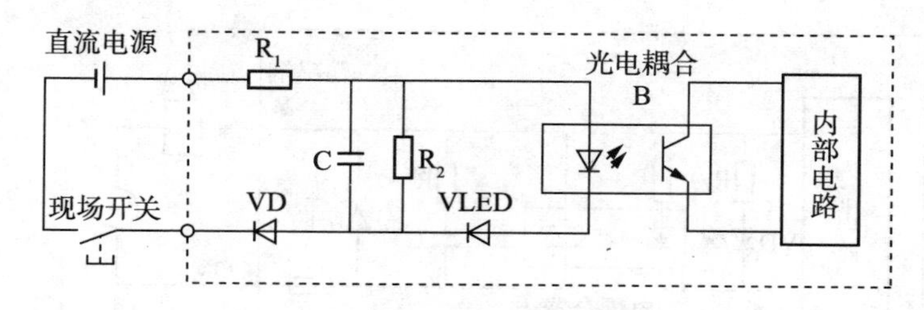

图 2—3　直流输入接口电路

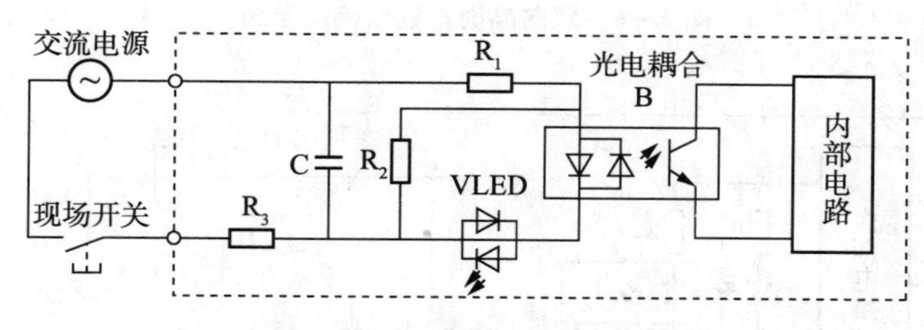

图 2—4　交流输入接口电路

（2）输出接口。

输出接口将经中央处理器 CPU 处理过的输出数字信号（1 或 0）传送给输出端的电路元件，以控制其接通或断开，从而驱动接触器、电磁阀、指示灯、数字显示装置和报警装置等。

为适应不同类型的输出设备负载，PLC 的接口类型有继电器输出型、双向晶闸管输出型和晶体管输出型三种，分别如图 2—5、图 2—6 和图 2—7 所示。其中，继电器输出型为有触点输出方式，可用于接通或断开开关频率较低的直流负载或交流负载回路，这种方式存在继电器触点的电气寿命和机械寿命问题；双向晶闸管和晶体管输出型皆为无触点输出方式，开关动作快、寿命长，可用于接通或断开开关频率较高的负载回路，其中双向晶闸管输出型只用于带交流电源负载，晶体管输出型则只用于带直流电源负载。

从三种类型的输出电路可以看出，继电器、双向晶闸管和晶体管作为输出端的开关元件受 PLC 的输出指令控制，完成接通或断开与相应输出端相连的负载回路的任务，它们并不向负载提供电源。

负载工作电源的类型、电压等级和极性应该根据负载要求以及 PLC 输出接口电路的技术性能指标确定。

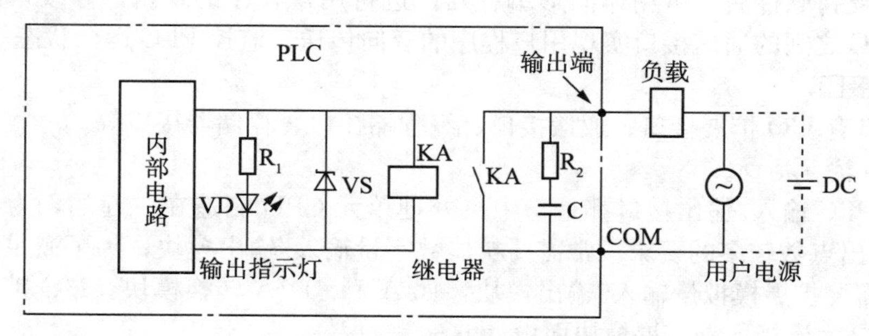

图 2—5　继电器输出接口电路

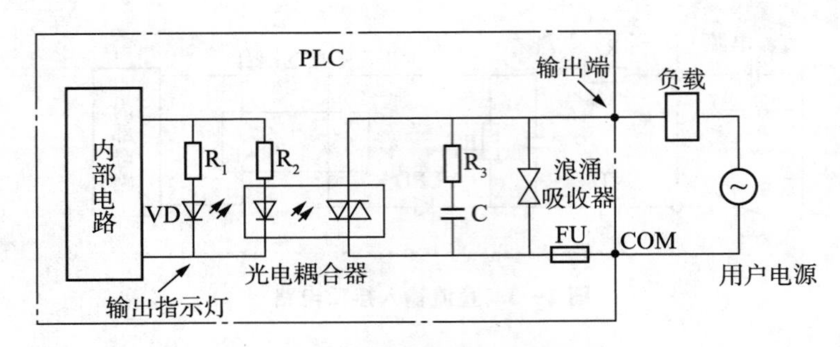

图 2—6　双向晶闸管输出接口电路

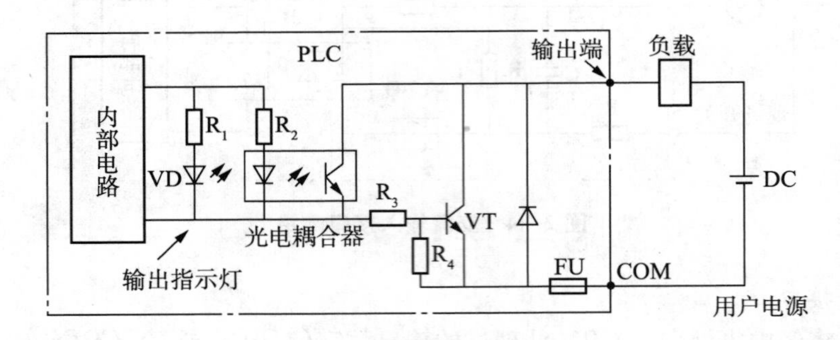

图 2—7　晶体管输出接口电路

4. 电源单元

PLC 配有开关电源，以供内部电路使用。与普通电源相比，PLC 电源的稳定性好、抗干扰能力强。对电网提供的电源稳定度要求不高，一般允许电源电压在其额定值±15%的范围内波动。许多 PLC 还向外提供直流 24V 稳压电源，用于对外部传感器供电。

5. 编程器

编程器的作用是将用户编写的程序下载至 PLC 的用户程序存储器，并利用编程器检查、修改和调试用户程序，监视用户程序的执行过程，显示 PLC 状态、内部器件及系统的参数等。

编程器有简易编程器和图形编程器两种。简易编程器体积小，携带方便，但只能用语句形式进行联机编程，适合小型 PLC 的编程及现场调试。图形编程器既可用语句形式编程，又可用梯形图编程，同时还能进行脱机编程。

目前，PLC 制造厂家大都开发了计算机辅助 PLC 编程支持软件，当个人计算机安装了 PLC 编程支持软件后，可用作图形编程器，进行用户程序的编辑、修改，并通过个人计算机和 PLC 之间的通信接口实现用户程序的双向传送、监控 PLC 运行状态等。

6. 其他接口

其他接口有 I/O 扩展接口、通信接口、编程器接口、存储器接口等。

(1) I/O 扩展接口。

小型的 PLC 输入/输出接口都是与中央处理单元 CPU 制造在一起的，为了满足被控设备输入/输出点数较多的要求，常需要扩展数字量输入/输出模块；为了满足模拟量控制的要求，常需要扩展模拟量输入/输出模块，如 A/D、D/A 转换模块。I/O 扩展接口（见图 2—8）就是为连接各种扩展模块而设计的。

图 2—8　PLC 扩展接口连接图

（2）通信接口。

通信接口用于 PLC 与计算机、PLC、变频器和文本显示器（触摸屏）等智能设备之间的连接（如图 2—9），以实现 PLC 与智能设备之间的数据传输。

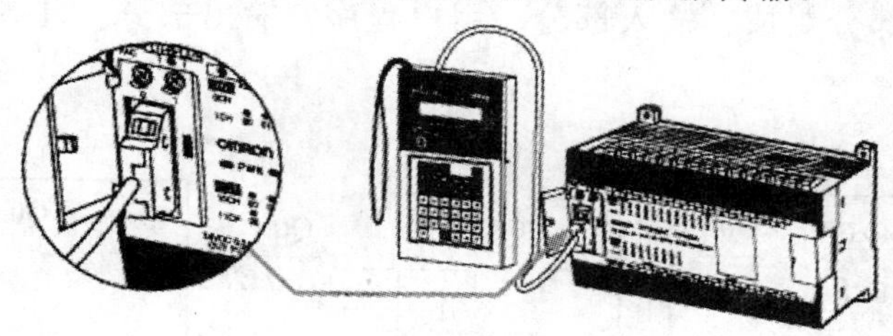

图 2—9　通信接口的连接示意图

三、PLC 工作原理

1. PLC 的工作过程

PLC 虽然具有微机的许多特点，但其工作方式却与微机有很大不同。微机一般采用等待命令的工作方式，PLC 则采用周期循环扫描的工作方式，CPU 连续执行用户程序和任务的循环序列称为扫描。PLC 对用户程序的执行过程是 CPU 循环扫描，并用周期性地集中采样、集中输出的方式来完成的。如图 2—10 所示，一个扫描周期（工作周期）主要分为以下几个阶段：

（1）上电初始化。

PLC 上电后，首先对系统进行初始化，包括硬件初始化，I/O 模块配置检查、停电保持范围设定、清除内部继电器、复位定时器等。

（2）CPU 自诊断。

在每个扫描周期须进行自诊断，通过自诊断对电源、PLC 内部电路、用户程序的语法等进行检查，一旦发现异常，CPU 使异常继电器接通，PLC 面板上的异常指示灯亮，内部特殊寄存器中存入出错代码并给出故障显示标志。如果不是致命错误则进入 PLC 的停止（STOP）状态；如果是致命错误时，则 CPU 被强制停止，等待错误排除后才转入

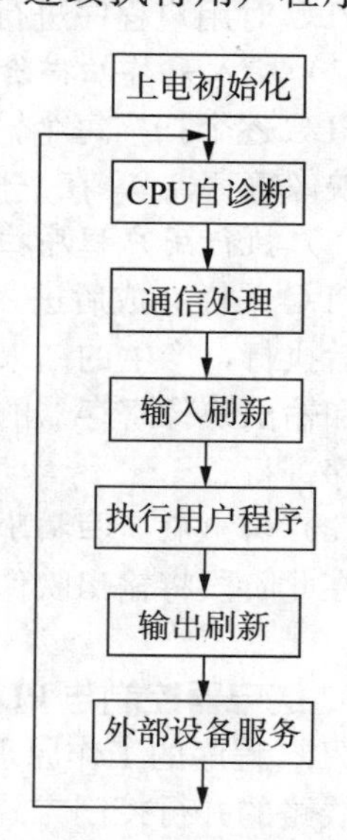

图 2—10　PLC 工作原理示意图

STOP 状态。

（3）与外部设备通信。

与外部设备通信阶段，PLC 与其他智能装置、编程器、终端设备、彩色图形显示器、其他 PLC 等进行信息交换，然后进行 PLC 工作状态的判断。

PLC 有 STOP 和 RUN 两种工作状态，如果 PLC 处于 STOP 状态，则不执行用户程序，将通过与编程器等设备交换信息，完成用户程序的编辑、修改及调试任务；如果 PLC 处于 RUN 状态，则将进入扫描过程，执行用户程序。

（4）扫描过程。

PLC 以扫描方式把外部输入信号的状态存入输入映像区，再执行用户程序，并将执行结果输出存入输出映像区，直到传送到外部设备。

PLC 上电后周而复始地执行上述工作过程，直至断电停机。

2. 用户程序循环扫描

PLC 系统由三部分组成：输入部分、用户程序、输出部分。其等效电路如图 2—11 所示。

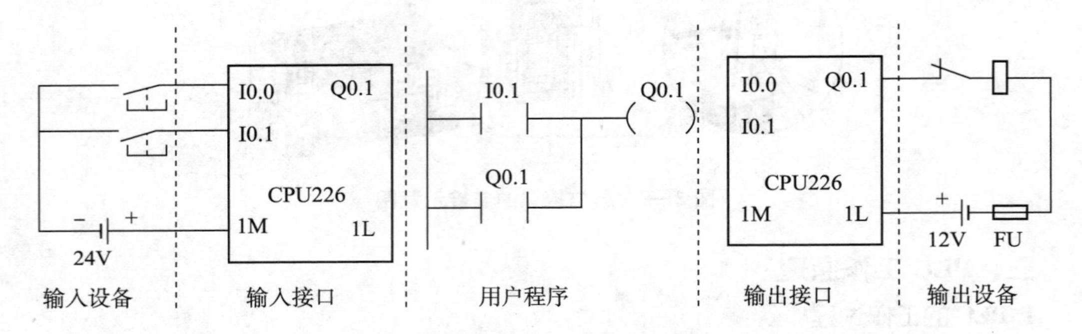

图 2—11　PLC 系统等效电路示意图

PLC 对用户程序进行循环扫描分为输入采样、程序执行和输出刷新三个阶段。

（1）输入采样扫描阶段。

PLC 逐个扫描每个输入端口，将所有输入设备的当前状态保存在相应的存储区（又称输入映像寄存器），在一个扫描周期中状态保持不变，直至下个扫描周期又开始采样。

（2）执行用户程序扫描阶段。

PLC 采样完成后进入程序执行阶段。CPU 从用户程序存储区逐条读取用户指令，经解释后执行，产生的结果送入输出映像寄存器，并更新。在执行的过程中用到输入映像寄存器和输出映像寄存器的内容为上一个扫描周期执行的结果。程序执行自左到右、自上向下顺序进行。

（3）输出刷新扫描阶段。

在此阶段将输出映像寄存器的内容传送到输出锁存器中，经接口送到输出端子，驱动负载。

3. 继电器控制与 PLC 控制的差异

PLC 程序的工作原理可简述为由上至下、由左至右、循环往复、顺序执行。与继电器控制线路的并行控制方式存在差别，如图 2—12 所示。

图 2—12（a）中，如果为继电器控制线路，由于是并行控制方式，首先是线圈 KM1 与线圈 KM2 均通电，然后因为动断触点 KM2 的断开，导致线圈 KM1 断电。如果为梯形

图控制线路，当I0.0接通后，线圈Q0.0通电，接着Q0.1通电，完成第1次扫描；进入第2次扫描后，线圈Q0.0因动断触点Q0.1断开而断电，而Q0.1通电。

图2—12（b）中，如果为继电器控制线路，线圈KM1与线圈KM2首先均通电，然后KM1断电。如果为梯形图控制线路，则触头I0.0接通，所以线圈Q0.1通电，然后进行第2行扫描，结果因为动断触点Q0.1断开，所以线圈Q0.0始终不能通电。

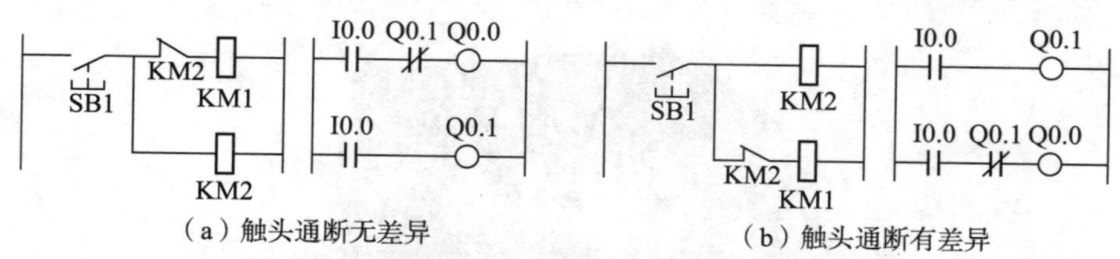

图2—12　继电器图与梯形图控制触头通断状态分析

四、PLC的分类

1. 按点数和功能分类

一般将一路信号叫做一个点，将输入点数和输出点数的总和称为机器的点数，简称I/O点数。一般讲，点数多的PLC，功能也越强。按照点数的多少，可将PLC分为超小（微）、小、中、大四种类型。

（1）超小型机。

I/O点数为64点以内，内存容量为256～1 000B。

（2）小型机。

I/O点数为64～256，内存容量为1～3.6KB。小型及超小型PLC主要用于小型设备的开关量控制，具有逻辑运算、定时、计数、顺序控制、通信等功能。

（3）中型机。

I/O点数为256～1 024，内存容量为3.6～13KB。中型PLC除具有小型、超小型PLC的功能外，还增加了数据处理能力，适用于小规模的综合控制系统。

（4）大型机。

I/O点数为1 024以上，内存容量为13KB以上。

2. 按结构形式分类

PLC按硬件结构形式进行划分，分为整体式结构和模块式结构。

（1）整体式结构。

一般的小型及超小型PLC多为整体式结构，这种可编程序控制器是把CPU、RAM、ROM、I/O接口及与编程器或EPROM写入器相连的接口、输入/输出端子、电源、指示灯等都装配在一起的整体装置。西门子公司的S7-200系列PLC为整体式结构，如图2—13所示。

图2—13　S7-200系列PLC

（2）模块式结构。

模块式结构又叫积木式。这种结构形式的特点是把 PLC 的每个工作单元都制成独立的模块，如 CPU 模块、输入模块、输出模块、电源模块、通信模块等。常见产品有欧姆龙公司的 C200H、C1000H、C2000H，西门子公司的 S5-115U、S7-300（见图 2—14）、S7-400 系列等。

图 2—14　S7-300 系列 PLC

3. 按生产厂家分类

PLC 的生产厂家很多，国内国外都有，其点数、容量、功能各有差异，但都自成系列，比较有影响的有：日本欧姆龙（OMRON）公司的 C 系列可编程序控制器；日本三菱（MITSUBISHI）公司的 F、F1、F2、FX2 系列可编程序控制器；日本松下（PANASONIC）电工公司的 FP1 系列可编程序控制器；美国通用电气（GE）公司的 GE 系列可编程序控制器；美国艾伦—布拉德利（A—B）公司的 PLC—5 系列可编程序控制器；德国西门子（SIEMENS）公司的 S5、S7 系列可编程序控制器。

五、PLC 的特点

（1）可靠性高、抗干扰能力强。PLC 是专为工业控制而设计的，在设计与制造过程中均采用了屏蔽、滤波、光电隔离等有效措施，并且采用模块式结构，有故障可迅速更换，可平均无故障运行 2 万小时以上。日本三菱公司生产的 F 系列 PLC 平均无故障高达 30 万小时。此外，PLC 还具有很强的自诊断功能，可以迅速方便地检查判断出故障，缩短检修时间。

（2）编程简单，使用方便。编程简单是 PLC 优于微机的一大特点。目前，大多数 PLC 都采用与实际电路接线图非常相近的梯形图编程，这种编程语言形象直观，易于掌握。

（3）功能强、速度快、精度高。PLC 具有逻辑运算、定时、计数等很多功能，还能进行 D/A 转换、A/D 转换、数据处理、通信联网，并且运行速度很快、精度高。

（4）通用性好。PLC 品种多，档次也多，许多 PLC 制成模块式，可灵活组合。

（5）设计、安装、调试周期短。

（6）易于实现机电一体化。从上述 PLC 的功能特点可见，PLC 控制系统比传统的继电接触控制系统具有许多优点，在许多方面可以取代继电接触控制。但是，目前 PLC 价格还较高，中、高档 PLC 使用需要具有丰富的计算机知识，且 PLC 制造厂家和 PLC 品种类型很多，而指令系统和使用方法不尽相同，这给用户带来不便。

六、PLC 的应用领域

目前，在国内外 PLC 已广泛应用于冶金、石油、化工、建材、机械制造、电力、汽车、轻工、环保及文化娱乐等各行各业，随着 PLC 性能价格比的不断提高，其应用领域不断扩大。从应用类型看，PLC 的应用大致可归纳为以下几个方面：

1. 开关量逻辑控制

利用 PLC 最基本的逻辑运算、定时、计数等功能实现逻辑控制，可以取代传统的继电器控制，用于单机控制、多机群控制、生产自动线控制等，例如：机床、注塑机、印刷机械、装配生产线、电镀流水线及电梯的控制等。这是 PLC 最基本的应用，也是 PLC 最广泛的应用领域。

2. 运动控制

大多数 PLC 都有拖动步进电机或伺服电机的单轴或多轴位置控制模块。这一功能广泛用于各种机械设备，如对各种机床、装配机械、机器人等进行运动控制。

3. 过程控制

大、中型 PLC 都具有多路模拟量 I/O 模块和 PID 控制功能，有的小型 PLC 也具有模拟量输入/输出功能。所以 PLC 可实现模拟量控制，而且具有 PID 控制功能的 PLC 可构成闭环控制，用于过程控制。这一功能已广泛用于锅炉、反应堆、水处理、酿酒以及闭环位置控制和速度控制等方面。

4. 数据处理

现代的 PLC 都具有数学运算、数据传送、转换、排序和查表等功能，可进行数据的采集、分析和处理，同时可通过通信接口将这些数据传送给其他智能装置，如计算机数值控制（CNC）设备，进行处理。

5. 通信联网

PLC 的通信包括 PLC 与 PLC、PLC 与上位计算机、PLC 与其他智能设备之间的通信，PLC 系统与通用计算机可直接或通过通信处理单元、通信转换单元相连接构成网络，以实现信息的交换，并可构成“集中管理、分散控制”的多级分布式控制系统，满足工厂自动化（FA）系统发展的需要。

任务分析

一、PLC 选型

德国西门子 S7-200 CPU226 可编程控制器。

二、输入/输出分配

输入/输出信号与 PLC 地址分配表见表 2—1。

表 2—1　　电动机起停控制的 I/O 地址分配表

输入信号			输出信号		
名称	功能	编号	名称	功能	编号
SB1	起动按钮	I0.0	KM1	电动机	Q0.1
SB2	停止按钮	I0.1			

三、硬件设计

电动机起停 I/O 接线图如图 2—15 所示。

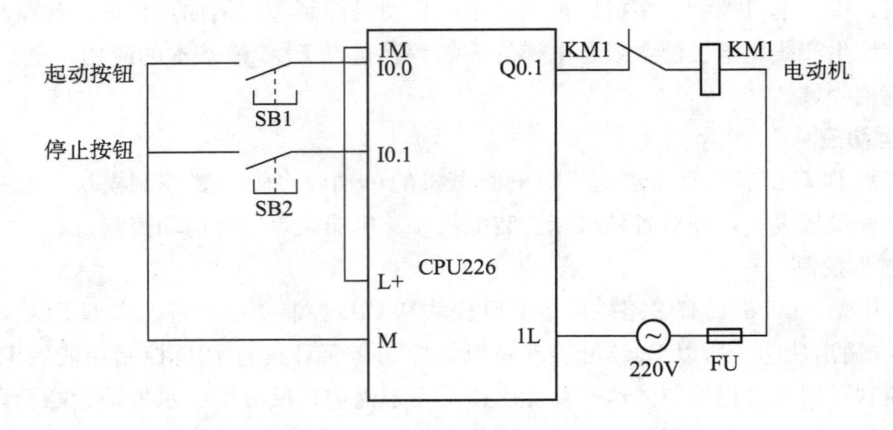

图 2—15　电动机起停控制 PLC 的 I/O 接线图

四、系统的软件设计

根据电动机控制要求，运用 PLC 基本指令便可以实现软件编程。如图 2—16 所示。

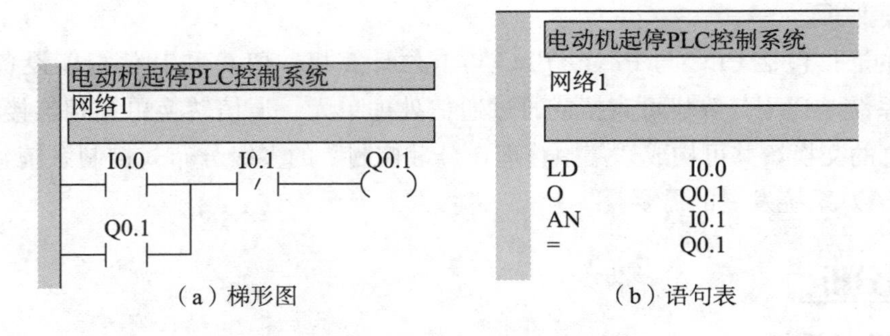

（a）梯形图　　（b）语句表

图 2—16　电动机起停控制梯形图和语句表

任务实施

一、器材准备

完成本任务实训安装、调试所需器材见表 2—2。

表 2—2　　电动机起停 PLC 控制系统实训器件一览表

器材名称	数量
PLC 基本单元 CPU226（或更高类型）	1 个
计算机	1 台
电动机起停模拟装置	1 个
导线	若干
交、直流电源	1 套
电工工具及仪表	1 套

二、实施步骤

1. 程序输入

在计算机上打开 S7-200 编程软件，选择相应 CPU 类型，建立电动机起停的 PLC 控制项目，输入编写梯形图或指令表程序。

2. 模拟调试

将输入的程序经程序编译后，导出为 awl 格式文本文件，在 S7-200 仿真软件中打开。按下输入控制按钮，观看程序仿真结果。如与任务要求不符，则结束仿真将编程软件中的程序进行分析修改，再重新导出文件经仿真软件进一步调试，直到仿真结果符合任务要求。

3. 系统安装

系统安装可在硬件设计完成后进行，可与软件、模拟调试同时进行。系统安装只需按照安装接线图进行即可。注意输入/输出回路电源接入。

4. 系统调试

确定硬件接线、软件调试结果正确后，合上 PLC 电源开关和输出回路电源开关，按下电动机运转的起动按钮，观察 PLC 是否有输出，输出继电器 Q 的变化是否正确，电动机运转是否正常。如果结果不符合要求，观察输入及输出回路是否接线错误。排除故障后重新断电，起动电动机运转，再次观察运行结果或者计算机显示监控画面，直到符合要求为止。

5. 填写任务报告书

如实填写任务报告书，分析设计过程中的经验，编写设计总结。

任务检查与评价

1. 结合学生完成的情况进行点评并给出考核成绩。
2. 展示学生优秀设计方案和程序，激发学生学习热情。

任务评析表

项目	内容	满分	评分要求	备注
电动机起停PLC控制	1. 正确选择输入/输出设备及地址并画出I/O接线图	15	设备及端口地址选择正确，接线图正确、标注完整	输入/输出每错一个扣5分，接线图每少一处标注扣1分
	2. 正确编制梯形图程序	35	梯形图格式正确、程序逻辑正确；电动机起停工作方法正确；整体结构合理	每错一处扣5分
	3. 正确写出语句表程序	10	各指令使用准确	每错一处扣5分
	4. 外部接线正确	15	电源线、通信线及I/O信号线接线正确	每错一处扣5分
	5. 写入程序并进行调试	15	操作步骤正确，动作熟练（允许根据输出情况进行反复修改和完善）	若有违规操作，每次扣10分
	6. 运行结果及口试答辩	10	程序运行结果正确、表述清楚，口试答辩正确	对运行结果表述不清楚者扣5分

任务二 工作台自动往返PLC控制系统

任务描述

一、工作台自动往返PLC控制系统的工作描述

工作台自动往返运行在生产中是经常被使用的一种控制方式，工作台在无需人控制的情况下，由电动机带动，经限位开关控制在两点间自动往返。

二、任务要求

工作台由电动机控制，电动机正转时工作台前进，前进到*A*点碰到位置开关SQ1，电动机反转，工作台后退到*B*点碰到位置开关SQ2，电动机正转，工作台又前进到*A*点又后退，如此自动循环，实现工作台在*A*、*B*两点间自动往返运动，如图2—17所示。

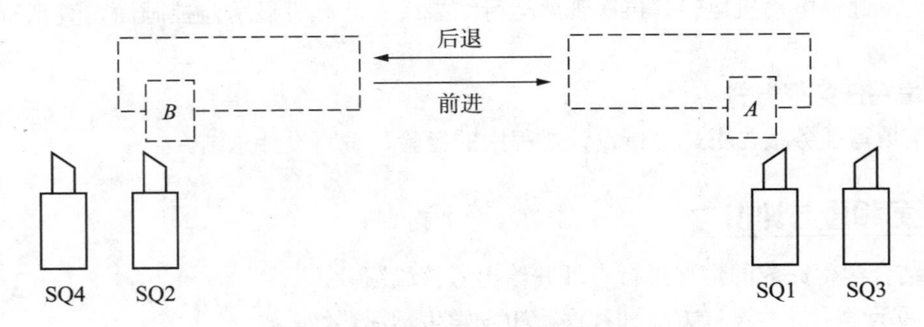

图2—17　工作台自动往返示意图

一、标准触点指令

标准触点指令主要有LD、LDN、A、AN、O、ON、NOT、=，如表2—3所示。

指令格式：［操作码］　［操作数］

例如：　　LD　　I0.3

表2—3　　指令表及说明

指令	指令格式		说明
	操作码	操作数	
bit ─┤ ├─	LD	bit	装载指令，从左母线开始的第一个动合触点
bit ─┤/├─	LDN	bit	装载指令，从左母线开始的第一个动断触点
bit ─┤ ├─	A	bit	串联指令，串联动合触点
bit ─┤/├─	AN	bit	串联指令，串联动断触点
bit └┤ ├┘	O	bit	并联指令，并联动合触点
bit └┤/├┘	ON	bit	并联指令，并联动断触点
─┤NOT├─	NOT	无	取反指令，对该指令前面的逻辑结果取反
bit ─( )	=	bit	线圈驱动指令，当能流进入线圈时，线圈对应的操作数bit置“1”

说明：

（1）LD、LDN与左母线相连，与OLD、ALD配合使用于分支回路的开头。

（2）＝指令用于输出继电器、内部标志位存储器、定时器、计数器等，不能用于输入继电器I，线圈和输出类指令应放在梯形图的最右边。

（3）对应的触点可以使用无数次。

（4）操作数为I、Q、M、SM、T、C、V、S。

应用举例：标准触点指令的应用如图2—18所示。

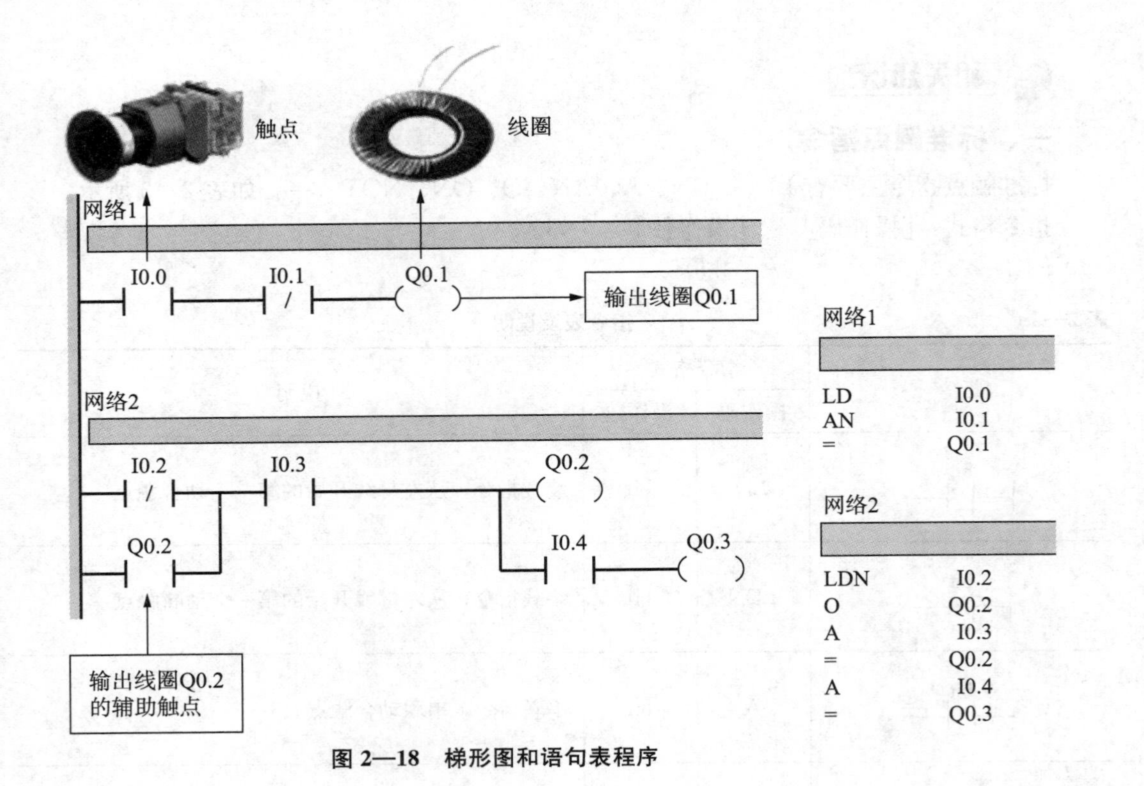

图 2—18 梯形图和语句表程序

梯形图形象直观，适合初学者和广大工程技术人员采用。语句表抽象难懂，但书写方便，容易保存，可以添加注解，为比较熟悉指令的高级用户所采用。

二、复杂逻辑指令

复杂逻辑指令用来描述触点的复杂连接，同时对逻辑堆栈实现复杂操作。

指令包括：ALD、OLD、LPS、LRD、LPP、LDS（此指令有操作数）

(1) 栈装载与指令 ALD（电路块串联指令）。

块与指令，用于并联电路块的串联，执行 ALD 指令，将堆栈中的第一级和第二级的值逻辑“与”操作，结果放在栈顶，堆栈深度减 1。

应用举例：ALD 指令运用的梯形图和语句表程序如图 2—19 所示。

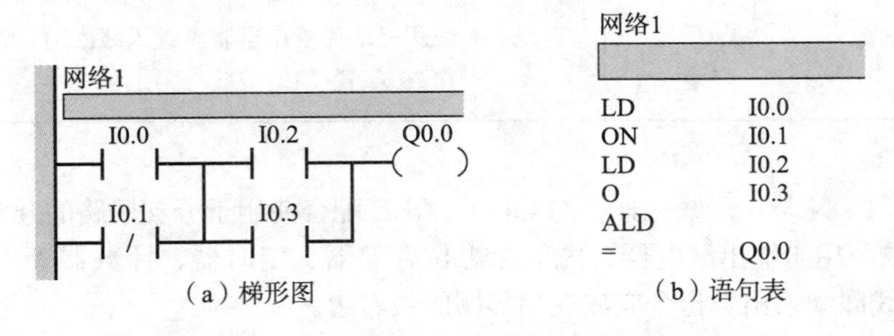

图 2—19 ALD 指令运用的梯形图和语句表程序

(2) 栈装载或指令 OLD（电路块并联指令）。

块或指令，用于串联电路块的并联，执行 OLD 指令，将堆栈中的第一级和第二级的值逻辑“或”操作，结果放在栈顶，堆栈深度减 1。

应用举例：OLD 指令运用的梯形图和语句表程序如图 2—20 所示。

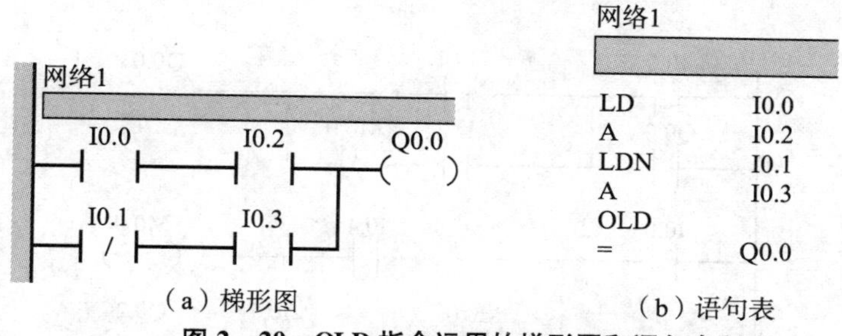

（a）梯形图　（b）语句表

图 2—20　OLD 指令运用的梯形图和语句表程序

（3）逻辑推入栈指令 LPS。

用于复制栈顶的值并将此值推入栈顶，原栈中各级数值依次下压一级，如图 2—21 所示。主要用于分支或主控电路，生成一条新的母线。

（4）逻辑读栈指令 LRD。

把栈中第二级的值复制到栈顶。原堆栈中第一级和第二级的数值一样，其他不变，如图 2—21 所示。

（5）逻辑弹出栈指令 LPP。

将堆栈中栈顶的数值弹出，其他依次上弹一级，如图 2—21 所示。

（6）装入堆栈指令 LDS。

复制第 n 级的数值到栈顶，原堆栈依次下压一级。具体操作过程如图 2—21 所示。

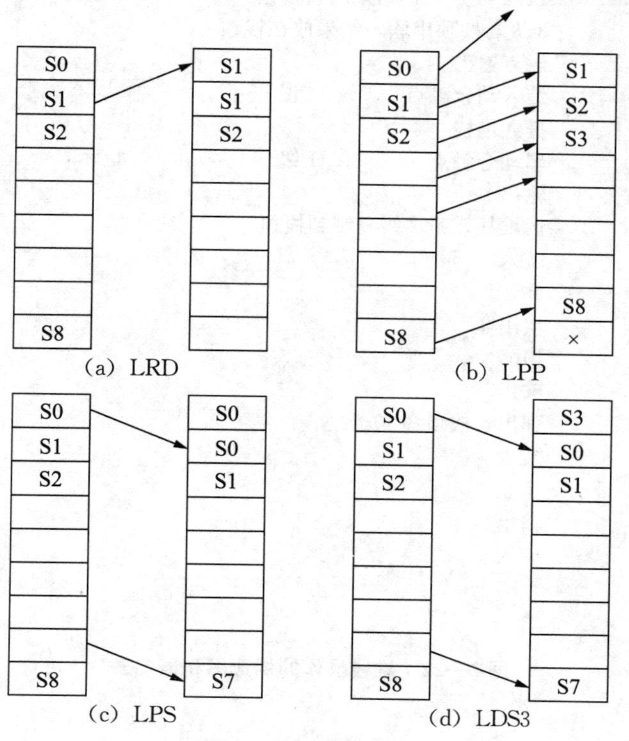

（a）LRD　（b）LPP　（c）LPS　（d）LDS3

图 2—21　堆栈操作

注意：LDS3 是指复制第 3 级的数值。

应用举例：堆栈操作的梯形图和语句表如图 2—22 所示。

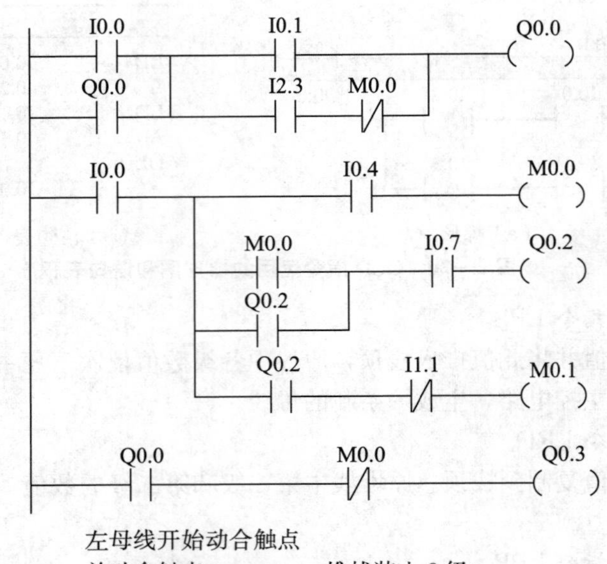

LD	I0.0	左母线开始动合触点
O	Q0.0	并动合触点……………堆栈装入 3 级
LD	I0.1	块的开始动合触点……………堆栈装入 2 级
LD	I2.3	块的开始动合触点
AN	M0.0	串联动断触点……………堆栈装入 1 级
OLD		1、2 级并联，结果放在栈顶
ALD		3 级与栈顶串联，结果放在栈顶
=	Q0.0	触点输出
LD	I0.0	装入动合触点　　　2 级
LPS		推入堆栈
A	I0.4	串动合触点　　　1 级
=	M0.0	输出
LRD		读堆栈，第 2 级复制到栈顶
LD	M0.0	装入
O	Q0.2	并
ALD		块串联
A	I0.7	串
=	Q0.2	输出
LPP		弹出，栈顶为 I0.0
A	Q0.2	装入
AN	I1.1	串
=	M0.1	输出
LD	Q0.0	装入
AN	M0.0	
=	Q0.3	

图 2—22　堆栈操作的梯形图和语句表

任务分析

一、PLC 选型

德国西门子 S7-200 CPU226 可编程控制器。

二、输入/输出分配

输入/输出信号与 PLC 地址分配表见表 2—4。

表 2—4　　工作台自动往返 PLC 控制的地址分配表

输入信号			输出信号		
名称	功能	编号	名称	功能	编号
SB2	前进	I0.0	KM1	前进	Q0.0
SB3	后退	I0.1	KM2	后退	Q0.1
SB1	停止	I0.2			
FR	过载	I0.3			
SQ1	A 位置开关	I0.4			
SQ3	A 限位开关	I0.5			
SQ2	B 位置开关	I0.6			
SQ4	B 限位开关	I0.7			

三、硬件设计

控制主电路如图 2—23（a）所示。工作台自动往返 PLC 控制系统 I/O 接线图如图 2—23（b）所示。

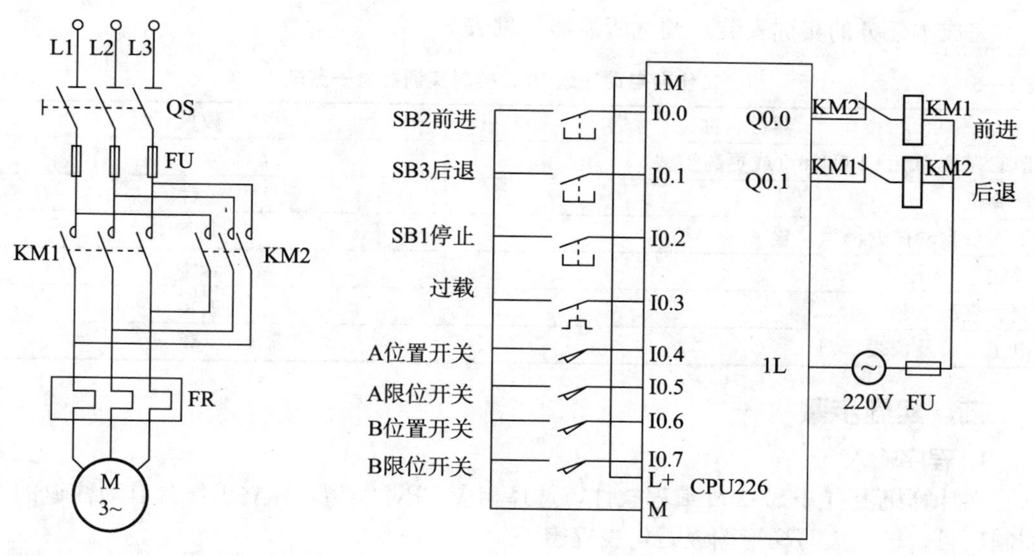

图 2—23（a）　控制主电路　　图 2—23（b）　工作台自动往返 PLC 控制的 I/O 接线图

四、系统的软件设计

根据工作台自动往返控制要求，运用 PLC 的自锁和互锁功能便可以实现软件编程。

工作台自动往返 PLC 控制系统的梯形图和语句表如图 2—24 所示。

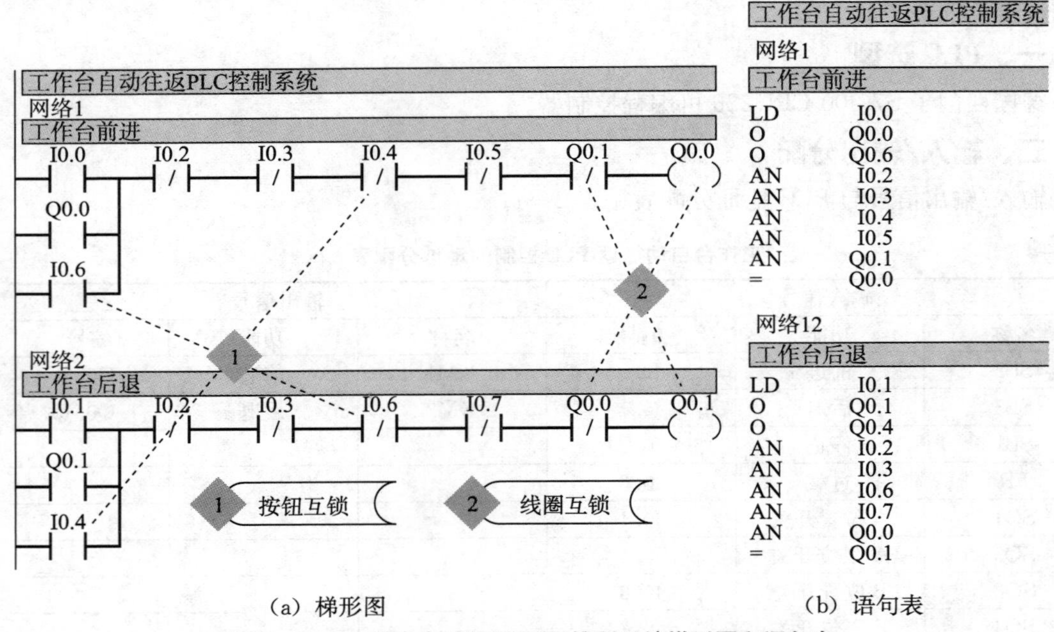

（a）梯形图　　（b）语句表

图 2—24　工作台自动往返 PLC 控制系统梯形图和语句表

任务实施

一、器材准备

完成本任务的实训安装、调试所需器材见表 2—5。

表 2—5　　工作台自动往返 PLC 控制实训器材一览表

器材名称	数量
PLC 基本单元 CPU226（或更高类型）	1 个
计算机	1 台
工作台自动往返模拟装置	1 个
导线	若干
交、直流电源	1 套
电工工具及仪表	1 套

二、实施步骤

1. 程序输入

在计算机上打开 S7-200 编程软件，选择相应 CPU 类型，建立工作台自动往返的 PLC 控制项目，输入编写梯形图或语句表程序。

2. 模拟调试

将输入的程序经程序编译后，将其导出为 awl 格式文本文件，在 S7-200 仿真软件中打开。按下输入控制按钮，观看程序仿真结果。如与任务要求不符，则结束仿真将编程软件中的程序进行分析修改，再重新导出文件经仿真软件进一步调试，直到仿真结果符合任务要求。

3. 系统安装

系统安装可在硬件设计完成后进行，可与软件、模拟调试同时进行。系统安装只需按照安装接线图进行即可。注意输入/输出回路电源接入。

4. 系统调试

确定硬件接线、软件调试结果正确后，合上 PLC 电源开关和输出回路电源开关，按下工作台自动往返的起动按钮，观察 PLC 是否有输出，输出继电器 Q 的变化顺序是否正确。如果结果不符合要求，观察输入及输出回路是否接线错误。排除故障后重新通电，起动电动机运转，再次观察运行结果或者计算机显示监控画面，直到符合要求为止。

5. 填写任务报告书

如实填写任务报告书，分析设计过程中的经验，编写设计总结。

任务检查与评价

1. 结合学生完成的情况进行点评并给出考核成绩。
2. 展示学生优秀设计方案和程序，激发学生学习热情。

任务评析表

项目	内容	满分	评分要求	备注
工作台自动往返PLC控制	1. 正确选择输入/输出设备及地址并画出 I/O 接线图	15	设备及端口地址选择正确，接线图正确、标注完整	输入/输出每错一个扣 5 分，接线图每少一处标注扣 1 分
	2. 正确编制梯形图程序	35	梯形图格式正确、程序逻辑正确；工作台自动往返工作方法正确；整体结构合理	每错一处扣 5 分
	3. 正确写出语句表程序	10	各指令使用准确	每错一处扣 5 分
	4. 外部接线正确	15	电源线、通信线及 I/O 信号线接线正确	每错一处扣 5 分
	5. 写入程序并进行调试	15	操作步骤正确，动作熟练（允许根据输出情况进行反复修改和完善）	若有违规操作，每次扣 10 分
	6. 运行结果及口试答辩	10	程序运行结果正确、表述清楚，口试答辩正确	对运行结果表述不清楚扣 5 分

任务三 三相异步电动机的星—角降压起动 PLC 控制系统

任务描述

一、三相异步电动机的星—角降压起动 PLC 控制系统的工作描述

三相异步电动机星—角降压起动控制是应用最广泛的起动方式，电动机首先星形起

动，延时一段时间后变为三角形起动方式。

三相异步电动机直接起动，起动电流就是额定电流的 4～7 倍。降压起动就是其额定电流的 1/3 左右。为了减少起动电流对电动机的冲击（甚至烧毁）和对电网造成的电压不稳定，大容量的电动机往往需要采取降压起动。现在国内用的最多的是变频软起动，这可以在起动时保护电动机，防止电动机的起动电流过大而烧毁电动机，简单的降压起动就是星—角接法起动。

二、任务要求

按下起动按钮，电源和星形连接接触器通电，异步电动机接成星形连接降压起动。同时，时间继电器得电，延时 5s 后星形连接断电，三角形连接接触器通电，电动机接成三角形正常运行，如图 2—25 所示。

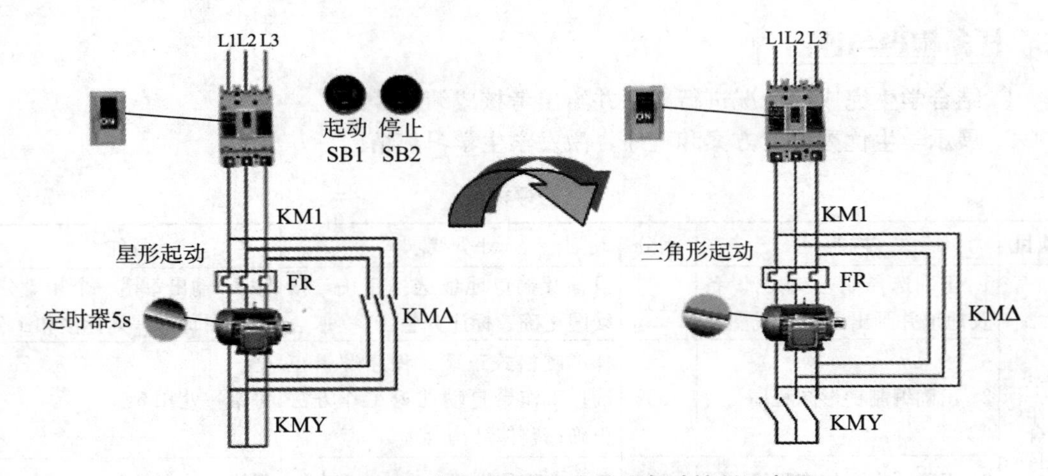

图 2—25　三相异步电动机星—角降压起动控制示意图

相关知识

本任务涉及了定时器指令。定时器实际是内部脉冲计数器，可对内部 1ms、10ms 和 100ms 时钟脉冲进行加计数，当达到用户设定值时，触点动作。定时时间等于分辨率与设定值的乘积，S7-200 PLC 按工作方式分为三类：通电延时型 TON、记忆通电延时型 TONR 和断电延时型 TOF，见表 2—6。定时器可以用用户程序存储器内的常数作为设定值，也可以用数据寄存器的内容作为设定值。允许最大值为 32767。定时器编号范围：0～255，定时器预置 PT 可寻址寄存器 VW、IW、QW、MW、SMW、LW、AC、AIW、T、C 及常数。

表 2—6　定时器类型

工作方式	时基（ms）	最大定时范围（s）	定时器号
TONR	1	32.767	T0，T64
	10	327.67	T2～T4，T65～T68
	100	3276.7	T5～T31，T69～T95
TON/TOF	1	32.767	T32，T96
	10	327.67	T33～T36，T97～T100
	100	3276.7	T37～T63，T102～T255

一、通电延时型定时器 TON

表 2—7　　通电延时型定时器 TON

梯形图	语句表		功能
	操作码	操作数	
TXXX IN　TON PT	TON	TXXX，PT	使能输入端 IN 为“1”时，定时器开始定时；当定时器当前值大于等于预定值 PT 时，定时器位变为 ON（位为“1”）；当定时器使能输入端 IN 由“1”变为“0”时，TON 定时器复位

应用举例：TON 定时器的梯形图、时序图和指令表，如图 2—26 所示。

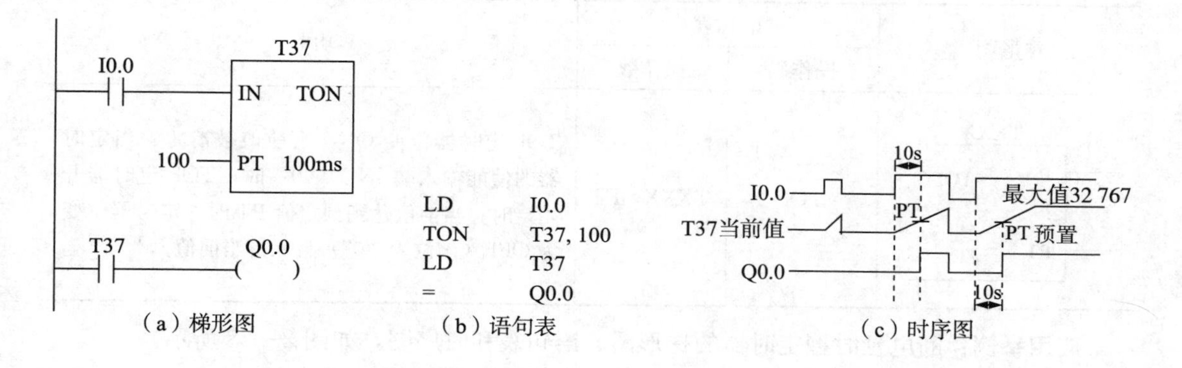

图 2—26　TON 定时器的梯形图、语句表和时序图

二、记忆通电延时型定时器 TONR

表 2—8　　记忆通电延时型定时器 TONR

梯形图	语句表		功能
	操作码	操作数	
TXXX IN　TONR PT	TONR	TXXX，PT	TONR 定时器开始延时；为“0”时，定时器停止计时，并保持当前值不变；当定时器当前值达到预定值 PT 时，定时器位变为 ON（位为“1”）

说明：TONR 定时器的复位只能用复位指令来实现。

应用举例：记忆通电延时型定时器的梯形图、语句表和时序图如图 2—27 所示。

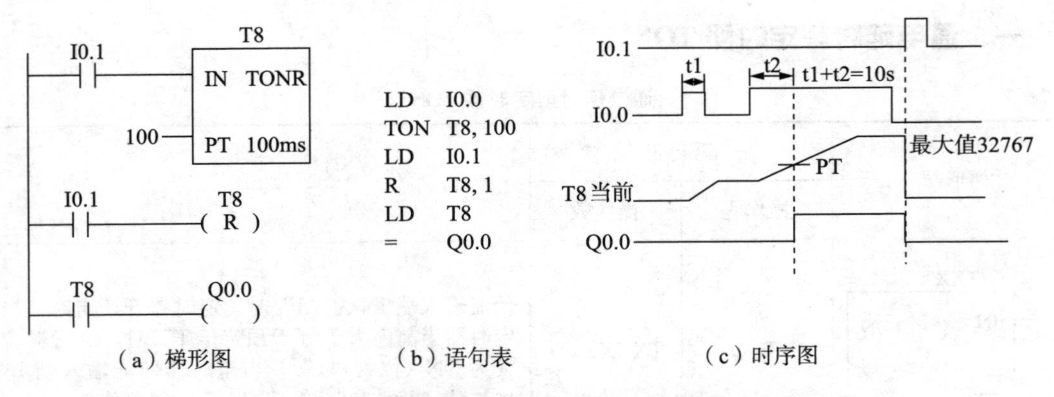

（a）梯形图 （b）语句表 （c）时序图

图 2—27 记忆通电延时型定时器的梯形图、语句表和时序图

三、断电延时型定时器 TOF

表 2—9 **断电延时型定时器 TOF**

梯形图	语句表		功能
	操作码	操作数	
TXXX IN TOF PT	TOF	TXXX，PT	TOF 定时器位变 ON，当前值被清零；当定时器的使能输入端 IN 为"0"时，TOF 定时器开始定时；当前值达到预定值 PT 时，定时器位变为 OFF（该位为"0"）且保持当前值

应用举例：断电延时型定时器的梯形图、语句表和时序图，如图 2—28 所示。

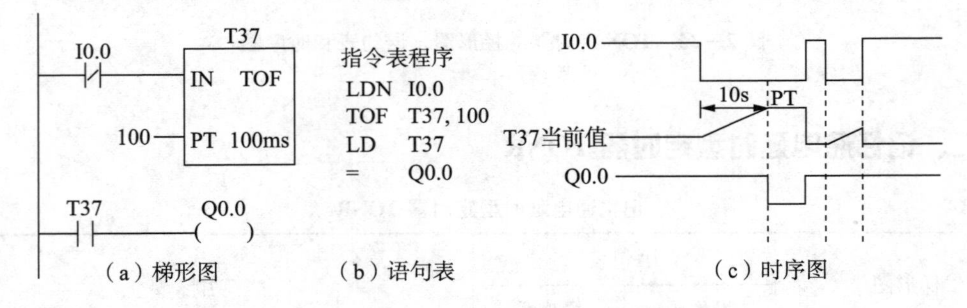

（a）梯形图 （b）语句表 （c）时序图

图 2—28 断电延时型定时器的梯形图、语句表和时序图

任务分析

一、PLC 选型

德国西门子 S7-200 CPU226 可编程控制器。

二、输入/输出分配

输入/输出信号与 PLC 地址分配表见表 2—10。

表 2—10　　三相异步电动机星—角降压起动控制的 I/O 地址分配表

输入信号			输出信号		
名称	功能	编号	名称	功能	编号
SB1	起动	I0.0	KM1	电源	Q0.0
SB2	停止	I0.1	KMY	星形起动	Q0.1
FR	过载	I0.2	KM△	三角形起动	Q0.2

三、硬件设计

三相异步电动机的星—角降压起动控制电路如图 2—29（a）所示，其 I/O 接线图如图 2—29（b）所示。

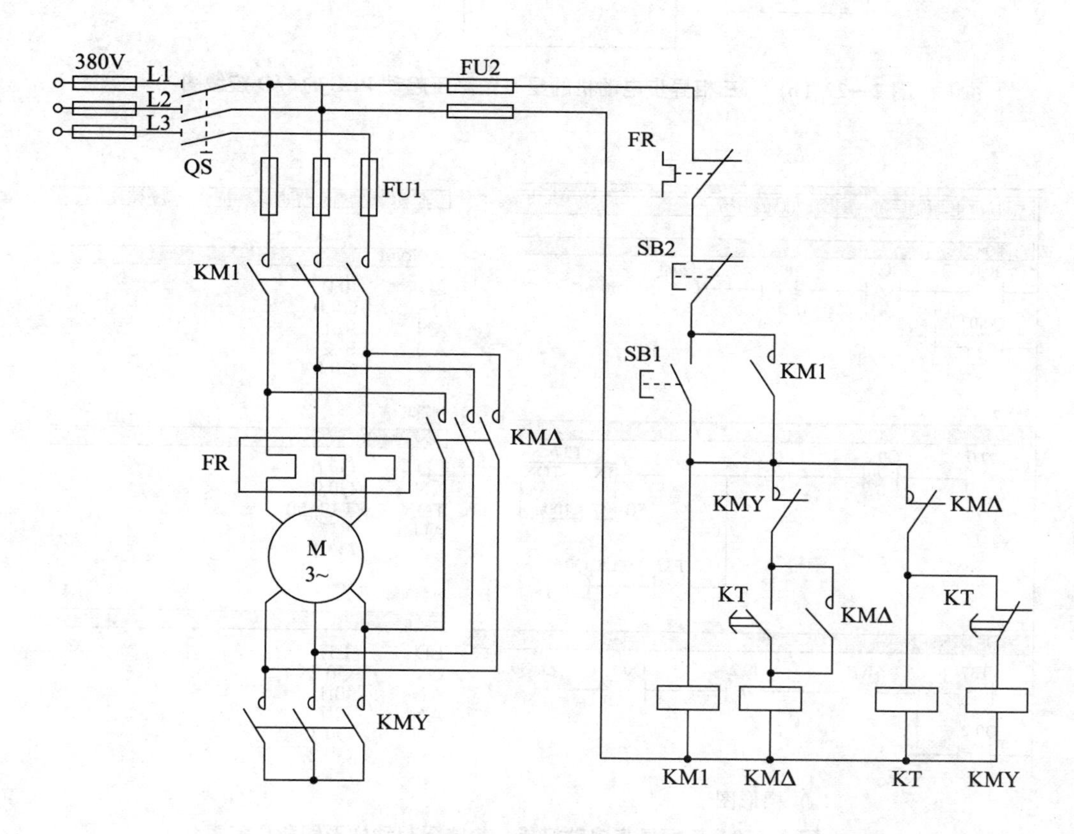

图 2—29（a）　三相异步电动机星—角降压起动控制电路图

四、系统的软件设计

根据三相异步电动机的星—角降压起动控制要求，运用 PLC 的基本指令和定时器指令便可以实现软件编程。其梯形图和语句表如图 2—30 所示。

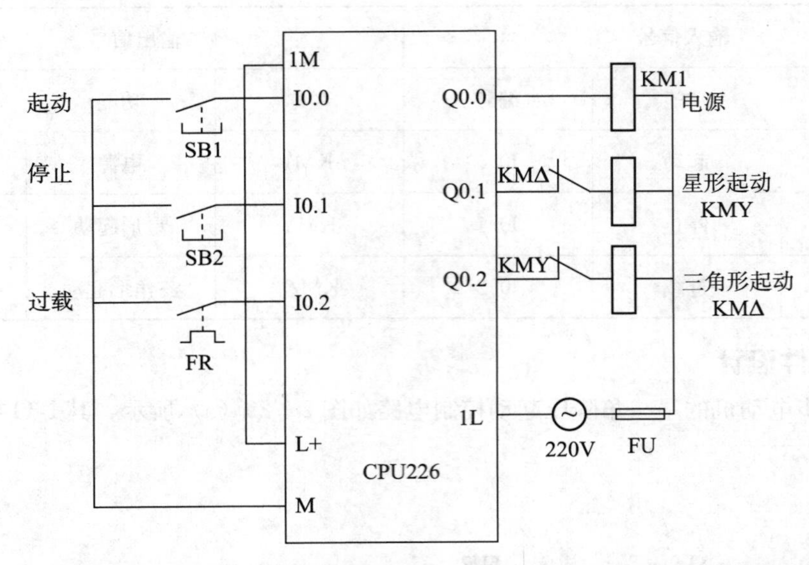

图 2—29（b）　三相异步电动机的星—角降压起动 PLC 的 I/O 接线图

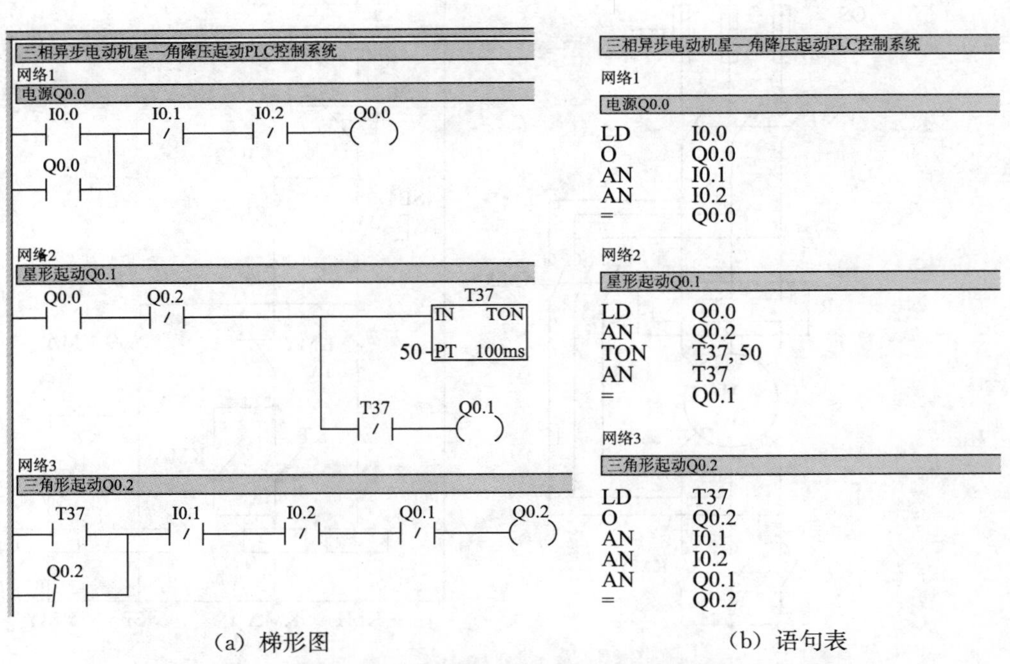

（a）梯形图　　　　（b）语句表

图 2—30　三相异步电动机星—角降压起动梯形图和语句表

任务实施

一、器材准备

完成本任务的实训安装、调试所需器材见表 2—11。

表 2—11　　三相异步电动机的星—角降压起动 PLC 控制实训器材一览表

器材名称	数量
PLC 基本单元 CPU226（或更高类型）	1个
计算机	1台
三相异步电动机星—角降压起动模拟装置	1个
导线	若干
交、直流电源	1套
电工工具及仪表	1套

二、实施步骤

1. 程序输入

在计算机上打开 S7-200 编程软件，选择相应 CPU 类型，建立三相异步电动机星—角降压起动的 PLC 控制项目，输入编写梯形图或语句表程序。

2. 模拟调试

将输入的程序经程序编译后，将其导出为 awl 格式文本文件，在 S7-200 仿真软件中打开。按下输入控制按钮，观看程序仿真结果。如与任务要求不符，则结束仿真将编程软件中的程序进行分析修改，再重新导出文件经仿真软件进一步调试，直到仿真结果符合任务要求。

3. 系统安装

系统安装可在硬件设计完成后进行，可与软件、模拟调试同时进行。系统安装只需按照安装接线图进行即可。注意输入/输出回路电源接入。

4. 系统调试

确定硬件接线、软件调试结果正确后，合上 PLC 电源开关和输出回路电源开关，按下三相异步电动机星—角降压起动的起动按钮，观察 PLC 是否有输出，输出继电器 Q 的变化顺序是否正确。如果结果不符合要求，观察输入及输出回路是否接线错误。排除故障后重新断电，起动电动机运转，再次观察运行结果或者计算机显示监控画面，直到符合要求为止。

5. 填写任务报告书

如实填写任务报告书，分析设计过程中的经验，编写设计总结。

任务检查与评价

1. 结合学生完成的情况进行点评并给出考核成绩。

2. 展示学生优秀设计方案和程序，激发学生学习热情。

任务评析表

项目	内容	满分	评分要求	备注
三相异步电动机星—角降压起动PLC控制	1. 正确选择输入/输出设备及地址并画出I/O接线图	15	设备及端口地址选择正确，接线图正确、标注完整	输入/输出每错一个扣5分，接线图每少一处标注扣1分
	2. 正确编制梯形图程序	35	梯形图格式正确、程序逻辑正确；三相异步电动机星—角降压起动工作方法正确；整体结构合理	每错一处扣5分
	3. 正确写出语句表程序	10	各指令使用准确	每错一处扣5分
	4. 外部接线正确	15	电源线、通信线及I/O信号线接线正确	每错一处扣5分
	5. 写入程序并进行调试	15	操作步骤正确，动作熟练（允许根据输出情况进行反复修改和完善）	若有违规操作，每次扣10分
	6. 运行结果及口试答辩	10	程序运行结果正确、表述清楚，口试答辩正确	对运行结果表述不清楚扣5分

任务四 自动门PLC控制系统

任务描述

一、自动门PLC控制系统的工作描述

自动门在企业、工厂、军队、学校、医院、银行、超市、酒店等行业应用非常广泛，自动门控制系统是利用两种不同传感器系统与PLC系统共同完成控制要求的。当有人走到门前，被超声开关发射声波检测到时，超声开关便检测出物体反射的回波。光电开关由两个元件组成：内光源和接收器。光源连续地发射光束，由接收器加以接收。如果人或其他物体遮断了光束，光电开关便检测到这个人或物体。对这两个开关的输入信号的响应，PLC产生输出控制信号到门电动机，从而实现升门和降门。除此之外，PLC还接收来自门顶和门底的两个限位开关的信号输入，用以控制升降门动作的完成。

二、任务要求

当超声开关检测到门前有人时，超声开关I0.0动合触点闭合，升门信号Q0.0被置位，升门动作开始。当升门到位时，门顶限位开关动作，上限位开关I0.2动合触点闭合，升门信号Q0.0被复位，升门动作完成。当人进入到大门遮断光电开关的光束时，光电开关I0.1动作，其动合触点闭合。人继续进入大门后，接收器重新接收到光束，I0.1触点由闭合状态变为断开状态，降门信号Q0.1被置位，降门动作开始。当降门到位时，门底限位开关动作，下限位开关I0.3动合触点闭合，降门信号Q0.1被复位，降门动作完成。当再次检测到门前有人时，又重复开始动作。如图2—31所示。

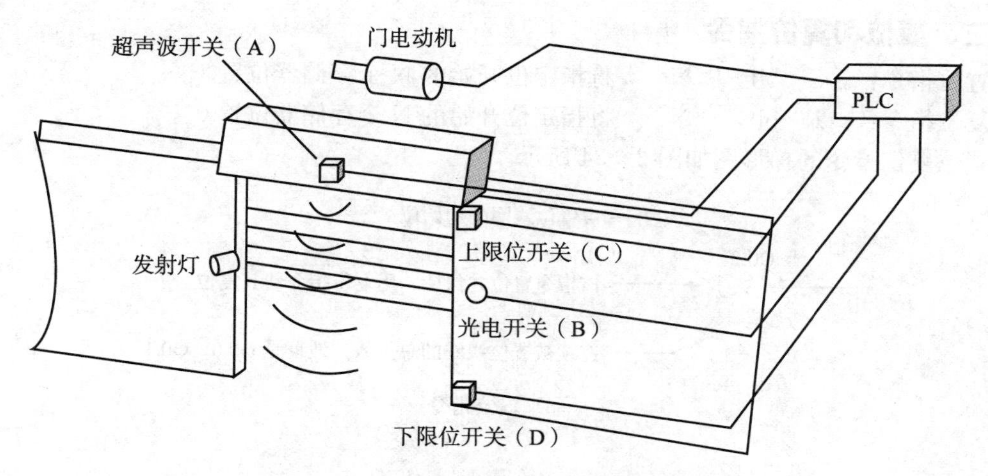

图 2—31　自动门 PLC 控制系统示意图

相关知识

本任务主要是利用 PLC 指令中的正负跃变指令和置位/复位指令进行程序设计。

一、正负跳变指令

正跳变 EU：检测到脉冲的正跳变后，产生一个一个扫描周期宽度的高电平微分脉冲，经常与 S/R、计数、传送、移位等指令配合使用。如图 2—32 所示。

负跳变 ED：检测到脉冲的负跳变后，产生一个一个扫描周期宽度的高电平微分脉冲，经常与 S/R、计数、传送、移位等指令配合使用。如图 2—33 所示。

注意： 指令无操作数。

例如：1　LD　I0.0

　　　2　EU

　　　3　=　M0.2

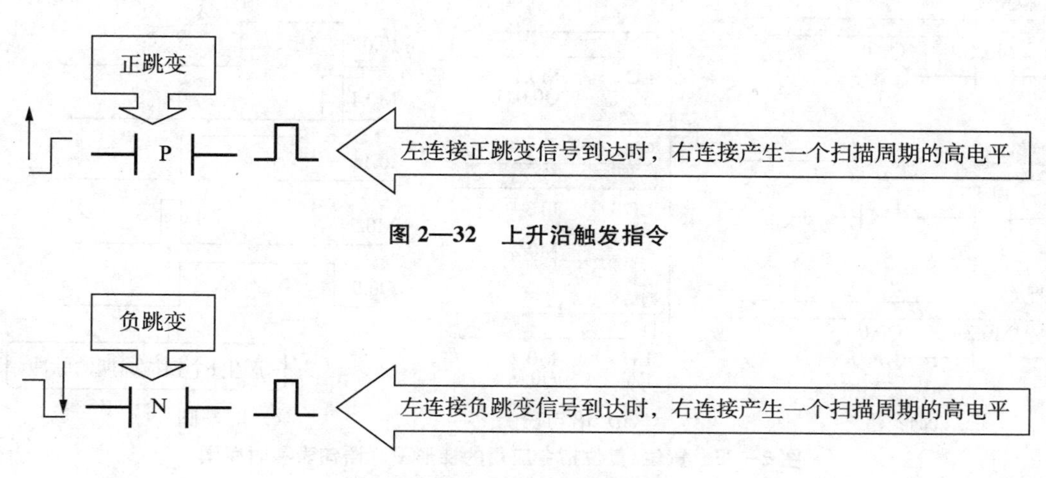

图 2—32　上升沿触发指令

图 2—33　下降沿触发指令

二、置位和复位指令

置位指令：　S　bit，　N　　将指定位开始的N个存储器位置1

复位指令：　R　bit，　N　　将指定位开始的N个存储器位置0

置位复位指令的梯形图如图2—34所示。

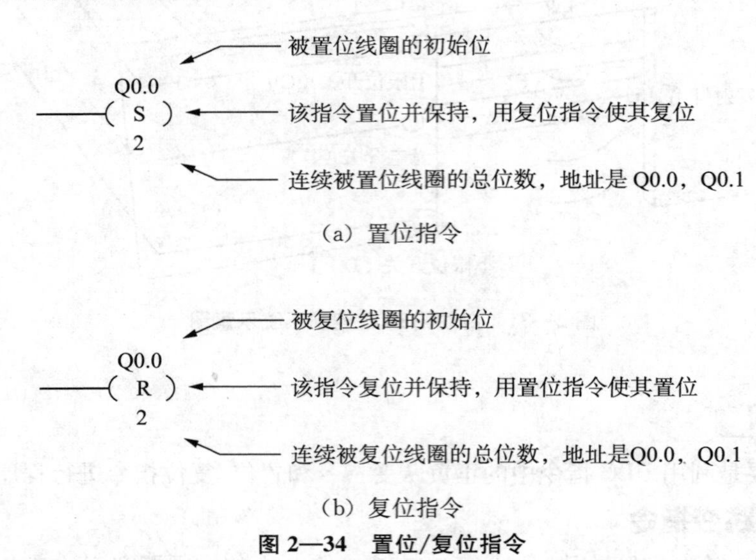

图2—34　置位/复位指令

注意：（1）同时使用S/R指令，则写在后面的具有优先权。

（2）操作数为Q、M、SM、V、S。

应用举例：置位和复位指令的应用举例的梯形图、语句表和时序图如图2—35所示。

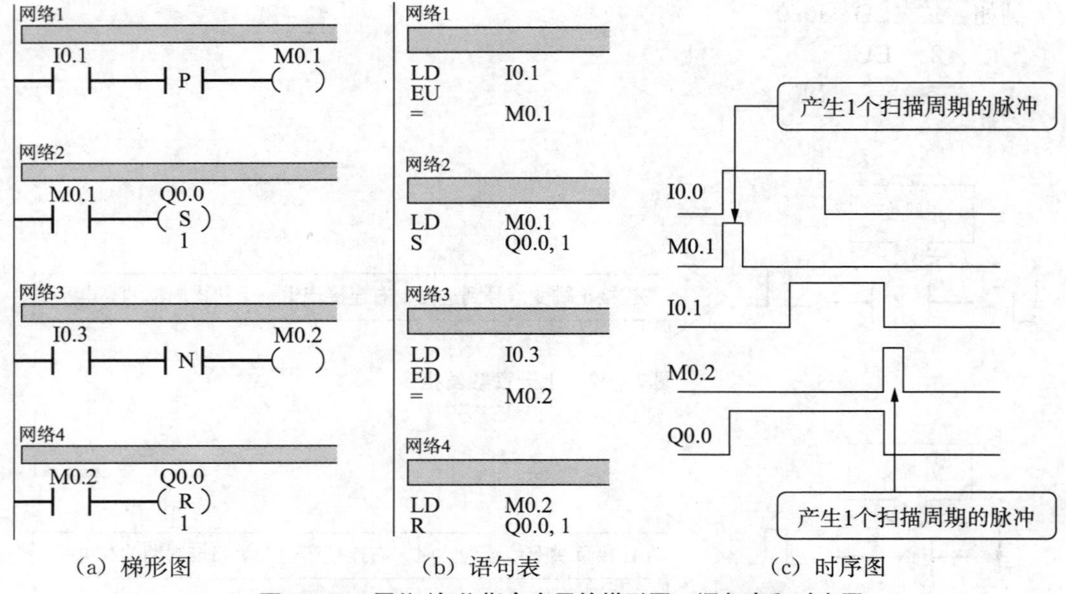

图2—35　置位/复位指令应用的梯形图、语句表和时序图

三、立即操作指令

（1）立即输入指令。

在触点指令后面加上“I”。执行时立即读取物理地址输入点的值，但是不刷新相应映像寄存器的值。

指令包括：LDI、LDNI、AI、ANI、OI、ONI 。

（2）立即输出指令。

用立即指令访问输出点时，把堆栈顶值立即复制到指令所指定的物理输出点，同时相应的输出映像寄存器的内容也被刷新。

指令格式：＝I

（3）立即置位/复位指令。

用立即置位/复位指令访问输出点时，从指令所指的位开始的 N 个物理输出点被立即置位/复位，相应的映像寄存器的内容被刷新。

指令格式：SI　bit　N

　　　　　RI　bit　N

操作数：VB、IB、QB、SMB、LB、SB、AC、VD、LD、常数

　　　　位 bit：Q

应用举例：立即指令应用的梯形图、语句表和时序图如图 2—36 所示。

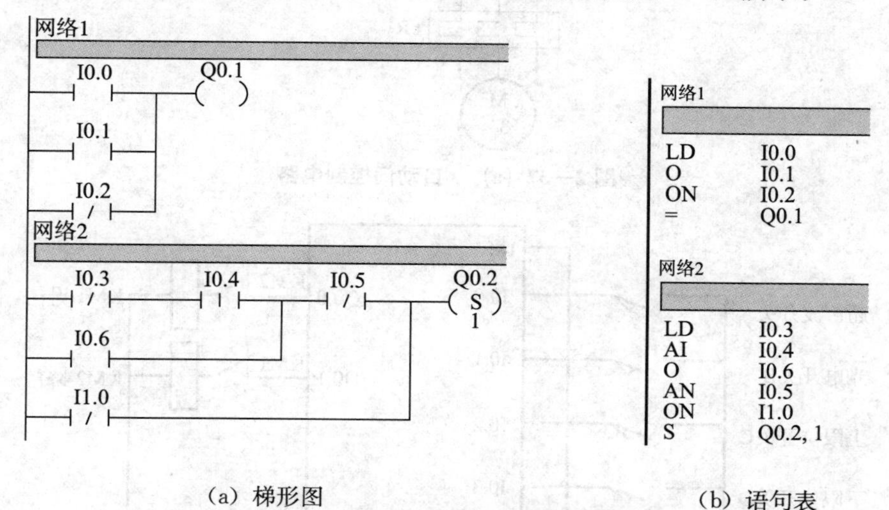

（a）梯形图　　　　（b）语句表

图 2—36　立即指令应用的梯形图和语句表

任务分析

一、PLC 选型

德国西门子 S7-200 CPU226 可编程控制器。

二、输入/输出分配

输入/输出信号与 PLC 地址分配表见表 2—12。

表 2—12　　　　　　　　　　**自动门 PLC 控制系统的 I/O 地址分配表**

输入信号			输出信号		
名称	功能	编号	名称	功能	编号
A	超声波开关	I0.0	KM1	升门	Q0.0
B	光电开关	I0.1	KM2	关门	Q0.1
C	上限位开关	I0.2			
D	下限位开关	I0.3			

三、硬件设计

自动门控制电路如图 2—37（a）所示，自动门 PLC 控制系统 I/O 接线图如图 2—37（b）所示。

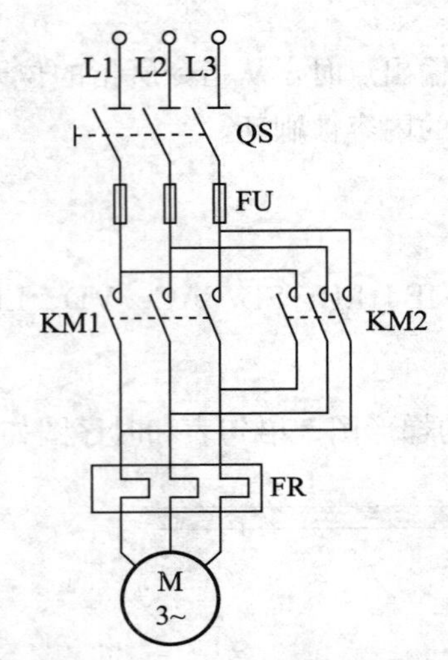

图 2—37（a）　自动门控制电路

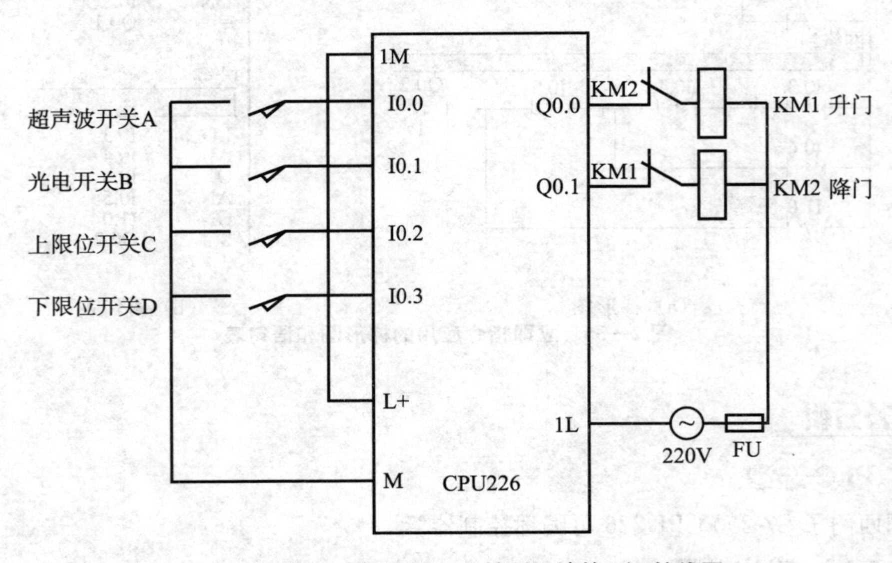

图 2—37（b）　自动门 PLC 控制系统的 I/O 接线图

四、软件设计

根据自动门 PLC 控制要求，运用 PLC 的正负跃变和置位、复位指令便可以实现软件编程。自动门 PLC 控制系统梯形图和语句表如图 2—38 所示。

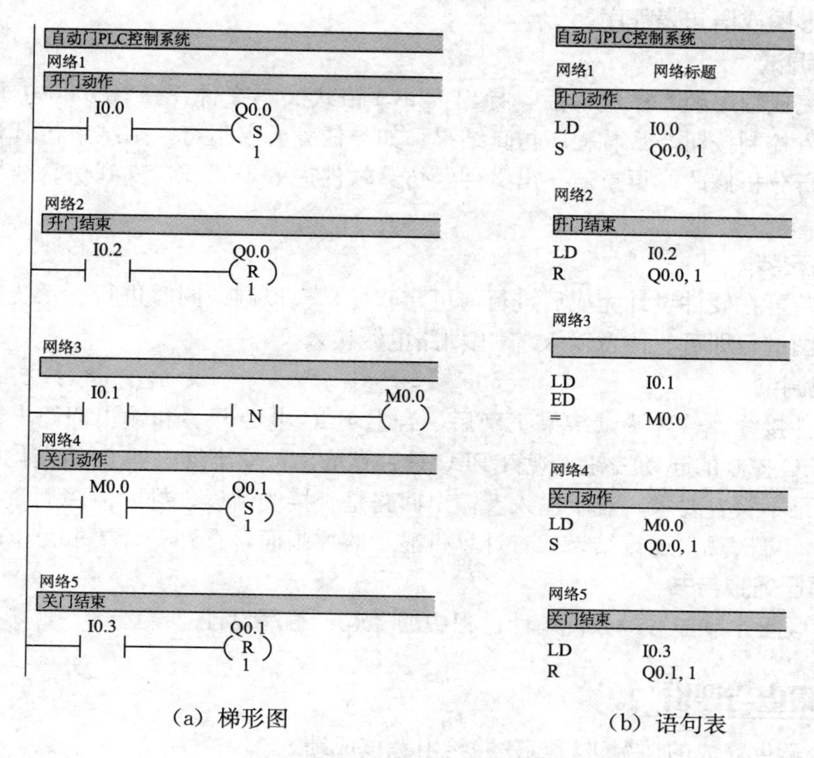

（a）梯形图　　（b）语句表

图 2—38　自动门 PLC 控制系统梯形图

任务实施

一、器材准备

完成本任务的实训安装、调试所需器材见表 2—13。

表 2—13　　自动门 PLC 控制实训器材一览表

器材名称	数量
PLC 基本单元 CPU226（或更高类型）	1 个
计算机	1 台
自动门 PLC 控制模拟装置	1 个
导线	若干
交、直流电源	1 套
电工工具及仪表	1 套

二、实施步骤

1. 程序输入

在计算机上打开S7-200编程软件，选择相应CPU类型，建立自动门PLC控制项目，输入编写梯形图或语句表程序。

2. 模拟调试

将输入完成程序经程序编译后，导出为awl格式文本文件，在S7-200仿真软件中打开。按下输入控制按钮，观看程序仿真结果。如与任务要求不符，则结束仿真将编程软件中的程序进行分析修改，再重新导出文件经仿真软件进一步调试，直到仿真结果符合任务要求。

3. 系统安装

系统安装可在硬件设计完成后进行，可与软件、模拟调试同时进行。系统安装只需按照安装接线图进行即可。注意输入/输出回路电源接入。

4. 系统调试

确定硬件接线、软件调试结果正确后，合上PLC电源开关和输出回路电源开关，按下自动门PLC控制的起动按钮，观察PLC是否有输出，输出继电器Q的变化顺序是否正确。如果结果不符合要求，观察输入及输出回路是否接线错误。排除故障后重新送电，起动系统运转，再次观察运行结果或者计算机显示监控画面，直到符合要求为止。

5. 填写任务报告书

如实填写任务报告书，分析设计过程中的经验，编写设计总结。

任务检查与评价

1. 结合学生完成的情况进行点评并给出考核成绩。
2. 展示学生优秀设计方案和程序，激发学生学习热情。

任务评析表

项目	内容	满分	评分要求	备注
自动门PLC控制	1. 正确选择输入/输出设备及地址并画出I/O接线图	15	设备及端口地址选择正确，接线图正确、标注完整	输入输出每错一个扣5分，接线图每少一处标注扣1分
	2. 正确编制梯形图程序	35	梯形图格式正确、程序逻辑正确；自动门PLC控制工作方法正确；整体结构合理	每错一处扣5分
	3. 正确写出语句表程序	10	各指令使用准确	每错一处扣5分
	4. 外部接线正确	15	电源线、通信线及I/O信号线接线正确	每错一处扣5分
	5. 写入程序并进行调试	15	操作步骤正确，动作熟练（允许根据输出情况进行反复修改和完善）	若有违规操作，每次扣10分
	6. 运行结果及口试答辩	10	程序运行结果正确、表述清楚，口试答辩正确	对运行结果表述不清楚扣5分

任务五 送料小车三点往返运行 PLC 控制系统

任务描述

一、送料小车三点往返运行 PLC 控制系统的工作描述

送料小车的作用是将搅拌好的成品料运送到成品料存储仓中。早期的搅拌设备中，送料小车控制通常是采用继电器逻辑控制，由于继电器的稳定性远远比不上目前的 PLC 控制设备。特别是随着科技的不断发展，PLC 具有体积小、功能强、故障率低、可靠性高、维护方便等优点。本任务运用 PLC 控制送料小车的运行，取代了传统的继电器控制，实现运料过程的自动化。送料小车由电动机带动，经限位开关控制在三点间自动往返运行。

二、任务要求

(1) 按下起动按钮 SB1，小车电动机正转，小车前进，碰到限位开关 SQ1 后，小车电动机反转，小车后退。如图 2—39 所示。

(2) 小车后退碰到限位开关 SQ2 后，小车电动机停转，停 5s。第二次前进，碰到限位开关 SQ3，再次后退。

(3) 当后退再次碰到限位开关 SQ2 时，小车停止。延时 5s 后重复上述动作。

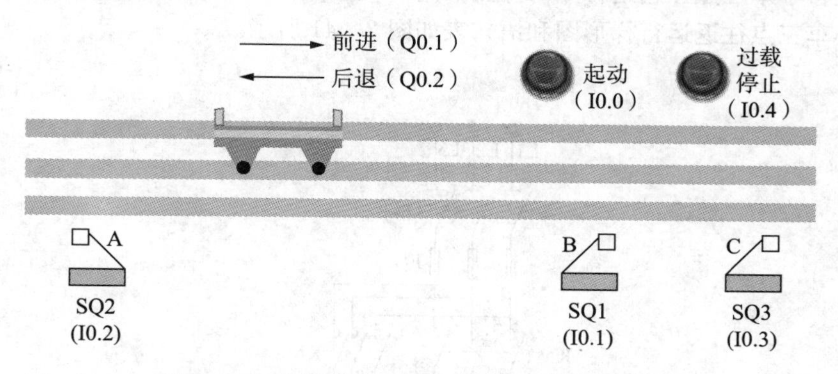

图 2—39　送料小车三点往返运行工作过程示意图

相关知识

本任务主要是将前面所讲授的 PLC 基本指令和定时器指令进行综合的运用。

任务分析

一、PLC 选型

德国西门子 S7-200 CPU226 可编程控制器。

二、输入/输出分配

输入/输出信号与 PLC 地址分配表见表 2—14。

表 2—14　　　　送料小车三点往返的 I/O 地址分配表

输入信号			输出信号		
名称	功能	编号	名称	功能	编号
SB1	起动	I0.0	KM1	正转	Q0.1
SQ1	B 限位开关	I0.1	KM2	反转	Q0.2
SQ2	A 限位开关	I0.2			
SQ3	C 限位开关	I0.3			
SB2	停止	I0.4			
FR	过载	I0.5			

三、硬件设计

送料小车三点往返控制电路如图 2—40（a）所示，送料小车三点往返运行 I/O 接线图如图 2—40（b）所示。

四、系统的软件设计

根据送料小车三点往返运行 PLC 控制要求，运用 PLC 的基本指令便可以实现软件编程。送料小车三点往返运行梯形图和语句表如图 2—41 所示。

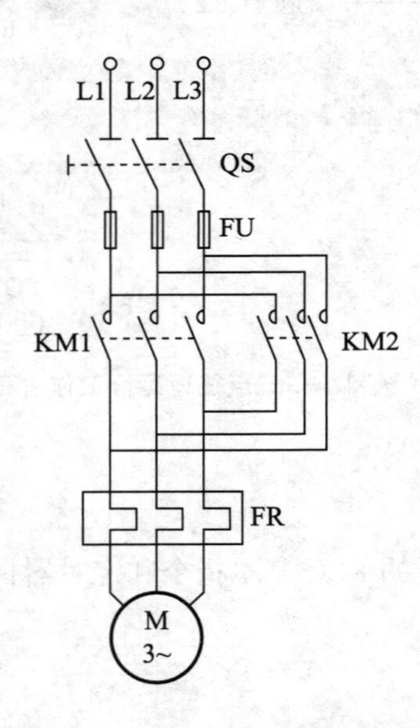

图 2—40（a）　送料小车三点往返控制电路

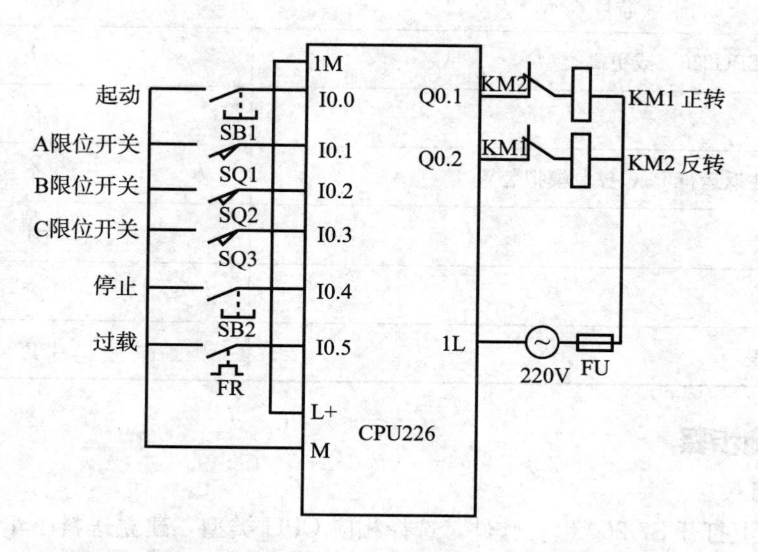

图 2—40（b） 送料小车三点往返 PLC 控制的 I/O 接线图

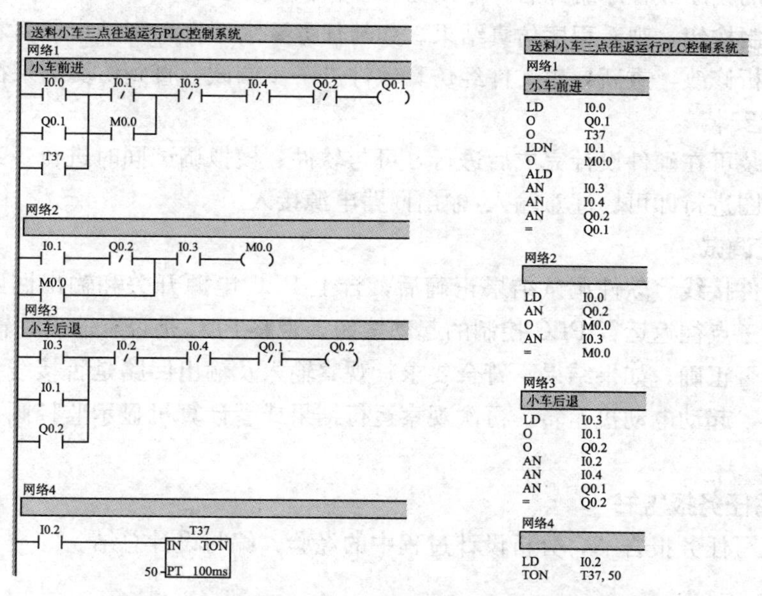

图 2—41 送料小车三点往返运行控制梯形图和语句表

任务实施

一、器材准备

完成本任务的实训安装、调试所需器材如表 2—15 所示。

表 2—15　　送料小车三点往返运行 PLC 控制实训器材一览表

器材名称	数量
PLC 基本单元 CPU226（或更高类型）	1个
计算机	1台
送料小车三点往返运行 PLC 控制模拟装置	1个
导线	若干
交、直流电源	1套
电工工具及仪表	1套

二、实施步骤

1. 程序输入

在计算机上打开 S7-200 编程软件，选择相应 CPU 类型，建立送料小车三点往返运行 PLC 控制项目，输入编写梯形图或语句表程序。

2. 模拟调试

将输入的程序经程序编译后，导出为 awl 格式文本文件，在 S7-200 仿真软件中打开。按下输入控制按钮，观看程序仿真结果。如与任务要求不符，则结束仿真将编程软件中的程序进行分析修改，重新导出文件经仿真软件进一步调试，直到仿真结果符合任务要求。

3. 系统安装

系统安装可在硬件设计完成后进行，可与软件、模拟调试同时进行。系统安装只需按照安装接线图进行即可。注意输入/输出回路电源接入。

4. 系统调试

确定硬件接线、软件调试结果正确后，合上 PLC 电源开关和输出回路电源开关，按下送料小车三点往返运行 PLC 控制的起动按钮，观察 PLC 是否有输出，输出继电器 Q 的变化顺序是否正确。如果结果不符合要求，观察输入及输出回路是否接线错误。排除故障后重新送电，起动电动机运转，再次观察运行结果或者计算机显示监控画面，直到符合要求为止。

5. 填写任务报告书

如实填写任务报告书，分析设计过程中的经验，编写设计总结。

任务检查与评价

1. 结合学生完成的情况进行点评并给出考核成绩。
2. 展示学生优秀设计方案和程序，激发学生学习热情。

任务评析表

项目	内容	满分	评分要求	备注
送料小车三点往返运行PLC控制系统	1. 正确选择输入/输出设备及地址并画出I/O接线图	15	设备及端口地址选择正确，接线图正确、标注完整	输入/输出每错一个扣5分，接线图每少一处标注扣1分
	2. 正确编制梯形图程序	35	梯形图格式正确、程序逻辑正确；送料小车三点往返工作方法正确；整体结构合理	每错一处扣5分
	3. 正确写出语句表程序	10	各指令使用准确	每错一处扣5分
	4. 外部接线正确	15	电源线、通信线及I/O信号线接线正确	每错一处扣5分
	5. 写入程序并进行调试	15	操作步骤正确，动作熟练（允许根据输出情况进行反复修改和完善）	若有违规操作，每次扣10分
	6. 运行结果及口试答辩	10	程序运行结果正确、表述清楚，口试答辩正确	对运行结果表述不清楚扣5分

拓展

一、计数器指令

计数器是用来累计脉冲输入信号上升沿的个数，当计数达到预置值时，计数器的动合（动断）触点闭合（断开），完成计数控制工作。计数器按照工作方式分为增计数器、减计数器和增/减计数器三种。计数器地址范围：C0～C255，计数范围：1～32767。

1. 加计数器 CTU

表 2—16 加计数器 CTU

梯形图	语句表		功能
	操作码	操作数	
CXXX CU CTU R PV	CTU	CXXX，PV	加计数器对 CU 的上升沿进行加计数，当计数器的当前值大于等于设定值 PV 时，计数器位被置 1；当计数器的复位输入 R 为 ON 时，计数器被复位，计数器当前值被清零，位值变为 OFF

应用举例：加计数器工作过程的梯形图、语句表和时序图如图 2—42 所示。

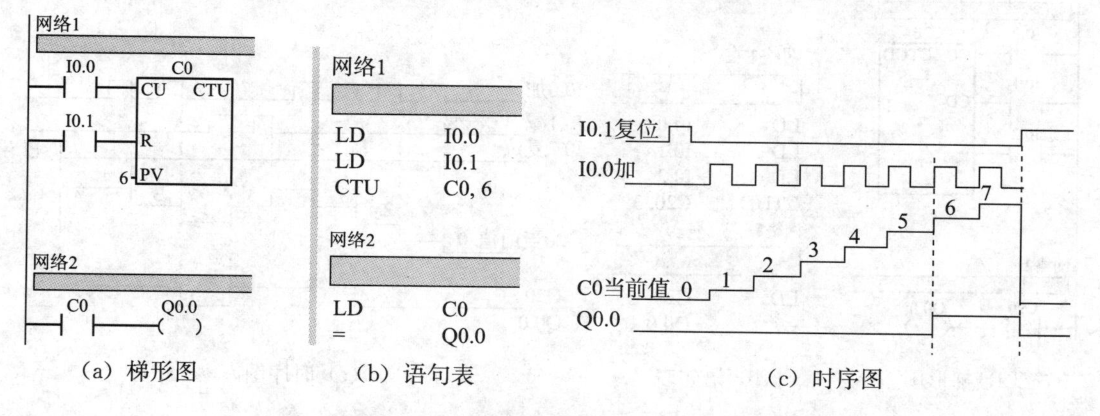

（a）梯形图　（b）语句表　（c）时序图

图 2—42　加计数器工作过程的梯形图、语句表和时序图

2. 减计数器 CTD

表 2—17　　减计数器 CTD

梯形图	语句表		功能
	操作码	操作数	
CXXX CD　CTD LD PV	CTD	CXXX，PV	减计数器对 CD 的上升沿进行减计数；当当前值等于 0 时，该计数器位被置位，同时停止计数；当计数装载端 LD 为 1 时，当前值恢复为预设值，位值置 0

说明：CD 为计数器的计数脉冲输入端；LD 为计数器的装载端；PV 为计数器的预设值。减计数器工作过程相反，从当前计数值开始，在每一个 CD 输入状态计数器 CXXX 从预设值开始递减计数，CXXX 的当前值等于 0 时，计数器位 CXXX 置位，当输入端 LD 接通时，计数器位自动复位，当前值复位为预置值 PV。

3. 加减计数器 CTUD

表 2—18　　加减计数器 CTUD

梯形图	语句表		功能
	操作码	操作数	
CXXX CU　CTUD CD R PV	CTUD	CXXX，PV	在加计数脉冲输入 CU 的上升沿，计数器的当前值加 1，在减计数脉冲输入 CD 的上升沿，计数器的当前值减 1，当前值大于等于设定值 PV 时，计数器位被置位。若复位输入 R 为 ON 时或对计数器执行复位指令 R 时，计数器被复位

说明：当前计数器的当前值达到最大计数值（32 767）后，下一个 CU 上升沿将使计数器当前值变为最小值（－32 768）；同样在当前计数值达到最小计数值（－32 768）后，下一个 CD 输入上升沿将使当前计数值变为最大值（32 767）。

应用举例：加减计数器工作过程的梯形图、语句表和时序图如图 2—43 所示。

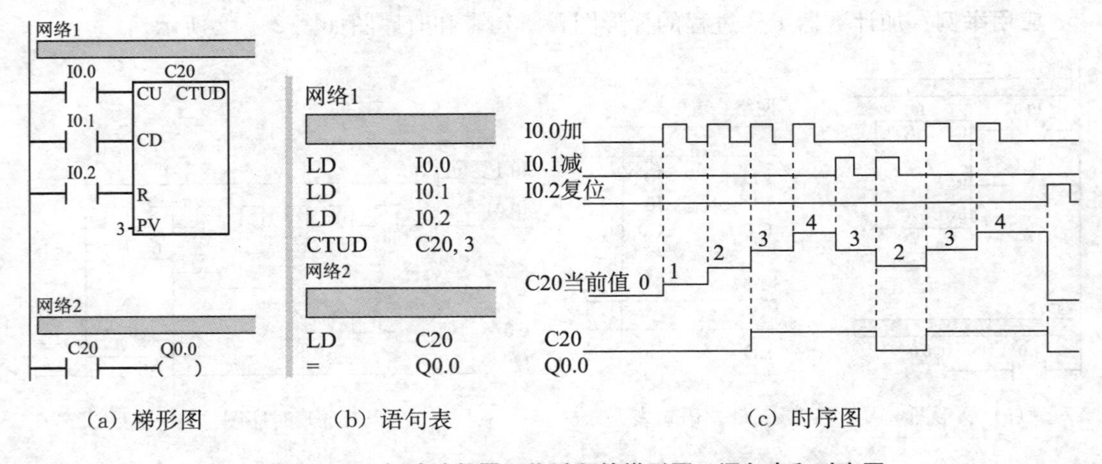

（a）梯形图　　（b）语句表　　（c）时序图

图 2—43　加减计数器工作过程的梯形图、语句表和时序图

二、计数器的应用

应用举例：按下起动按钮 I0.0，红（Q0.1）、黄（Q0.2）、绿（Q0.3）3 种颜色信号灯循环显示，循环时间间隔为 1s，且循环显示 3 次后自动停止。梯形图如图 2—44 所示。

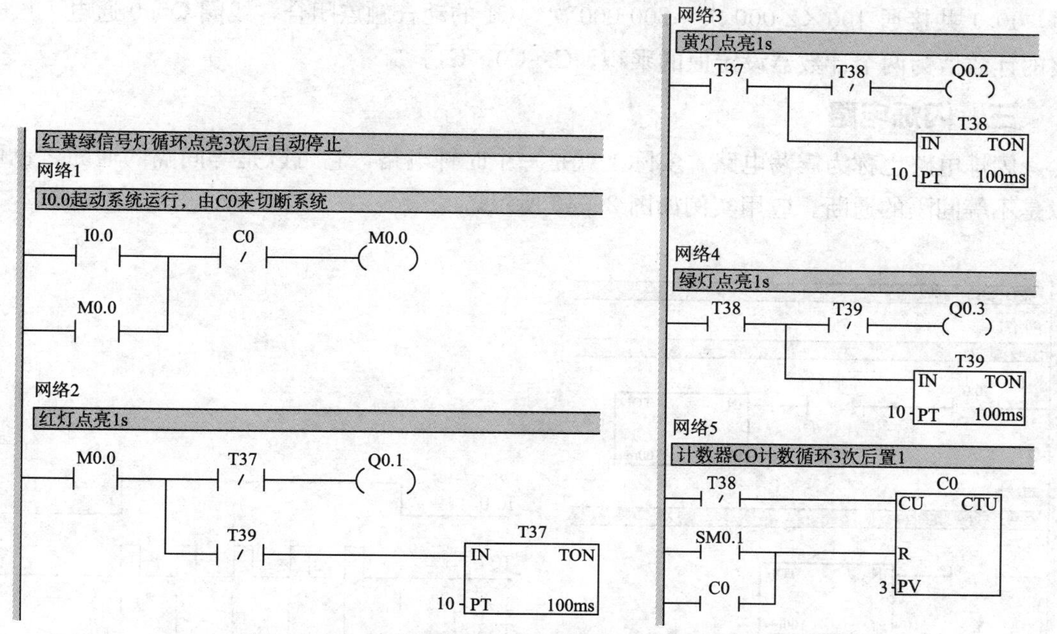

图 2—44　红黄绿信号灯循环点亮 3 次后自动停止的梯形图

应用举例：计数器扩展程序。

S7-200 系列 PLC 计数器最大的计数范围是 32 767，若需要更大的计数范围，则必须进行扩展。例如，需要计数次数为 200 000 次时，则需要 2 个计数器一起使用进行计数，其梯形图和时序图如图 2—45 所示。

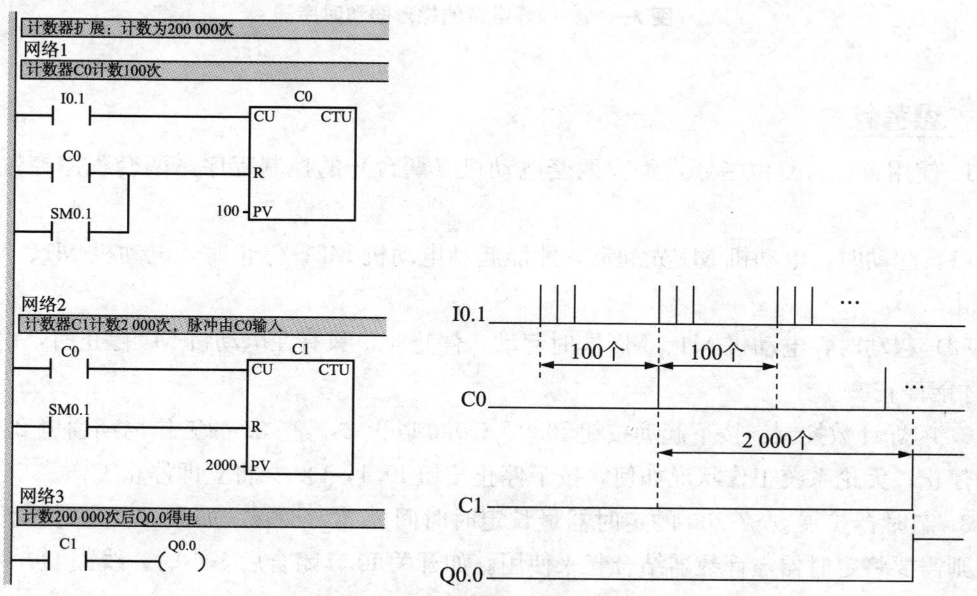

图 2—45　计数器扩展梯形图和时序图

说明：图 2—45 所示中为两个计数器的组合电路，C0 形成了一个设定值为 100 次的自复位计数器，计数器 C0 对 I0.1 的接通次数进行计数，I0.1 的触点每闭合 100 次 C0 自复位重新开始计数。同时，C0 的动合触点闭合，使 C1 计数一次，当 C1 计数到 2 000 次时，I0.1 共接通 100×2 000 次＝200 000 次，C1 的动合触点闭合，线圈 Q0.0 通电。该电路的计数值为两个计数器设定值的乘积，C＝C0×C1。

三、闪烁电路

闪烁电路也称为震荡电路。实际上就是一个时钟电路，它可以是等间隔的通断，也可以是不等间隔的通断。应用实例如图 2—46 所示。

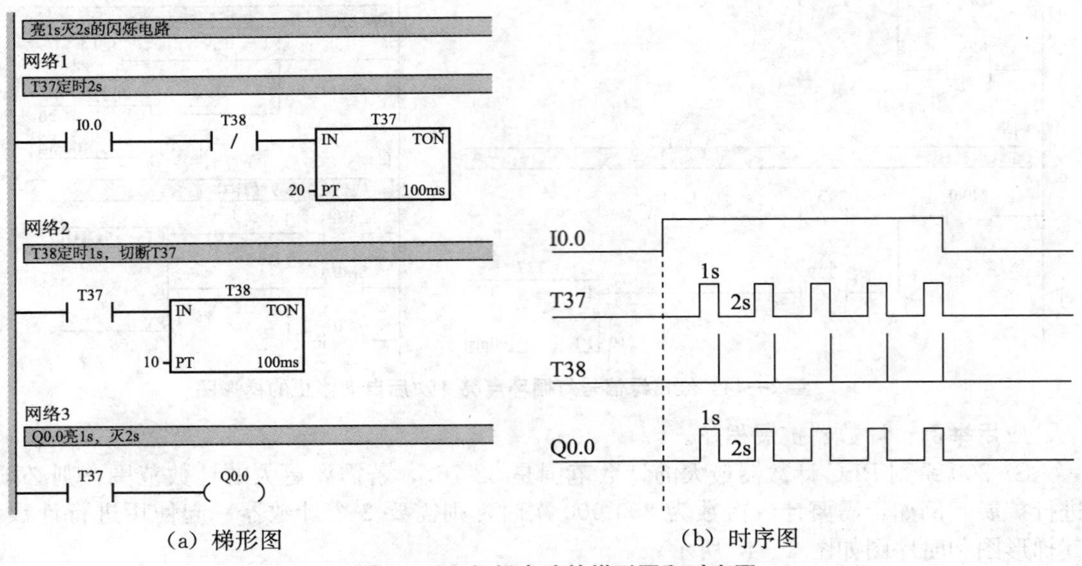

（a）梯形图　　（b）时序图

图 2—46　闪烁电路的梯形图和时序图

思考题

1. 使用置位、复位指令，编写两套电动机（两台）的控制程序，两套程序控制要求如下：

（1）起动时，电动机 M1 先起动，才能起动电动机 M2；停止时，电动机 M1、M2 同时停止。

（2）起动时，电动机 M1、M2 同时起动；停止时，只有在电动机 M2 停止时，电动机 M1 才能停止。

2. 闪烁计数控制：按下起动按钮 I0.0，Q0.0 以灭 2s、亮 3s 的工作周期通电 20 次后自动停止；无论系统工作状况如何，按下停止按钮 I0.1，Q0.0 将立即停止工作。

3. 定时器扩展：S7-200 的定时器最长定时时间为 3 276.7s，如果需要定时更长的时间，则需要将定时器与计数器结合起来使用。如开关 I0.0 闭合后 1 小时，线圈 Q0.0 通电时序图如图 2—47 所示。试写出对应的梯形图程序。

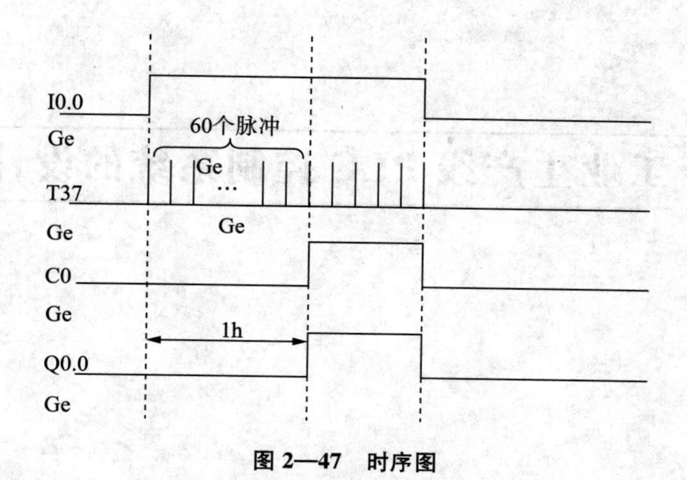

图 2—47　时序图

情境三 工业生产线 PLC 控制系统的设计与应用

情境描述

1. 液体自动混合 PLC 控制系统

在工业控制或建筑生产中，为了能够准确按比例进行配料，液体自动混合装置应运而生，本程序能够实现 3 种液体自动混合控制。

2. 自动送料装车 PLC 控制系统

自动送料装车系统的 PLC 控制是用于物料输送的流水线设备，主要是用于煤粉、细砂等材料的运输。由初始状态、料斗进料、传送带、汽车装车控制等组合来完成特定的控制过程，系统动作稳定，具备连续可靠的工作能力，能够保障生产的可靠性、安全性，降低生产成本。

3. 全自动洗衣机 PLC 控制系统

全自动洗衣机是指洗涤、漂洗、脱水各个功能之间的转换全部不用手工操作而能自动进行的洗衣机。这种洗衣机在选定的工作程序内由机电式程序控制器或计算机程序控制器适时发出各种指令，自动完成各个执行机构的动作，使整个洗衣过程自动化。

学习目标

1. 熟悉顺序控制设计法。
2. 掌握顺序控制指令的形成及功能。
3. 掌握用顺序控制设计法设计顺序功能图。
4. 掌握将顺序功能图、状态图转换成梯形图的四种方法。
5. 掌握单流程、选择性分支汇合、并行分支汇合顺序功能图的编程及使用方法。

建议课时

36 学时

任务一 液体自动混合 PLC 控制系统

任务描述

一、液体自动混合控制系统的工作描述

在工业控制或建筑生产中，为了能够准确按比例进行配料，液体自动混合装置应运而生，本程序能够实现三种液体自动混合控制。

二、任务要求

如图 3—1 所示，初始状态，容器为空，电磁阀 Y1、Y2、Y3、Y4 和搅拌机 M 为关断，液面传感器 L1、L2、L3 均为 OFF。

按下起动按钮，电磁阀 Y1、Y2 打开，注入液体 A 与 B，液面高度为 L2 时（此时 L2 和 L3 均为 ON)，停止注入（Y1、Y2 为 OFF)。同时开启液体 C 的电磁阀 Y3（Y3 为 ON)，注入液体 C，当液面升至 L1 时（ L1 为 ON)，停止注入（Y3 为 OFF)。起动搅拌机搅拌和加热炉加热，搅拌时间和加热时间均为 5s。之后电磁阀 Y4 开启，排出液体，当液面下降到 L3（L3 为 OFF）时再延时 8s，Y4 关闭。按起动按钮可以重新开始工作。

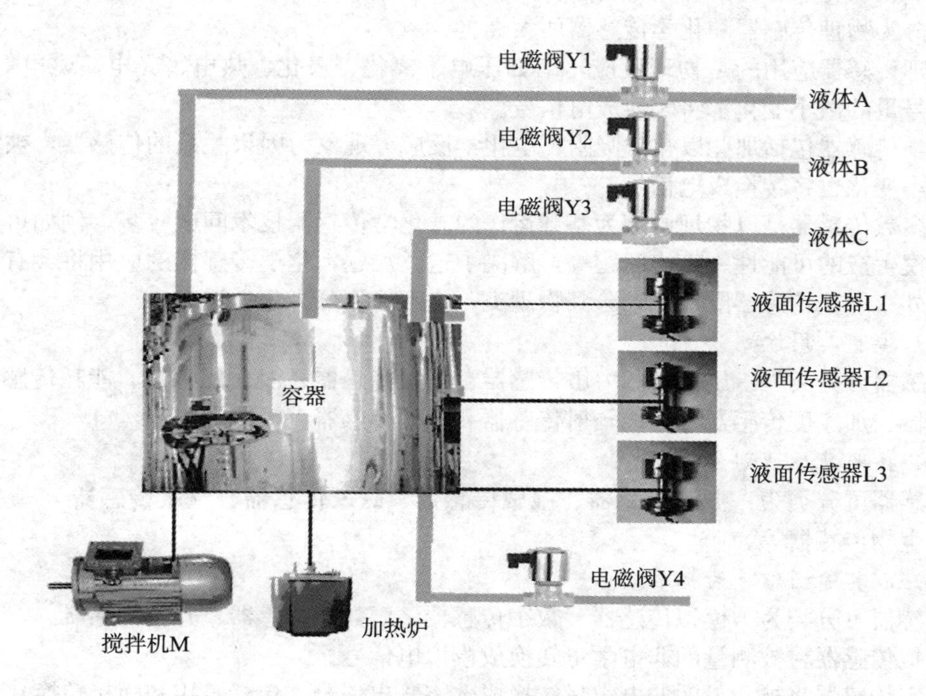

图 3—1 液体自动混合控制系统外形结构简图

相关知识

一、传感器

1. 传感器的定义

传感器是一种检测装置，能感受到被测量的信息，并能将检测感受到的信息，按一定规律变换成为电信号或其他所需形式的信息输出，以满足信息的传输、处理、存储、显示、记录和控制等要求。它是实现自动检测和自动控制的首要环节，如图 3—2 所示。

图 3—2 传感器

2. 传感器的分类

（1）根据传感器的工作原理划分。

可分为物理传感器和化学传感器两大类。

物理传感器应用的是物理效应，诸如压电、离化、极化、热电、光电、磁电等效应。被测信号量的微小变化都将转换成电信号。

化学传感器包括那些以化学吸附、电化学反应等现象为因果关系的传感器，被测信号量的微小变化也将转换成电信号。

大多数传感器是以物理原理为基础运作的。化学传感器技术问题较多，例如可靠性问题、规模生产的可能性、价格问题等，解决了这类难题，化学传感器的应用将会有巨大增长。此外，有些传感器既不能划分到物理类，也不能划分为化学类。

（2）按照其用途划分。

传感器可分类为：压力敏和力敏传感器、位置传感器、液面传感器、能耗传感器、速度传感器、加速度传感器、射线辐射传感器和热敏传感器。

（3）按照其原理划分。

传感器可分类为：振动传感器、湿敏传感器、磁敏传感器、气敏传感器 、真空度传感器、生物传感器等。

（4）以其输出信号为标准划分。

传感器可分类为：模拟传感器、数字传感器、膺数字传感器、开关传感器。

模拟传感器将被测量的非电学量转换成模拟电信号。

数字传感器将被测量的非电学量转换成数字输出信号（包括直接和间接转换）。

膺数字传感器将被测量的信号量转换成频率信号或短周期信号输出（包括直接或间接转换）。

开关传感器是指当一个被测量的信号达到某个特定的阈值时，传感器相应地输出一个设定的低电平或高电平信号。

二、顺序功能图

1. 顺序功能图概述

（1）顺序控制。

按照生产工艺预先规定的顺序，在各个输入信号的作用下，根据内部状态和时间的顺序，在生产过程中各个执行机构自动有秩序地进行操作。

使用顺序控制设计法时首先根据系统的工艺过程，画出顺序功能图，然后根据顺序功能图画出梯形图，所以顺序功能流程图是设计梯形图程序的基础。

（2）功能图的产生。

20 世纪 80 年代初，法国设计人员提出了可编程控制器设计的 Grafacet 法。Grafacet 法是专用于工业顺序控制程序设计的一种功能说明语言。1994 年 5 月，顺序功能图被 IEC（国际电工委员会）确定为 PLC 位居首位的编程语言。

（3）顺序功能图（SFC）。

顺序功能图（SFC）又称功能流程图或功能图，它是按照顺序控制的思想，根据控制过程的输出量的状态变化，将一个工作周期划分为若干顺序相连的步，在任何一个步内，各输出量 ON/OFF 状态不变，但是相邻两步输出量的状态是不同的。将程序的执行分成各个程序步，通常用顺序控制继电器的位 S0.0～S31.7 代表程序的状态步。

2. 顺序功能图元素介绍

（1）步。

将控制系统的一个周期划分为若干个顺序相连的阶段，这些阶段称为步，并用编程元件来代表各步，如图 3—3（a）所示。

①初始步：与系统初始状态相对应的步称为初始步，初始状态一般是系统等待起动命令时相对静止的状态，一个控制系统至少要有一个初始步。初始步的图形符号为双线的矩形框。在实际使用时，有时也画成单线矩形框，有时画一条横线表示功能图的开始，如图 3—3（b）所示。

②活动步：当控制系统正处于某一步所在的阶段时，该步处于活动状态，称该步为“活动步”。步处于活动状态时，相应的动作被执行：处于不活动状态时，相应的非存储器型的动作被停止执行。

③步与对应的动作或命令：在每个稳定的步下，可能会有相应的动作，动作表示方法如图 3—3（c）所示。

（2）转移。

①转移：为了说明从一个步到另一个步的变化，要用到转移概念，即用一个有向线段来表示转移方向，在两个步之间的有向线段上再用一段横线表示这一转移，如图 3—3（d）所示。

②转移使能：转移是一种条件，当此条件成立时，称为转移使能。该转移如果能够使步发生转移，则称为触发。一个转移能够触发必须满足：步为活动及转移使能。

③转移条件：是指使系统从一个步向另一个步转移的必要条件，通常用文字、逻辑方程及符号来表示。

（3）功能图构成的原则。

①步与步之间不能相连，必须用转移分开。

②转移与转移之间不能相连，必须用步分开。

③步与转移、转移与步之间的连接采用有向线段，从上往下画时，可以省略箭头；当

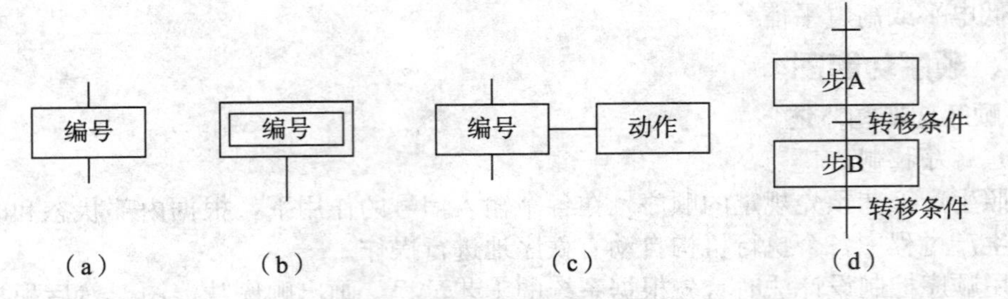

图 3—3 功能图元素

有向线段从下往上画时，必须画上箭头，以表示方向。

④一个功能图至少要有一个初始步。

三、顺序控制指令

LSCR S _ bit：装载顺序控制继电器（Load Sequence Contorl Relay）指令，用来表示一个 SCR（即顺序功能图中的步）的开始。指令中的操作数 S _ bit 为顺序控制继电器的地址，顺序控制继电器 S 为 1 时，执行对应的 SCR 段中的程序，反之则不执行。SCR 指令直接连接到左侧母线上，如图 3—4（a）所示。

SCRT S _ bit：顺序控制继电器转换（Sequence Contorl Relay Transition）指令，用来表示 SCR 段之间的转换，即活动状态的转换。当 SCRT 线圈“通电”时，SCRT 指令中指定的顺序功能图中的后续步对应的顺序控制继电器变为状态 1，同时当前活动步对应的顺序控制继电器被系统复位为状态 0，当前步变为非活动步，如图 3—4（b）所示。

SCRE：顺序控制继电器结束（Sequence Contorl Relay End）指令，用来表示 SCR 段的结束，如图 3—4（c）所示。

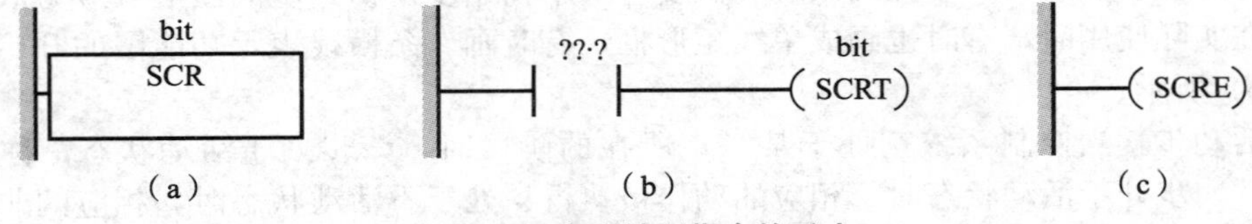

图 3—4 顺序控制指令的形式

四、顺序控制功能图的三要素

顺序控制段：从 LSCR 指令开始到 SCRE 指令结束的所有指令组成一个顺序控制段，对应功能图中的一步。

特点：LSCR 指令标记一个 SCR 步的开始，当该步的状态继电器 S 置位时，允许该 SCR 步工作。SCR 步必须用 SCRE 指令结束。当 SCRT 指令的输入端有效时，一方面置位下一个 SCR 步的状态继电器 S，以便使下一个 SCR 步工作；另一方面又同时使该步的状态继电器复位，使该步停止工作。图 3—5（a）为小车工作流程图，每一个 SCR 程序步一般都由三个要素构成：

（1）驱动处理。

在本状态下做什么。图 3—5（b）中，在 S0.1 状态下，驱动 Q0.0；在 S0.3 状态下，驱动 Q0.1。状态后的驱动指令可以使用“＝”指令，也可以使用 S 置位指令，区别是使用“＝”指令时驱动的负载在本状态后自动关闭，而使用 S 指令驱动的输出可以保持，直到在程序中的其他位置使用了 R 复位指令使其复位。在顺序控制功能图中适当地使用 S 指令，可以简化某些状态的输出。

(2) 指定转移条件。

在顺序功能图中，相邻的两个状态之间实现转移必须满足一定的条件。图 3—5 (b) 中，当 T38 接通时，系统从 S0.2 转移到 S0.3.

(3) 转移源自动复位功能。

步发生转移后，在使下一个步 S0.3 变为活动步的同时，自动复位原步 S0.2。

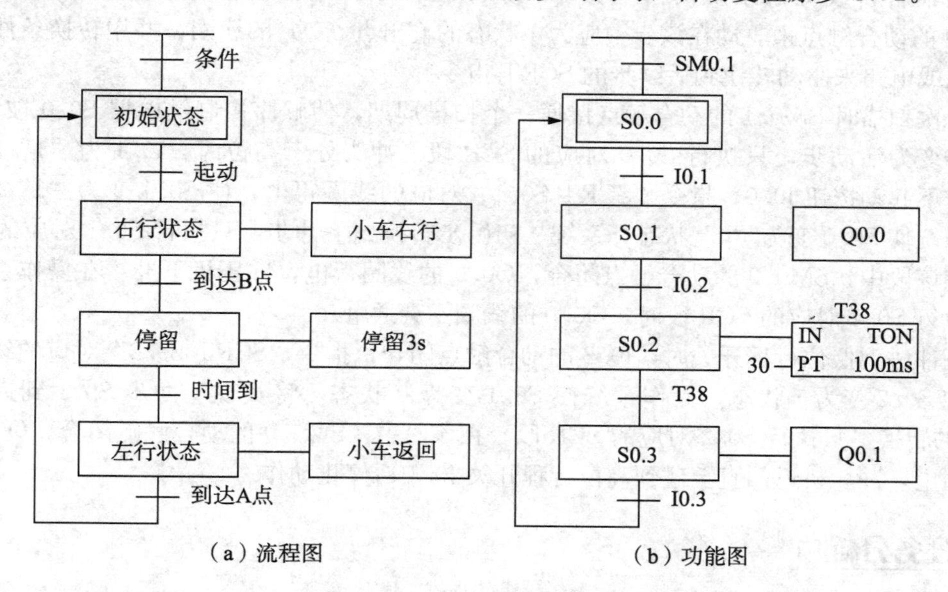

(a) 流程图　　(b) 功能图

图 3—5　小车工作流程图和功能图

五、顺序控制功能图编程的注意事项

(1) 不用在步进顺序控制程序中时，状态继电器 S 可作为普通辅助继电器在程序中使用，且各状态继电器的动合和动断触点在梯形图中可以自由使用，次数不限。

(2) SCR 段程序能否执行取决于该步 (S) 是否被置位，SCRE 与下一个 LSCR 之间的指令逻辑不影响下一个 SCR 段程序的执行。

(3) 不能把同一个 S 位用于不同的程序中。例如，如果在主程序中用了 S0.1，则在子程序中就不能再使用它。

(4) 在 SCR 段中不能使用 JMP 和 LBL 指令，就是说不允许跳入、跳出或在内部跳转，但可以在 SCR 段附近使用跳转和标号指令。

(5) 在 SCR 段中不能使用 FOR、NEXT、END 指令。

(6) 在步发生转移后，所有 SCR 段的元器件一般也要复位，如果希望继续输出，可以使用置位/复位指令。

(7) 在使用功能图时，状态继电器的编号可以不按顺序安排。

六、顺序控制功能图的编程方法

顺序控制功能图的编程方法有三种，即单序列编程方法、选择序列编程方法、并行序列编程方法。

程序中只有一个流动路径而没有程序的分支称为单流程。每一个顺序控制功能图一般设定一个初始状态。初始状态的编程要特别注意，在最开始运行时，初始状态必须用其他方法预先驱动，使其处于工作状态。

单序列的编程方法举例。在图 3—5 所示，初始状态在系统最开始工作时，由 PLC 停止到起动运行切换瞬间使特殊辅助继电器 SM0.1 接通，从而使状态继电器 S0.0 被激活。初始状态继电器在程序中起等待的作用。在初始状态下，系统可能什么都不做，也可能复位某些器件，或提供系统的某些指示，如原位指示、电源指示等。在 SCR 段中，用 SM0.0 的动合触点来驱动在该步中应为 1 状态的输出点（Q）的线圈，并用转换条件对应的触点或电路来驱动转换到后续步的 SCRT 指令。

首次扫描时 SM0.1 的动合触点接通一个扫描周期，使顺序控制继电器 S0.0 被置位，初始步变为活动步，只执行 S0.0 对应的 SCR 段。冲头处于高位时，I0.1 为“1”状态，此时按下起动按钮 I0.0，指令“SCRT S0.1”对应的线圈得电，使 S0.1 变为“1”状态，操作系统使 S0.0 变为“0”状态，系统从初始步转换到下冲步，只执行 S0.1 对应的 SCR 段。在该段中，SM0.0 的动合触点闭合，Q0.0 的线圈得电，冲压机下冲。在操作系统中没有执行 S0.1 对应的 SCR 段时，Q0.0 的线圈不会通电。

下冲碰到低位行程开关时，I0.2 的动合触点闭合，指令“SCRT S0.2”对应的线圈通电，使 S0.2 变为 1 状态，操作系统使 S0.1 变为 0 状态，将实现下冲步 S0.1 到返回步 S0.2 的转换。只执行 S0.2 对应的 SCR 段。在该段中，SM0.0 的动合触点闭合，Q0.1 的线圈通电，冲压机返回直至碰到高位行程开关 I0.1 后停止动作。

任务分析

一、PLC 选型

根据控制系统的设计要求，考虑到系统的扩展和功能，可选择继电器输出结构的 CPU224 小型 PLC 作为控制元件。

二、输入/输出分配

液体自动混合控制的 I/O 地址分配表见表 3—1。

表 3—1　液体自动混合控制的 I/O 地址分配表

输入信号			输出信号		
名称	功能	编号	名称	功能	编号
SB1	起动按钮	I0.0	Y1	A 液体电磁阀	Q0.0
L1	液位传感器	I0.1	Y2	B 液体电磁阀	Q0.1
L2	液位传感器	I0.2	Y3	C 液体电磁阀	Q0.2
L3	液位传感器	I0.3	Y4	排泄阀	Q0.3
			M	搅拌电动机	Q0.4
			H	加热电炉	Q0.5

三、硬件设计

依照 PLC 的 I/O 地址分配表，结合系统的控制要求，设多种液体自动混合控制装置中的电磁阀、搅拌机、加热炉等采用直流 12V 电流供电，并且负载电流较小，可使 PLC 输出点直接驱动，PLC 控制电气接线图如图 3—6 所示。

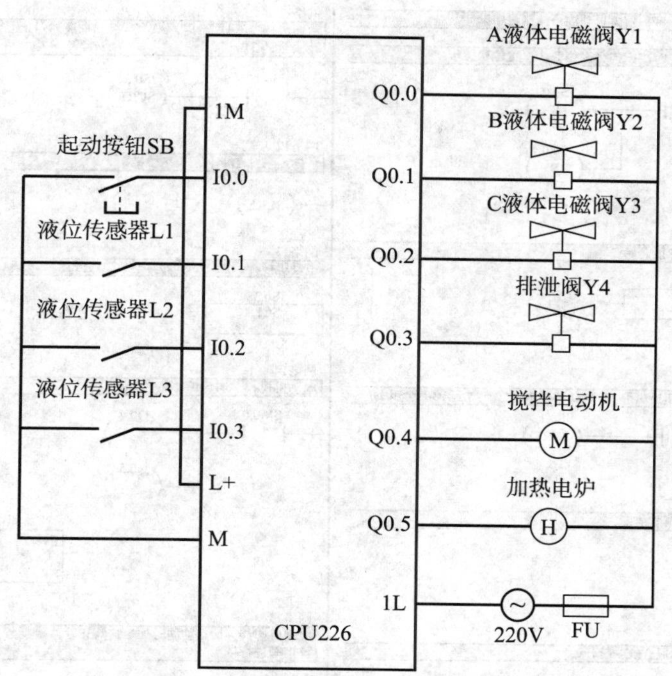

图 3—6　液体自动混合控制 PLC I/O 接线图

四、软件设计

多种液体自动混合控制工作流程图和功能图如图 3—7 所示，梯形图和语句表如图 3—8 所示。

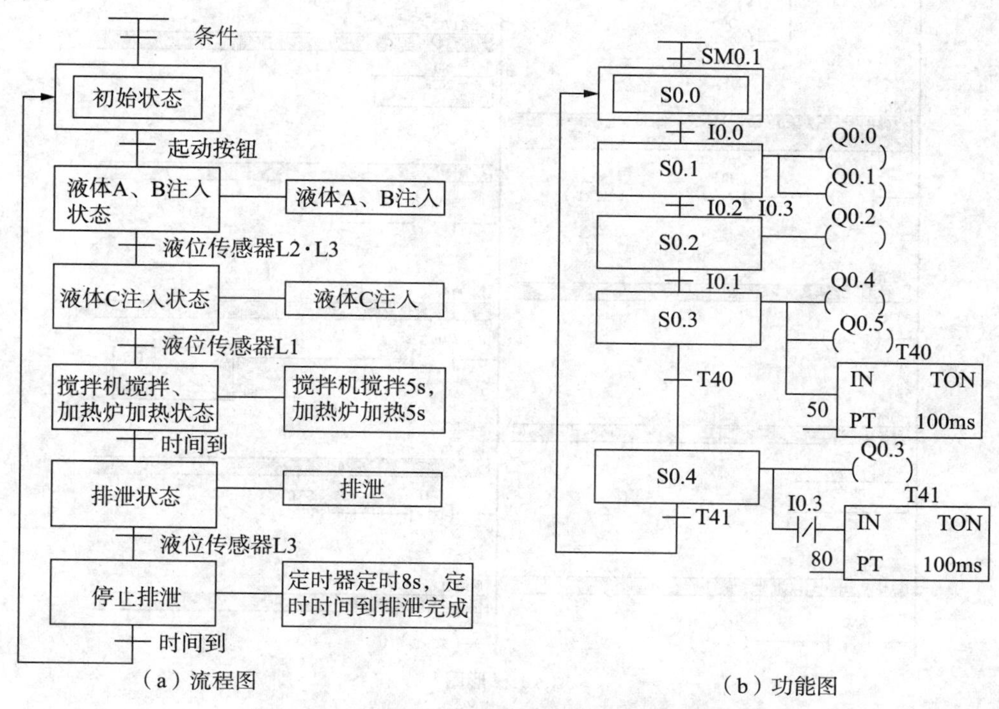

图 3—7　多种液体自动混合控制流程图和功能图

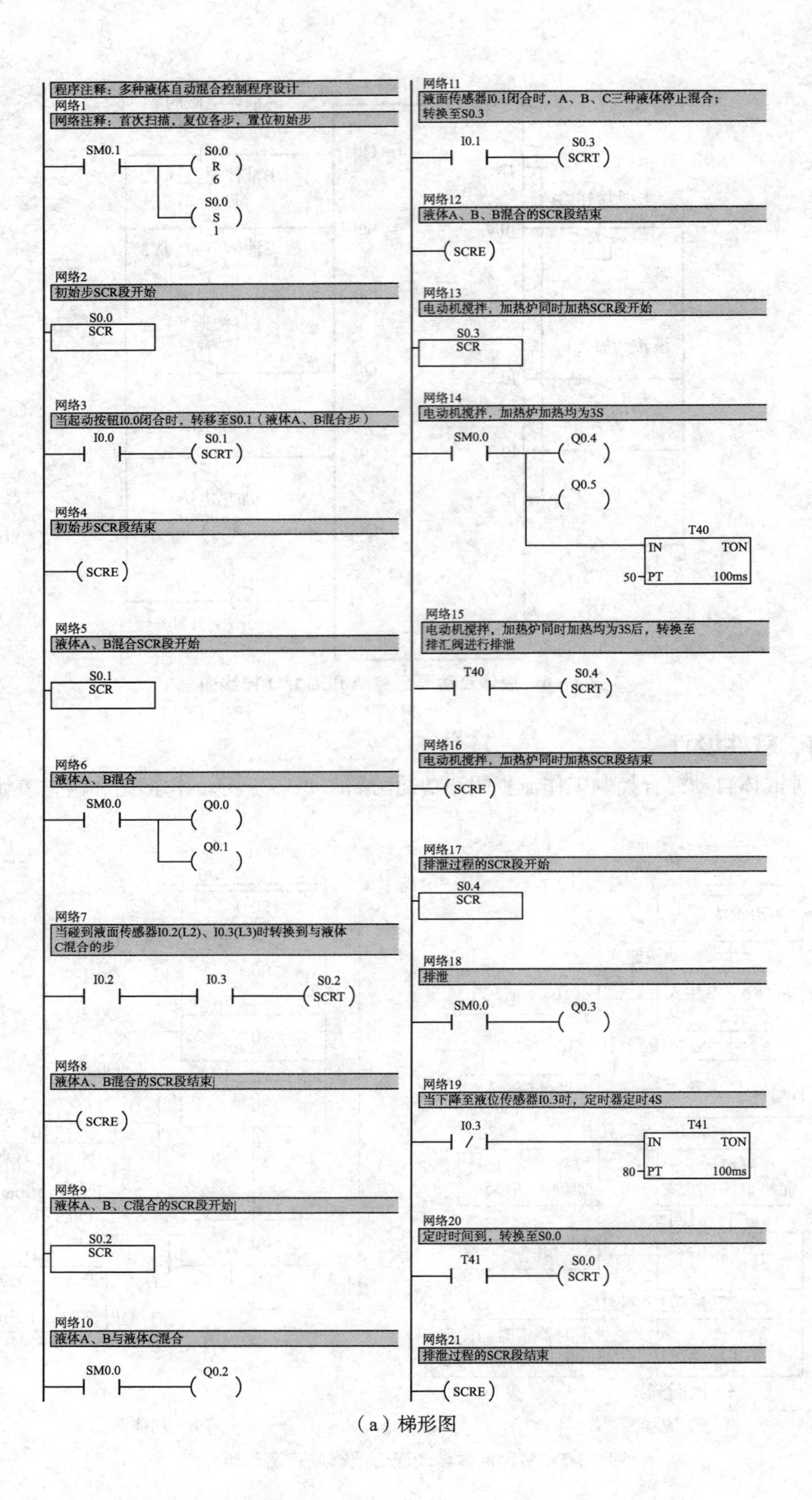
程序注释：多种液体自动混合控制程序设计
网络1
网络注释：首次扫描，复位各步，置位初始步
SM0.1
S0.0
R
6
S0.0
S
1
网络2
初始步SCR段开始
S0.0
SCR
网络3
当起动按钮I0.0闭合时，转移至S0.1（液体A、B混合步）
I0.0
S0.1
SCRT
网络4
初始步SCR段结束
SCRE
网络5
液体A、B混合SCR段开始
S0.1
SCR
网络6
液体A、B混合
SM0.0
Q0.0
Q0.1
网络7
当碰到液面传感器I0.2(L2)、I0.3(L3)时转换到与液体C混合的步
I0.2
I0.3
S0.2
SCRT
网络8
液体A、B混合的SCR段结束
SCRE
网络9
液体A、B、C混合的SCR段开始
S0.2
SCR
网络10
液体A、B与液体C混合
SM0.0
Q0.2
网络11
液面传感器I0.1闭合时，A、B、C三种液体停止混合；转换至S0.3
I0.1
S0.3
SCRT
网络12
液体A、B、B混合的SCR段结束
SCRE
网络13
电动机搅拌，加热炉同时加热SCR段开始
S0.3
SCR
网络14
电动机搅拌，加热炉加热均为3S
SM0.0
Q0.4
Q0.5
T40
IN
TON
50
PT
100ms
网络15
电动机搅拌，加热炉同时加热均为3S后，转换至排汇阀进行排泄
T40
S0.4
SCRT
网络16
电动机搅拌，加热炉同时加热SCR段结束
SCRE
网络17
排泄过程的SCR段开始
S0.4
SCR
网络18
排泄
SM0.0
Q0.3
网络19
当下降至液位传感器I0.3时，定时器定时4S
I0.3
T41
IN
TON
80
PT
100ms
网络20
定时时间到，转换至S0.0
T41
S0.0
SCRT
网络21
排泄过程的SCR段结束
SCRE
（a）梯形图

```
程序注释：多种液体自动混合控制程序设计
网络1
首次扫描，复位各步，置位初始步
LD      SM0.1
R       S0.0, 6
S       S0.0, 1
网络2
初始步SCR段开始
LSCR    S0.0
网络3
当起动按钮I0.0闭合时，转移至S0.1（液体A、B混合步）
LD      I0.0
SCRT    S0.1
网络4
初始步SCR段结束
SCRE
网络5
液体A、B混合SCR段开始
LSCR    S0.1
网络6
液体A、B混合
LD      SM0.0
=       Q0.0
=       Q0.1
网络7
当碰到液面传感器I0.2(L2)、I0.3(L3)时转换到与液体C混合的步
LD      I0.2
A       I0.3
SCRT    S0.2
网络8
液体A、B混合的SCR段结束
SCRE
网络9
液体A、B、C混合的SCR段开始
LSCR    S0.2
网络10
液体A、B与液体C混合
LD      SM0.0
=       Q0.2
网络11
液面传感器I0.1闭合时，A、B、C三种液体停止混合；转换至S0.3
LD      I0.1
SCRT    S0.3
网络12
液体A、B、B混合的SCR段结束
SCRE
网络13
电动机搅拌，加热炉同时加热SCR段开始
LSCR    S0.3
网络14
电动机搅拌，加热炉加热均为3S
LD      SM0.0
=       Q0.4
=       Q0.5
TON     T40, 50
网络15
电动机搅拌，加热炉同时加热均为3S后，转换至排汇阀进行排泄
LD      T40
SCRT    S0.4
网络16
电动机搅拌，加热炉同时加热SCR段结束
SCRE
网络17
排泄过程的SCR段开始
LSCR    S0.4
网络18
排泄
LD      SM0.0
=       Q0.3
网络19
当下降至液位传感器I0.3时，定时器定时4S
LDN     I0.3
TON     T41, 80
网络20
定时时间到，转换至S0.0
LD      T41
SCRT    S0.0
网络21
排泄过程的SCR段结束
SCRE
```

（b）语句表

图 3—8　多种液体自动混合控制梯形图和语句表

任务实施

一、器材准备

完成本任务的实训安装、调试所需器材见表 3—2。

表 3—2　多种液体自动混合模拟实训器材一览表

器材名称	数量
PLC 基本单元 CPU224（或更高类型）	1个
计算机	1台
多种液体自动混合模拟装置	1个
绿色按钮/液位传感器	1个/3个
导线	若干
交、直流电源	1套
电工工具及仪表	1套

二、实施步骤

1. 程序输入

在计算机上打开 S7-200 编程软件，选择相应 CPU 类型，建立多种液体自动混合 PLC 控制项目，输入梯形图或语句表程序。

2. 模拟调试

将输入的程序经程序编译后，导出为 awl 格式文本文件，在 S7-200 仿真软件中打开。按下电动机各输入控制按钮，观看程序仿真结果。如与任务要求不符，则结束仿真将编程软件中的程序进行分析修改，重新导出文件经仿真软件进一步调试，直到仿真结果符合任务要求。

3. 系统安装

系统安装可在硬件设计完成后进行，与软件、模拟调试同时进行。系统安装只需按照安装接线图进行即可。注意输入/输出回路电源接入正确。

4. 系统调试

确定硬件接线、软件调试结果正确后，合上 PLC 电源开关和输出回路电源开关，按下多种液体自动混合起动按钮，观察 PLC 是否有输出，输出继电器 Q 的变化顺序是否正确，电动机运转是否正常。如果结果不符合要求，观察输入及输出回路是否接线错误。排除故障后重新通电，起动多种液体自动混合装置，再次观察运行结果或者计算机显示监控画面，直到符合要求为止。

5. 填写任务报告书

如实填写任务报告书，分析设计过程中的经验，编写设计总结。

任务检查与评价

1. 结合学生完成的情况进行点评并给出考核成绩。
2. 展示学生优秀设计方案和程序，激发学生学习热情。

任务评析表

任务	内容	满分	评分要求	备注
多种液体自动混合装置	1. 正确选择输入/输出设备及地址并画出 I/O 接线图	15	设备及端口地址选择正确，接线图正确、标注完整	输入/输出每错一个扣 5 分，接线图每少一处标注扣 1 分
	2. 正确编制梯形图程序	35	梯形图格式正确；程序时序逻辑正确；整体结构合理	每错一处扣 5 分
	3. 正确写出语句表程序	10	各指令使用准确	每错一处扣 5 分
	4. 外部接线正确	15	电源线、通信线及 I/O 信号线接线正确	每错一处扣 5 分
	5. 写入程序并进行调试	15	操作步骤正确，动作熟练（允许根据输出情况进行反复修改和完善）	若有违规操作，每次扣 10 分
	6. 运行结果及口试答辩	10	程序运行结果正确，表述清楚，口试答辩正确	对运行结果表述不清楚扣 5 分

任务二 自动送料装车 PLC 控制系统

任务描述

一、自动送料装车 PLC 控制系统的工作描述

自动送料装车系统是用于物料输送的流水线设备，主要是用于煤粉、细砂等材料的运输。由初始状态、料斗进料、传送带、汽车装车控制等组合来完成特定的控制过程，系统动作稳定，具备连续可靠的工作能力，能够保障生产的可靠性、安全性，降低生产成本。自动送料装车系统的结构如图 3—9 所示。

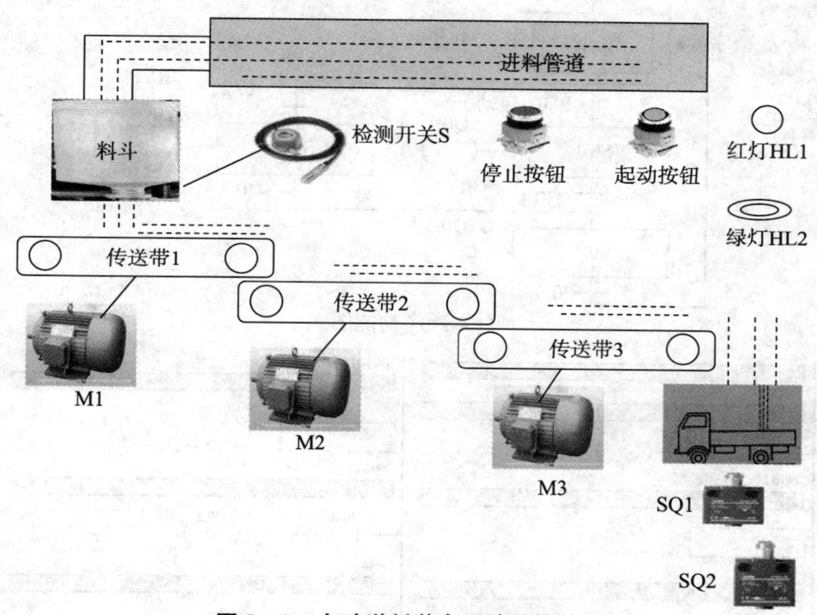

图 3—9　自动送料装车系统结构简图

二、任务要求

（1）初始状态。

红灯 HL1 灭、绿灯 HL2 亮，表示允许汽车进入车位装料。进料阀、出料阀、电动机 M1、M2、M3 皆为 OFF。

（2）进料控制。

料斗中的料不满时，检测开关 S 为 OFF，5s 后进料阀打开，开始进料；当料满时，检测开关 S 为 ON，关闭进料阀，停止进料。

（3）装车控制。

当汽车到达装车位置时，SQ1 为 ON，红灯 HL1 亮、绿灯 HL2 灭。同时起动传送带电动机 M3，2s 后起动 M2，又过 2s 后起动 M1，再过 2s 后打开料斗出料阀，开始装料。当汽车装满料时，SQ2 为 ON，先关闭出料阀，2s 后 M1 停转，又过 2s 后 M2 停转，再过 2s 后 M3 停转，红灯 HL1 灭，绿灯 HL2 亮。装车完毕，汽车开走。

（4）起停控制。

按下起动按钮 SB1，系统起动；按下停止按钮 SB2，系统停止运行。

相关知识

本任务涉及选择序列编程方法和并行序列编程方法。

一、选择性序列编程方法

在多个分支流程中根据条件选择一条分支流程运行，其他分支的条件不能同时满足，这种方法称为选择性分支。程序中每次只满足一个分支转移条件，执行一条分支流程，这种程序称为选择性分支程序。选择性分支的顺序功能图、梯形图和语句表如图 3—10 所示。

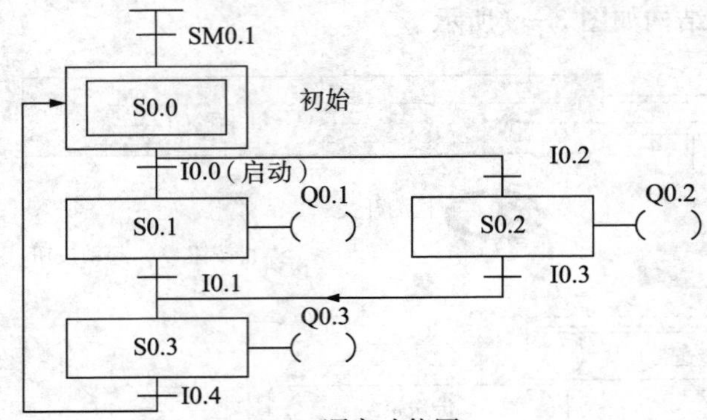

（a）顺序功能图

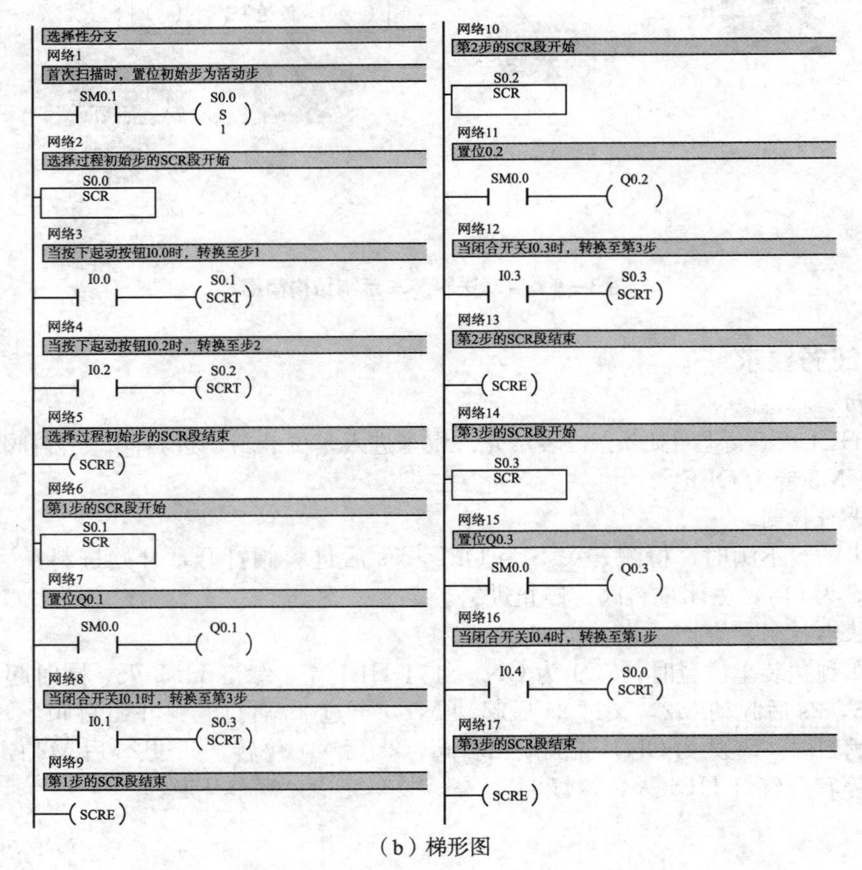

（b）梯形图

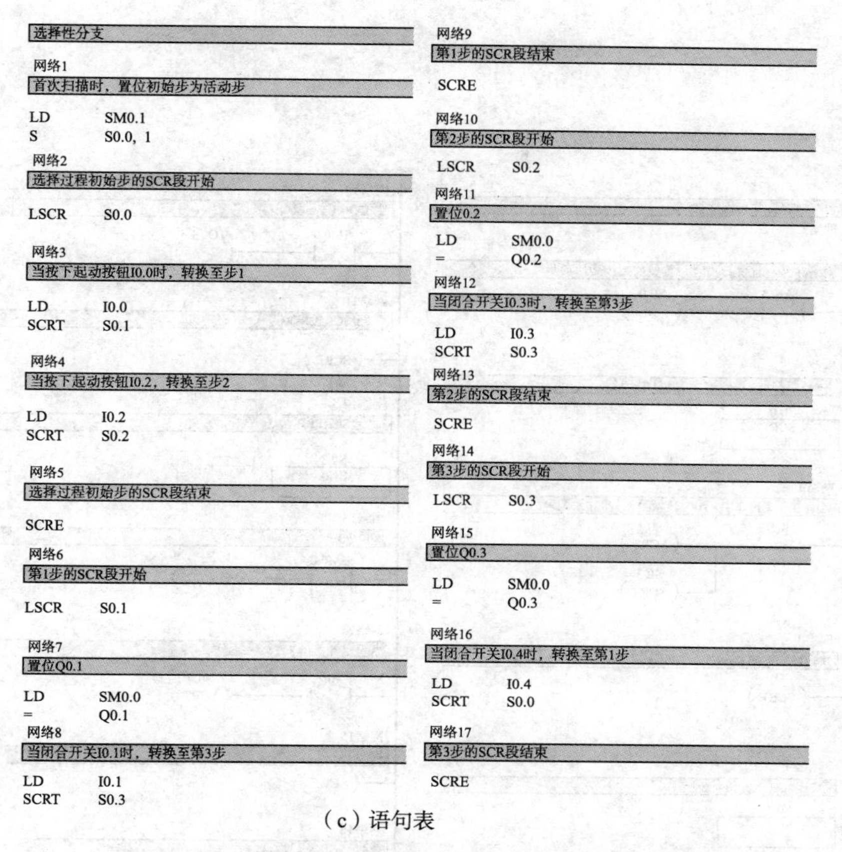

```
选择性分支
网络1
首次扫描时，置位初始步为活动步
LD      SM0.1
S       S0.0，1
网络2
选择过程初始步的SCR段开始
LSCR    S0.0
网络3
当按下起动按钮I0.0时，转换至步1
LD      I0.0
SCRT    S0.1
网络4
当按下起动按钮I0.2，转换至步2
LD      I0.2
SCRT    S0.2
网络5
选择过程初始步的SCR段结束
SCRE
网络6
第1步的SCR段开始
LSCR    S0.1
网络7
置位Q0.1
LD      SM0.0
=       Q0.1
网络8
当闭合开关I0.1时，转换至第3步
LD      I0.1
SCRT    S0.3
网络9
第1步的SCR段结束
SCRE
网络10
第2步的SCR段开始
LSCR    S0.2
网络11
置位0.2
LD      SM0.0
=       Q0.2
网络12
当闭合开关I0.3时，转换至第3步
LD      I0.3
SCRT    S0.3
网络13
第2步的SCR段结束
SCRE
网络14
第3步的SCR段开始
LSCR    S0.3
网络15
置位Q0.3
LD      SM0.0
=       Q0.3
网络16
当闭合开关I0.4时，转换至第1步
LD      I0.4
SCRT    S0.0
网络17
第3步的SCR段结束
SCRE
```

（c）语句表

图 3—10　选择性分支的顺序功能图、梯形图和语句表

二、并行性序列编程方法

当条件满足后，程序将同时转移到多个分支程序，执行多个流程，这种程序称为并行性序列程序。并行性序列的顺序功能图、梯形图和语句表如图 3—11 所示。

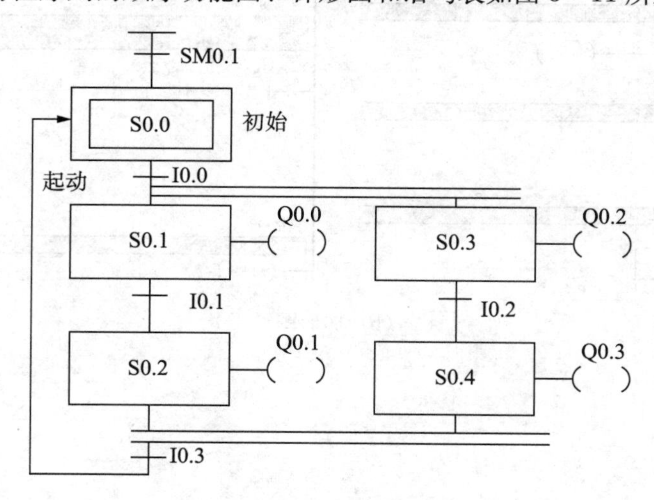

（a）顺序功能图

程序注释：并行性序列

网络1

网络注释：首次扫描时，置位初始步为活动步

SM0.1 S0.0 S 1

网络2

并行性序列过程初始步的SCR段开始

S0.0 SCR

网络3

当闭合开关I0.0时，同时转换至第1步和第3步

I0.0 S0.1 SCRT

S0.3 SCRT

网络4

并行性序列过程初始步的SCR段结束

SCRE

网络5

第1步SCR段开始

S0.1 SCR

网络6

置位Q0.0

SM0.0 Q0.0

网络7

当闭合开关I0.1时转换至第2步

I0.1 S0.2 SCRT

网络8

第1步SCR段结束

SCRE

网络9

第2步SCR段开始

S0.2 SCR

网络10

置位Q0.1

SM0.0 Q0.1

网络11

第2步SCR段结束

SCRE

网络12

第3步SCR段开始

S0.3 SCR

网络13

置位Q0.2

SM0.0 Q0.2

网络14

当闭合开关I0.2时，转换至第4步

I0.2 S0.4 SCRT

网络15

第3步SCR段结束

SCRE

网络16

第4步SCR段开始

S0.4 SCR

网络17

置位Q0.3

SM0.0 Q0.3

网络18

同时执行完第2步、第4步，闭合开关I0.3时，才能使第2、4初始步复位

S0.2 S0.4 I0.3 S0.2 R 1

S0.4 R 1

S0.0 R 1

网络19

第4步SCR段结束

SCRE

（b）梯形图

```
程序注释：并行性序列
网络1

网络注释：首次扫描时，置位初始步为活动步
LD      SM0.1
S       S0.0, 1

网络2
并行性序列过程初始步的SCR段开始
LSCR    S0.0

网络3
当闭合开关I0.0时，同时转换至第1步和第3步
LD      I0.0
SCRT    S0.1
SCRT    S0.3

网络4
并行性序列过程初始步的SCR段结束
SCRE

网络5
第1步SCR段开始
LSCR    S0.1

网络6
置位Q0.0
LD      SM0.0
=       Q0.0

网络7
当闭合开关I0.1时转换至第2步
LD      I0.1
SCRT    S0.2

网络8
第1步SCR段结束
SCRE

网络9
第2步SCR段开始
LSCR    S0.2

网络10
置位Q0.1
LD      SM0.0
=       Q0.1

网络11
第2步SCR段结束
SCRE

网络12
第3步SCR段开始
LSCR    S0.3

网络13
置位Q0.2
LD      SM0.0
=       Q0.2

网络14
当闭合开关I0.2时，转换至第4步
LD      I0.2
SCRT    S0.4

网络15
第3步SCR段结束
SCRE

网络16
第4步SCR段开始
LSCR    S0.4

网络17
置位Q0.3
LD      SM0.0
=       Q0.3

网络18
同时执行完第2步、第4步，闭合开关I0.3时，
才能使第2、4初始步复位
LD      S0.2
A       S0.4
A       I0.3
R       S0.2, 1
R       S0.4, 1
R       S0.0, 1

网络19
第4步SCR段结束
SCRE
```

（c）语句表

图 3—11　并行性序列功能图、梯形图和语句表

任务分析

本任务的要点是：如何利用传感器实现料斗的进料、出料控制；在汽车装料控制中传送带的顺序起动，逆序停止控制。

一、PLC 选型

根据控制系统的设计要求，考虑到系统的扩展和功能，可选择继电器输出结构的小型 PLC CPU224 作为控制元件。

二、输入/输出分配

自动送料装车控制系统的 I/O 地址分配表见表 3—3。

表 3—3　自动送料装车系统控制的 I/O 地址分配表

输入信号			输出信号		
名称	功能	编号	名称	功能	编号
SB1	起动按钮	I0.0	M1	电动机	Q0.0
SQ1	位置开关	I0.1	M2	电动机	Q0.1
SQ2	位置开关	I0.2	M3	电动机	Q0.2
S	检测开关	I0.3	HL1	红灯	Q0.3
SB2	停止按钮	I0.4	HL2	绿灯	Q0.4
			YV1	进料阀	Q0.5
			YV2	出料阀	Q0.6

三、硬件设计

依照 PLC 的 I/O 地址分配表，结合系统的控制要求，自动送料装车控制装置当中的电动机、红灯、绿灯、进料阀、出料阀等采用直流 12V 电流供电，并且负载电流较小，可使用 PLC 输出点直接驱动，自动送料装车控制 PLC I/O 接线如图 3—12 所示。

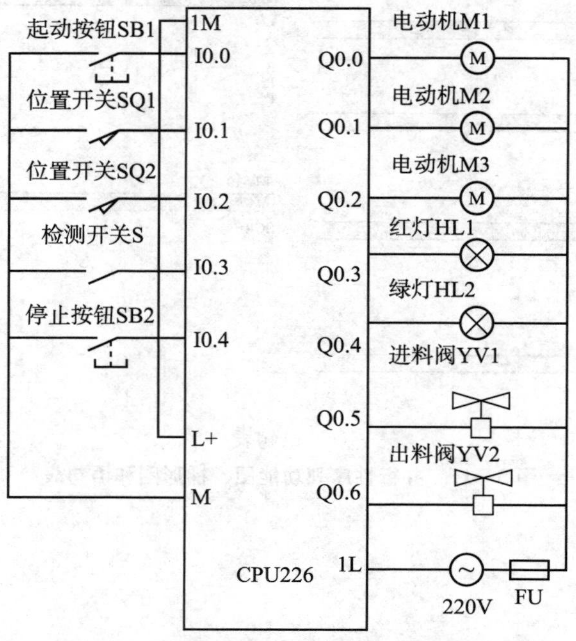

图 3—12　自动送料装车控制 PLC I/O 接线图

四、软件设计

本程序由进料控制过程和装车控制过程组成。进料控制的流程图、梯形图和语句表如图 3—13 所示。

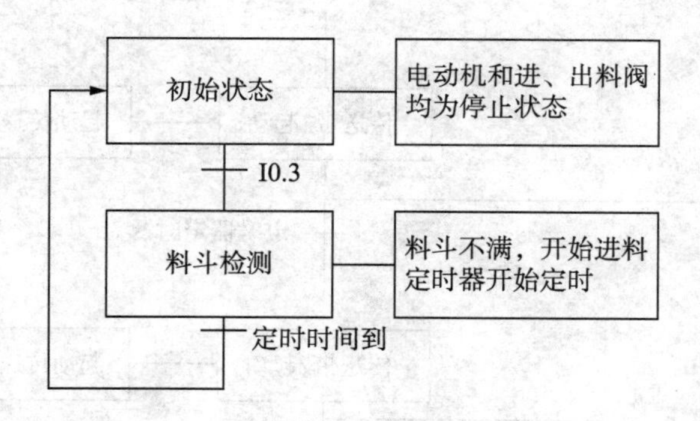

(a) 流程图

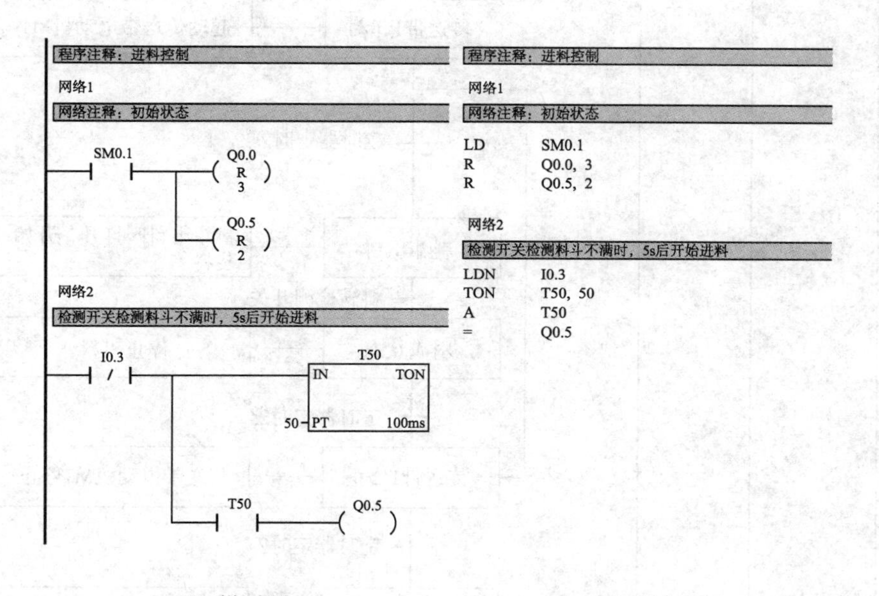

(b) 梯形图　　　　(c) 语句表

图 3—13　进料控制的流程图、梯形图和语句表

装车控制的流程图、顺序功能图、梯形图和语句表如图 3—14 所示。

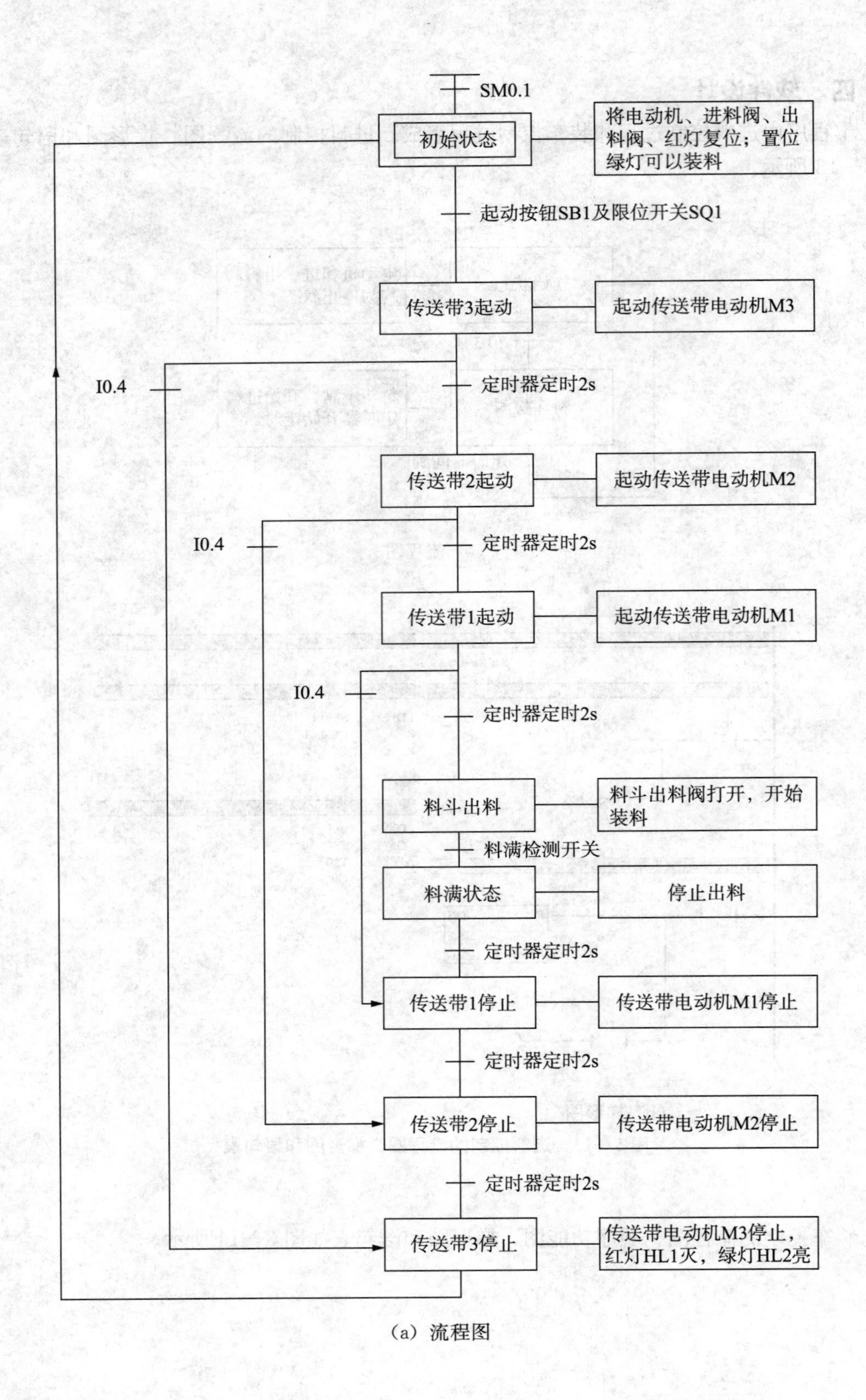
SM0.1
初始状态
将电动机、进料阀、出料阀、红灯复位；置位绿灯可以装料
起动按钮SB1及限位开关SQ1
传送带3起动
起动传送带电动机M3
I0.4
定时器定时2s
传送带2起动
起动传送带电动机M2
I0.4
定时器定时2s
传送带1起动
起动传送带电动机M1
I0.4
定时器定时2s
料斗出料
料斗出料阀打开，开始装料
料满检测开关
料满状态
停止出料
定时器定时2s
传送带1停止
传送带电动机M1停止
定时器定时2s
传送带2停止
传送带电动机M2停止
定时器定时2s
传送带3停止
传送带电动机M3停止，红灯HL1灭，绿灯HL2亮

（a）流程图

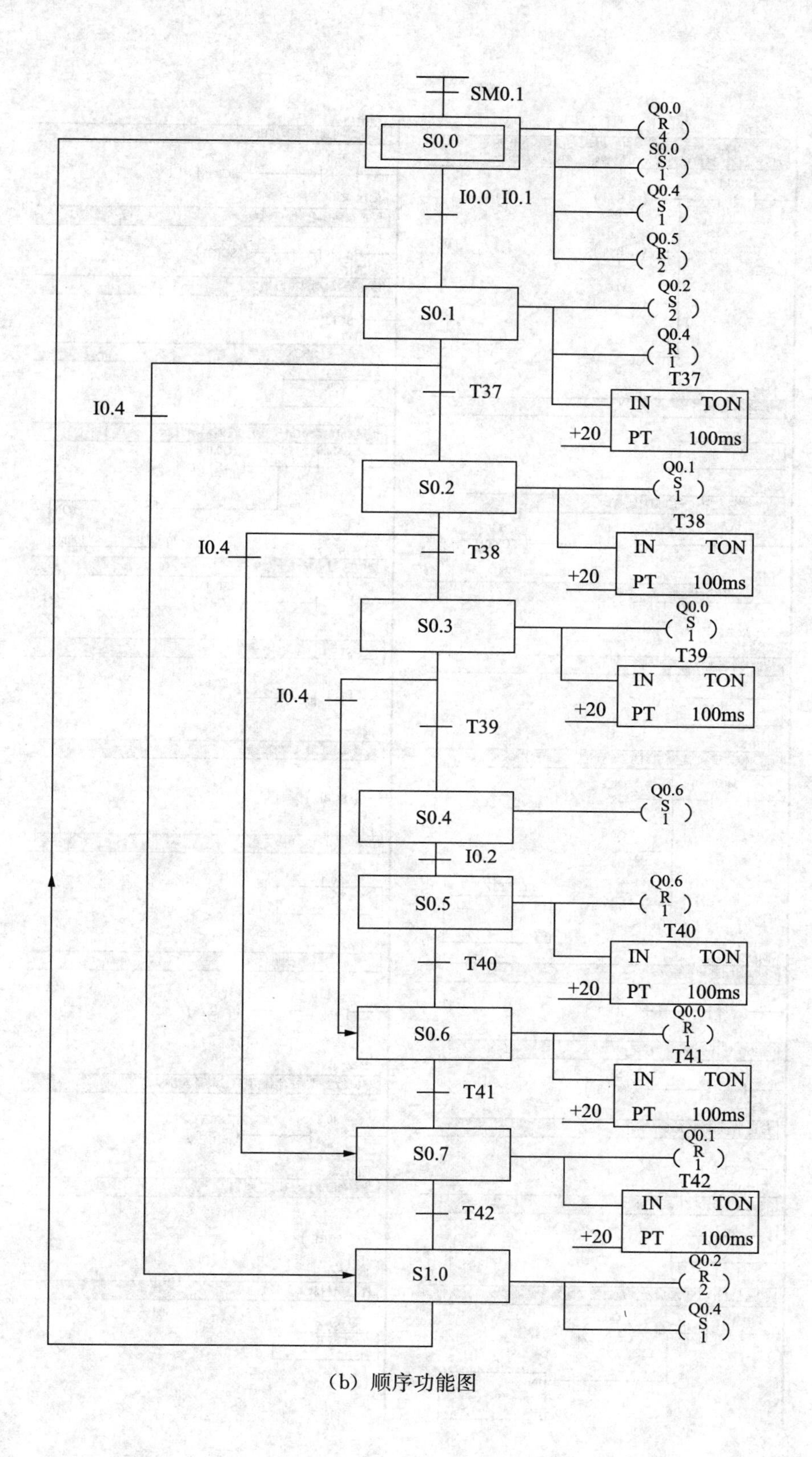
SM0.1
S0.0
Q0.0 R 4
S0.0 S 1
Q0.4 S 1
Q0.5 R 2
I0.0 I0.1
S0.1
Q0.2 S 2
Q0.4 R 1
T37
IN TON
+20 PT 100ms
I0.4
T37
S0.2
Q0.1 S 1
T38
IN TON
+20 PT 100ms
I0.4
T38
S0.3
Q0.0 S 1
T39
IN TON
+20 PT 100ms
I0.4
T39
S0.4
Q0.6 S 1
I0.2
S0.5
Q0.6 R 1
T40
IN TON
+20 PT 100ms
T40
S0.6
Q0.0 R 1
T41
IN TON
+20 PT 100ms
T41
S0.7
Q0.1 R 1
T42
IN TON
+20 PT 100ms
T42
S1.0
Q0.2 R 2
Q0.4 S 1
(b) 顺序功能图

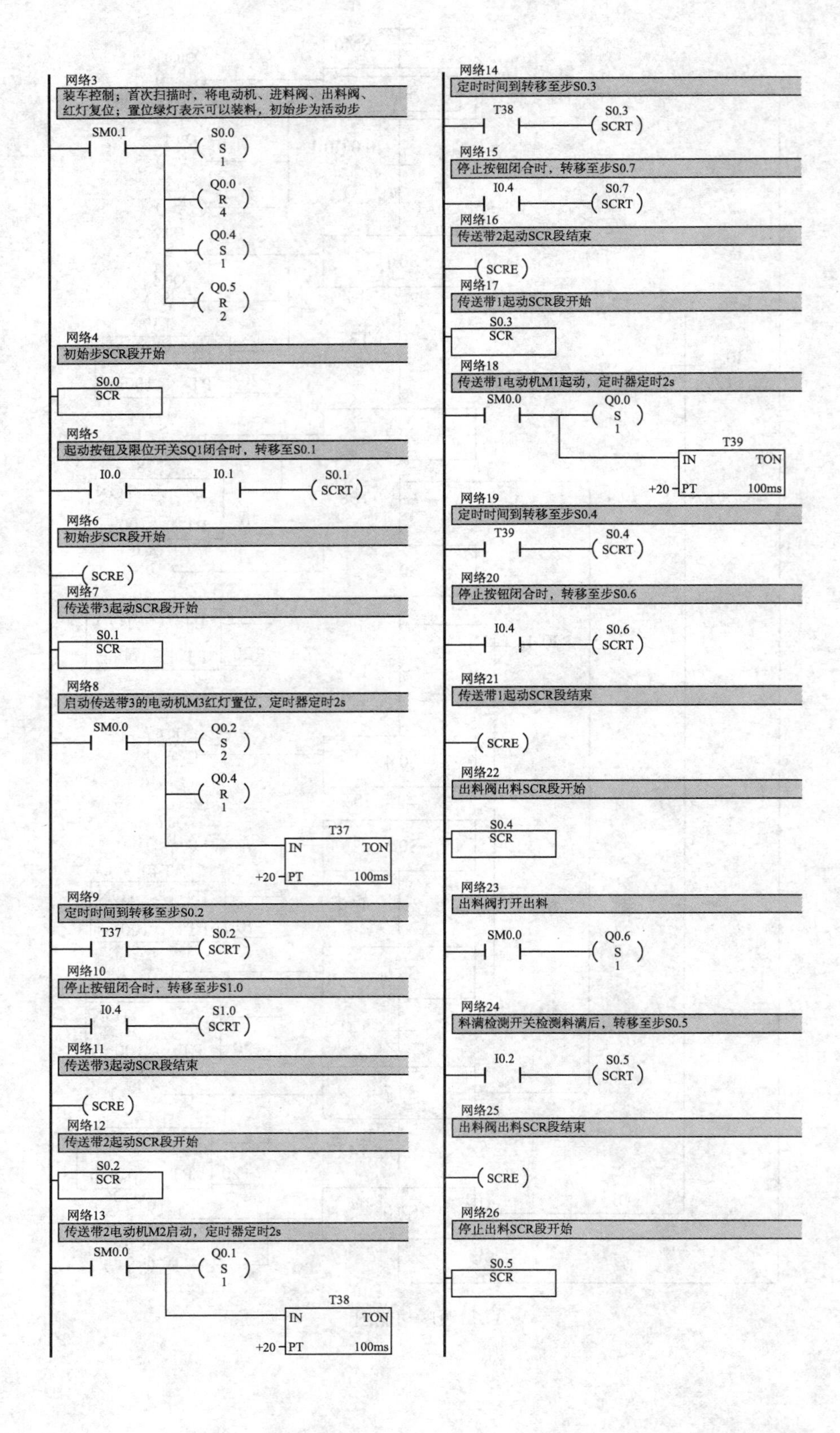
网络3
装车控制；首次扫描时，将电动机、进料阀、出料阀、红灯复位；置位绿灯表示可以装料，初始步为活动步
SM0.1
S0.0 S 1
Q0.0 R 4
Q0.4 S 1
Q0.5 R 2
网络4
初始步SCR段开始
S0.0 SCR
网络5
起动按钮及限位开关SQ1闭合时，转移至S0.1
I0.0
I0.1
S0.1 SCRT
网络6
初始步SCR段开始
SCRE
网络7
传送带3起动SCR段开始
S0.1 SCR
网络8
启动传送带3的电动机M3红灯置位，定时器定时2s
SM0.0
Q0.2 S 2
Q0.4 R 1
T37
IN TON
+20 PT 100ms
网络9
定时时间到转移至步S0.2
T37
S0.2 SCRT
网络10
停止按钮闭合时，转移至步S1.0
I0.4
S1.0 SCRT
网络11
传送带3起动SCR段结束
SCRE
网络12
传送带2起动SCR段开始
S0.2 SCR
网络13
传送带2电动机M2启动，定时器定时2s
SM0.0
Q0.1 S 1
T38
IN TON
+20 PT 100ms
网络14
定时时间到转移至步S0.3
T38
S0.3 SCRT
网络15
停止按钮闭合时，转移至步S0.7
I0.4
S0.7 SCRT
网络16
传送带2起动SCR段结束
SCRE
网络17
传送带1起动SCR段开始
S0.3 SCR
网络18
传送带1电动机M1起动，定时器定时2s
SM0.0
Q0.0 S 1
T39
IN TON
+20 PT 100ms
网络19
定时时间到转移至步S0.4
T39
S0.4 SCRT
网络20
停止按钮闭合时，转移至步S0.6
I0.4
S0.6 SCRT
网络21
传送带1起动SCR段结束
SCRE
网络22
出料阀出料SCR段开始
S0.4 SCR
网络23
出料阀打开出料
SM0.0
Q0.6 S 1
网络24
料满检测开关检测料满后，转移至步S0.5
I0.2
S0.5 SCRT
网络25
出料阀出料SCR段结束
SCRE
网络26
停止出料SCR段开始
S0.5 SCR

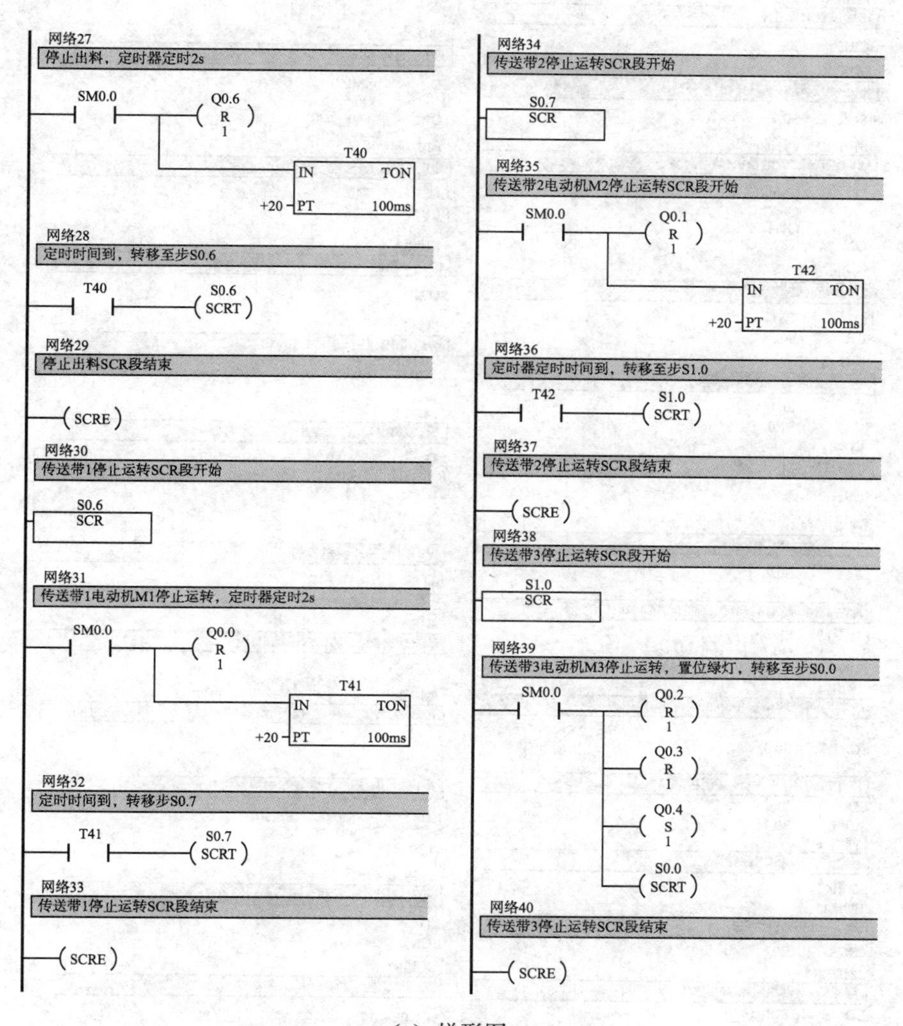

（c）梯形图

网络3

装车控制；首次扫描时，将电动机、进料阀、出料阀、红灯复位；置位绿灯表示可以装料，初始步为活动步

```
LD    SM0.1
S     S0.0, 1
R     Q0.0, 4
S     Q0.4, 1
R     Q0.5, 2
```

网络4

初始步SCR段开始

```
LSCR  S0.0
```

网络5

起动按钮及限位开关SQ1闭合时，转移至S0.1

```
LD    I0.0
A     I0.1
SCRT  S0.1
```

网络23

出料阀打开出料

```
LD    SM0.0
S     Q0.6, 1
```

网络24

料满检测开关检测料满后，转移至步S0.5

```
LD    I0.2
SCRT  S0.5
```

网络25

出料阀出料SCR段结束

```
SCRE
```

网络26

停止出料SCR段开始

```
LSCR  S0.5
```

网络6

初始步SCR段开始

```
SCRE
```

网络7

传送带3起动SCR段开始

```
LSCR    S0.1
```

网络8

启动传送带3的电动机M3红灯置位，定时器定时2s

```
LD      SM0.0
S       Q0.2, 2
R       Q0.4, 1
TON     T37, +20
```

网络9

定时时间到转移至步S0.2

```
LD      T37
SCRT    S0.2
```

网络10

停止按钮闭合时，转移至步S1.0

```
LD      I0.4
SCRT    S1.0
```

网络11

传送带3起动SCR段结束

```
SCRE
```

网络12

传送带2起动SCR段开始

```
LSCR    S0.2
```

网络13

传送带2电动机M2启动，定时器定时2s

```
LD      SM0.0
S       Q0.1, 1
TON     T38, +20
```

网络14

定时时间到转移至步S0.3

```
LD      T38
SCRT    S0.3
```

网络15

停止按钮闭合时，转移至步S0.7

```
LD      I0.4
SCRT    S0.7
```

网络16

传送带2起动SCR段结束

```
SCRE
```

网络17

传送带1起动SCR段开始

```
LSCR    S0.3
```

网络18

传送带1电动机M1起动，定时器定时2s

```
LD      SM0.0
S       Q0.0, 1
TON     T39, +20
```

网络19

定时时间到转移至步S0.4

```
LD      T39
SCRT    S0.4
```

网络20

停止按钮闭合时，转移至步S0.6

```
LD      I0.4
SCRT    S0.6
```

网络21

传送带1起动SCR段结束

```
SCRE
```

网络22

出料阀出料SCR段开始

```
LSCR    S0.4
```

网络27

停止出料，定时器定时2s

```
LD      SM0.0
R       Q0.6, 1
TON     T40, +20
```

网络28

定时时间到，转移至步S0.6

```
LD      T40
SCRT    S0.6
```

网络29

停止出料SCR段结束

```
SCRE
```

网络30

传送带1停止运转SCR段开始

```
LSCR    S0.6
```

网络31

传送带1电动机M1停止运转，定时器定时2s

```
LD      SM0.0
R       Q0.0, 1
TON     T41, +20
```

网络32

定时时间到，转移步S0.7

```
LD      T41
SCRT    S0.7
```

网络33

传送带1停止运转SCR段结束

```
SCRE
```

网络34

传送带2停止运转SCR段开始

```
LSCR    S0.7
```

网络35

传送带2电动机M2停止运转SCR段开始

```
LD      SM0.0
R       Q0.1, 1
TON     T42, +20
```

网络36

定时器定时时间到，转移至步S1.0

```
LD      T42
SCRT    S1.0
```

网络37

传送带2停止运转SCR段结束

```
SCRE
```

网络38

传送带3停止运转SCR段开始

```
LSCR    S1.0
```

网络39

传送带3电动机M3停止运转，置位绿灯，转移至步S0.0

```
LD      SM0.0
R       Q0.2, 1
R       Q0.3, 1
S       Q0.4, 1
SCRT    S0.0
```

网络40

传送带3停止运转SCR段结束

```
SCRE
```

（d）语句表

图3—14　装车控制的流程图、顺序功能图、梯形图和语句表

任务实施

一、器材准备

完成本任务的实训安装、调试所需器材，如表 3—4 所示。

表 3—4　　　　自动送料装车控制实训器材一览表

器材名称	数量
PLC 基本单元 CPU224（或更高类型）	1 个
计算机	1 台
自动送料装车控制模拟装置	1 个
红色按钮	1 个
绿色按钮	4 个
导线	若干
交、直流电源	1 套
电工工具及仪表	1 套

二、实施步骤

1. 程序输入

在计算机上打开 S7-200 编程软件，选择相应 CPU 类型，建立自动送料装车系统的 PLC 控制项目，输入编写梯形图或语句表程序。

2. 模拟调试

将输入的程序经程序编译后，导出为 awl 格式文本文件，在 S7-200 仿真软件中打开。按下电动机各输入控制按钮，观看程序仿真结果。如与任务要求不符，则结束仿真将编程软件中的程序进行分析修改，重新导出文件经仿真软件再次进行调试，直到仿真结果符合任务要求。

3. 系统安装

系统安装可在硬件设计完成后进行，可与软件、模拟调试同时进行。系统安装只需按照安装接线图进行即可。注意输入/输出回路电源接入正确。

4. 系统调试

确定硬件接线、软件调试结果正确后，合上 PLC 电源开关和输出回路电源开关，按下自动送料装车控制装置起动按钮，观察 PLC 是否有输出，输出继电器 Q 的变化顺序是否正确，电动机运转是否正常。如果结果不符合要求，观察输入及输出回路是否接线错误。排除故障后重新送电，起动自动送料装车控制装置，再次观察运行结果或者计算机显示监控画面，直到符合要求为止。

5. 填写任务报告书

如实填写任务报告书，分析设计过程中的经验，编写设计总结。

任务检查与评价

1. 结合学生完成的情况进行点评并给出考核成绩。
2. 展示学生优秀设计方案和程序，激发学生学习热情。

任务评析表

任务	内容	满分	评分要求	备注
自动送料装车控制	1. 正确选择输入输出设备及地址并画出I/O接线图	15	设备及端口地址选择正确，接线图正确、标注完整	输入/输出每错一个扣5分，接线图每少一处标注扣1分
	2. 正确编制梯形图程序	35	梯形图格式正确；程序时序逻辑正确；工作顺序正确；整体结构合理	每错一处扣5分
	3. 正确写出语句表程序	10	各指令使用准确	每错一处扣5分
	4. 外部接线正确	15	电源线、通信线及I/O信号线接线正确	每错一处扣5分
	5. 写入程序并进行调试	15	操作步骤正确，动作熟练（允许根据输出情况进行反复修改和完善）	若有违规操作，每次扣10分
	6. 运行结果及口试答辩	10	程序运行结果正确、表述清楚，口试答辩正确	对运行结果表述不清楚扣5分

任务三 全自动洗衣机PLC控制系统

任务描述

一、全自动洗衣机控制系统的工作描述

全自动洗衣机是指洗涤、漂洗、脱水各个功能之间的转换全部不用手工操作而能自动进行的洗衣机。这种洗衣机在选定的工作程序内由机电式程序控制器或计算机程序控制器适时发出各种指令，自动完成各个执行机构的动作，使整个洗衣过程自动化。全自动洗衣机的外形结构如图3—15所示。

全自动洗衣机的洗衣桶（外桶）和脱水桶（内桶）是以同一中心安装的。外桶固定，作盛水用。内桶可以旋转，作脱水（甩干）用。内桶的四周有很多小孔，使内、外桶的水

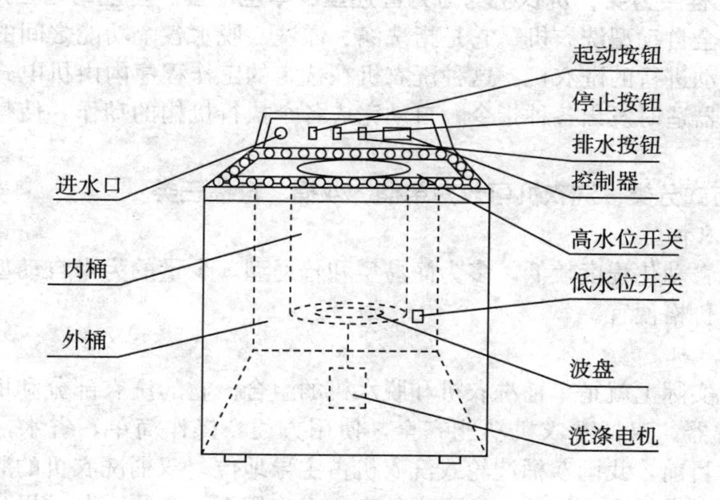

图 3—15　全自动洗衣机外形结构示意图

流相通。

全自动洗衣机的进水和排水分别由进水电磁阀和排水电磁阀来执行。进水时，通过电控系统使进水阀打开，经进水管将水注入外桶。排水时，通过电控系统使排水阀打开，将水由外桶排到机外。洗涤正转、反转由洗涤电动机驱动波盘正、反转来实现，此时脱水桶并不旋转。脱水时，通过电控系统将离合器合上，由洗涤电动机带动内桶正转进行甩干。高、低水位开关分别用来检测高、低水位。起动按钮用来起动洗衣机工作。停止按钮用来实现手动停止进水、排水、脱水及报警。排水按钮用来实现手动排水。

二、任务要求

全自动洗衣机的工作方式：

(1) 按起动按钮，首先进水电磁阀打开，指示进水灯亮。

(2) 水位上限开关闭合（ON），进水指示灯灭，搅轮正转 40s，停止 2s，再反转 40s，停止 2s。正反转指示灯轮流亮灭四次。

(3) 排水灯亮。

(4) 待水位低于水位下限开关时（OFF），甩干桶运转指示灯与排水指示灯亮几秒。

(5) 排水灯灭，进水灯亮，自动重复（1）～（4）的过程 4 次。

(6) 4 次洗涤、甩干完成后，蜂鸣器指示灯亮五秒钟后熄灭，整个过程结束。

(7) 操作过程中，按停止按钮可结束动作过程。

(8) 手动排水按钮是独立操作命令，手动排水时，必须要先按停止按钮结束前述动作，然后执行排水甩干动作。

相关知识

一、洗衣机分类及控制系统

洗衣机的分类方法主要有三种：按自动化程度分类、按结构方式分类和按洗涤方式分类。

1. 按自动化程度分类，洗衣机可分为普通型、半自动型、全自动型三大类

目前大多是全自动型洗衣机，它是指洗涤、漂洗、脱水各个功能之间的转换全部不用手工操作而能自动进行的洗衣机。这种洗衣机在选定的工作程序内由机电式程序控制器或计算机程序控制器适时发出各种指令，自动完成各个执行机构的动作，使整个洗衣过程自动化。

2. 按结构方式分类，洗衣机可分为单桶、双桶、套桶三类

（1）单桶洗衣机。

单桶洗衣机自动化程度较低，多为简易型和普通型，少量的为半自动型。其主要特点是占地面积小、价格便宜。

（2）双桶洗衣机。

双桶洗衣机实际上就是单桶洗衣机和脱水机的组合。它的洗衣部分和甩干部分有各自的电动机和定时器。双桶洗衣机功能齐全，使用方便，操作简单，省水，省电，价格适宜，品种多样。目前，我国双桶波轮式洗衣机占主导地位。双桶洗衣机的脱水桶壁上设有许多小孔，甩干电动机高速运转，在强大的离心力作用下，衣物水分被甩出，并顺着排水管排出。

（3）套桶洗衣机。

该洗衣机的特点是内、外两个立式容器套装在同一个心轴上。波轮式套桶洗衣机多为全自动型。因其离心桶的外径小于盛水桶的内径，故将外桶和内桶套装在同一个心轴上，减少了占地面积。其外桶作为盛水容器，内桶作为洗涤、漂洗、离心脱水用。常见的波轮式套桶洗衣机是单电动机的，洗涤及脱水工作由离合器控制。洗涤时波轮转动而脱水桶不转，脱水时波轮与脱水桶一起旋转。

3. 按洗涤方式分类，洗衣机可分为波轮式、滚筒式等

（1）波轮式洗衣机。

波轮式洗衣机是将洗涤衣物浸泡在水中，靠波轮正、反方向的交替转动或连续单方向的转动使衣物在水中不断翻滚，从而达到洗净衣物的目的。其主要特点是洗涤能力强、洗涤时间短、结构简单、可调节水位、成本低、易维修、易操作。

（2）滚筒式洗衣机。

滚筒式洗衣机自动化程度高、洗涤性能好、容量大、质量高。

二、进水电磁阀

进水电磁阀简称进水阀、注水阀。在全自动洗衣机上，以内功用进水阀来实现自动注水和停止进水。它和水位开关相互配合，对洗衣桶的水位高低进行自动控制。

进水阀（见图3—16）是一种电磁阀，阀中心是铁芯，铁芯外为电磁线圈，线圈不通电时，在小弹簧的作用下铁芯被压下，封住了橡胶阀上所装的塑料盘中间的泄压孔，这时水从加压针孔进入控制腔，使进水腔和控制腔的水压相等。由于橡胶阀上部的受压面积大于下部的受压面积，所以橡胶阀被压紧在阀座上起到了封闭作用。其封闭的可靠性是由铁芯所受的压力决定的，铁芯的下端与泄压孔接触，铁芯的上端受压面积大于下端的受压面积，显然水的压力越大，铁芯对泄压孔的封闭压力越大，封闭越可靠。

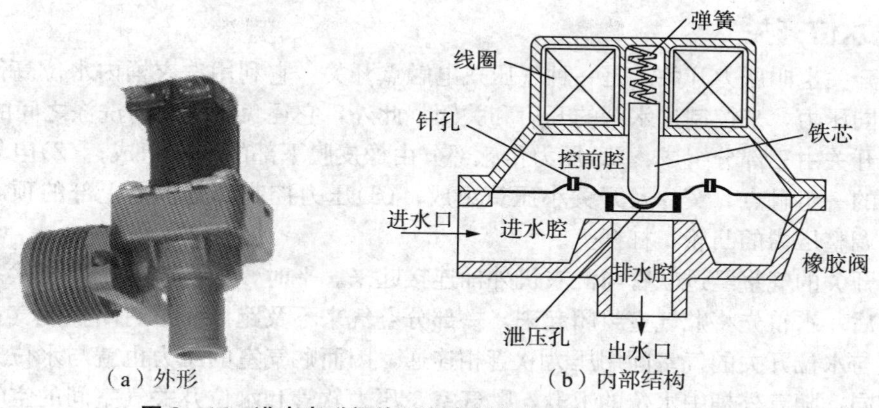

（a）外形　　（b）内部结构

图 3—16　进水电磁阀外形和内部结构示意图

当线圈通电时，电磁力克服上弹簧的弹力将铁芯吸上，泄压孔打开，由于泄压孔大于加压针孔，控制腔内的水将很快流出，压力降低，进水腔为自来水压，橡胶阀的下部压力大于上部压力，即被下部的水压推开，阀即开启注水。

三、排水电磁阀

排水电磁阀是全自动洗衣机特有的电器部件。它是一个受程控器控制的自动排水开关。除了排水功能外，还控制着离合器的状态（洗涤或脱水）。

排水电磁阀（见图 3—17）由电磁铁和排水阀两部分组成，它们是相互独立的部件，两者用排水阀连接起来，在连接板的右端以开口销与电磁铁动铁芯连接，而左端钩在排水阀的内弹簧上。当洗衣机处在进水和洗涤时，排水阀处于关闭状态。此时主要有外弹簧 4 和橡胶阀 2 紧压在排水阀座 1 的底部。

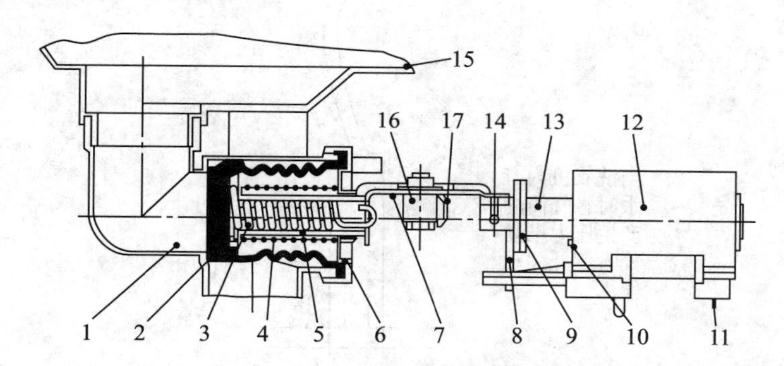

1—排水阀座；2—橡胶阀；3—内弹簧；4—外弹簧；5—导套；6—阀盖；
7—电磁铁拉杆；8—销钉；9—基板；10—微动开关压钮；11—引线端子；
12—排水电磁铁；13—衔铁；14—开口销；15—外桶；16—挡套；17 刹车弹簧伸出端

图 3—17　排水阀的结构与电磁铁的装配关系

排水时，排水电磁铁通电工作，衔铁 13 被吸入，牵动电磁铁拉杆 7，由于拉杆 7 移动，在它上面的挡套 16 拨动制动装置的刹车弹簧伸出端 17，使制动装置处于非制动状态（脱水状态），另一方面随着电磁铁拉杆 7 的左端离开导套 5，外弹簧 4 被压缩，使排水阀门打开正常排水时，橡胶阀 2 离开排水阀座 1 密封面的距离应不小于 8mm，排水电磁铁的牵引力约为 40N。

四、水位开关

水位开关也叫压力开关，是一种气压式电触点开关。它利用洗衣桶内水位高低不同所产生的不同压力，来控制进水阀的开启和关闭。此外，它还负责进水与洗涤之间的转换。

水位开关由三部分组成：(1)压力传感部分由橡皮膜下部的气室组成；(2)电气开关部分由中间的一组触点、簧片及开关小压簧组成；(3)压力控制部分包括上部的顶心、压力弹簧以及调整压力的凸轮、杠杆等。

水位开关的气室经过软管与洗衣机外桶连接起来。平时，橡皮膜处于平衡状态，当水注进外桶后，水首先将贮气室封闭起来，一部分空气来不及跑出而被封闭在贮气室里。由于贮气室与水位开关的气室间用压力软管相连通，因而贮气室的压力也就与水位开关气室的压力相同，随着外桶中水位的上升，贮气室、压力软管和水位开关气室间的空气不断地被压缩，随之压强也成比例地上升，这样就把外桶中的水压转换成了空气压力，并作用在橡皮膜上。当注水到了预定的水位时，气室内的压力也升高到一定值。当它足以克服压力弹簧通过顶心作用加在动簧片上的力时，就推动动簧片向上移动。当动簧片移动到预定位置后，开关下压簧将推动动簧片弯到另一个方向，从而使动簧片上的公共触点与动断触点分离，而与动合触点接触，这样就向程控器发出了"水位已到"的信号，由程控器来控制进水电磁阀关闭，随即进入洗涤程序。水位开关动作原理如图 3—18 所示。

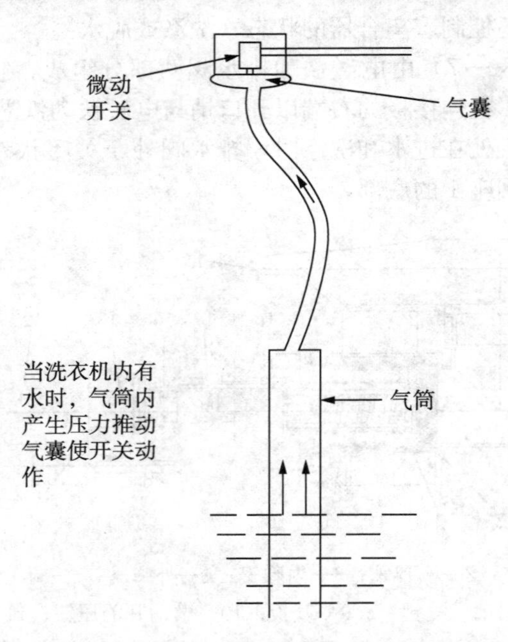

图 3—18　水位开关动作原理示意图

当完成整个洗衣程序后，程控器向排水电磁铁发出信号，排水阀开启并排水。随着水位的下降，气室内的压力也逐渐减小，在压力弹簧的作用下，顶心和橡皮膜逐渐下移，到了某种程度时动簧片又弯向上方，动合与动断触点都恢复原位，等待下一个进水程序，此时水位开关虽然复位，但并不影响洗衣机继续排水。

旋转凸轮使杠杆上下移动，从而改变压力弹簧的压缩程度。如果压力弹簧的压缩长度大，则压力大气室内的压力要高一些才能将动簧片推到预定位置，从而达到控制水位的目的。

五、离合器

目前波轮全自动洗衣机通常使用减速离合器，减速离合器的结构如图 3—19 所示，它主要由波轮轴、脱水轴、扭簧、刹车带、拨叉、离合杆、棘轮、棘爪、离合套、外套轴以及齿轮轴等组成。

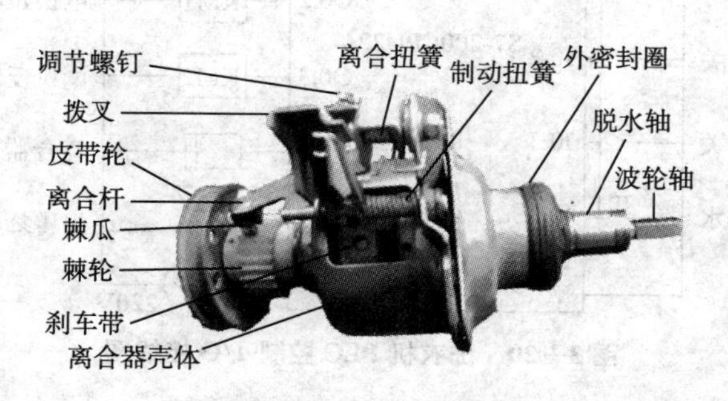

图 3—19　离合器外部结构示意图

洗涤或停机时，棘爪(拨叉)将棘轮(齿轮)拨过一定角度，从而使抱簧与离合套松开，进入洗涤状态，电机经过皮带传动，只带动洗涤轴转动。

脱水时，棘爪将棘轮卡住，抱簧将离合套与脱水轴抱紧，从而使离合套与脱水轴同时转动。扭簧在洗涤时，抱紧脱水轴，防止脱水桶旋转。刹车钢带控制脱水后刹车。

任务分析

一、PLC 选型

根据控制系统的设计要求，考虑到系统的扩展和功能，可选择继电器输出结构的小型 PLC CPU224（或更高型）作为控制元件。

二、输入/输出分配

结合设计要求和 PLC 型号，I/O 地址分配表见表 3—5。

表 3—5　全自动洗衣机 PLC 控制的 I/O 地址分配表

输入信号			输出信号		
名称	功能	编号	名称	功能	编号
SB0	起动按钮	I0.0	YV1	进水电磁阀	Q0.0
SB1	停止按钮	I0.1	YV2	排水电磁阀	Q0.1
SQ1	水位上限开关	I0.2	KM1	电机正转接触器	Q0.2
SQ2	水位下限开关	I0.3	KM2	电机反转接触器	Q0.3
SB2	手动排水按钮	I0.4	YC	甩干桶离合器	Q0.4
			HA	蜂鸣器	Q0.5

三、硬件设计

依照 PLC 的 I/O 地址分配表，结合系统的控制要求，洗衣机当中的电磁阀、指示灯等采用 12V 直流供电，并且负载电流较小，可由 PLC 输出点直接驱动，PLC 控制电气接线图如图 3—20 所示。

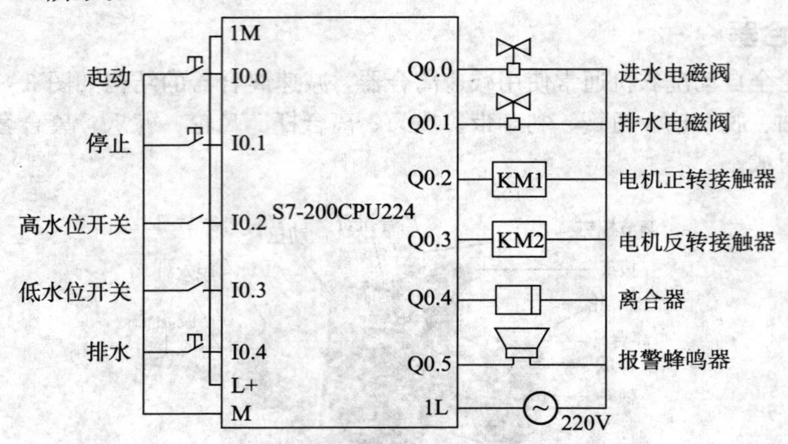

图 3—20　洗衣机 PLC 控制 I/O 接线图

四、软件设计

洗衣机控制的流程图、梯形图和语句表如图 3—21 所示。

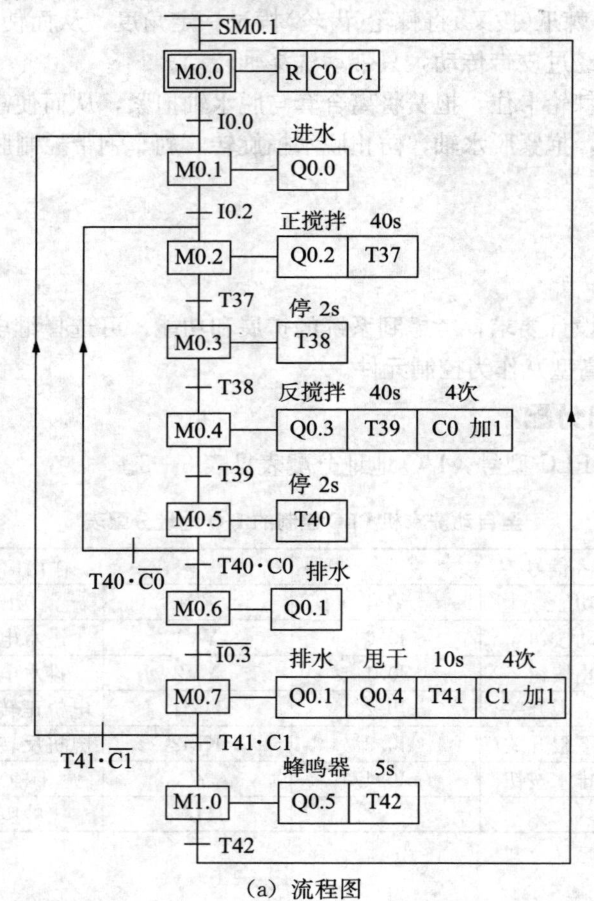

(a) 流程图

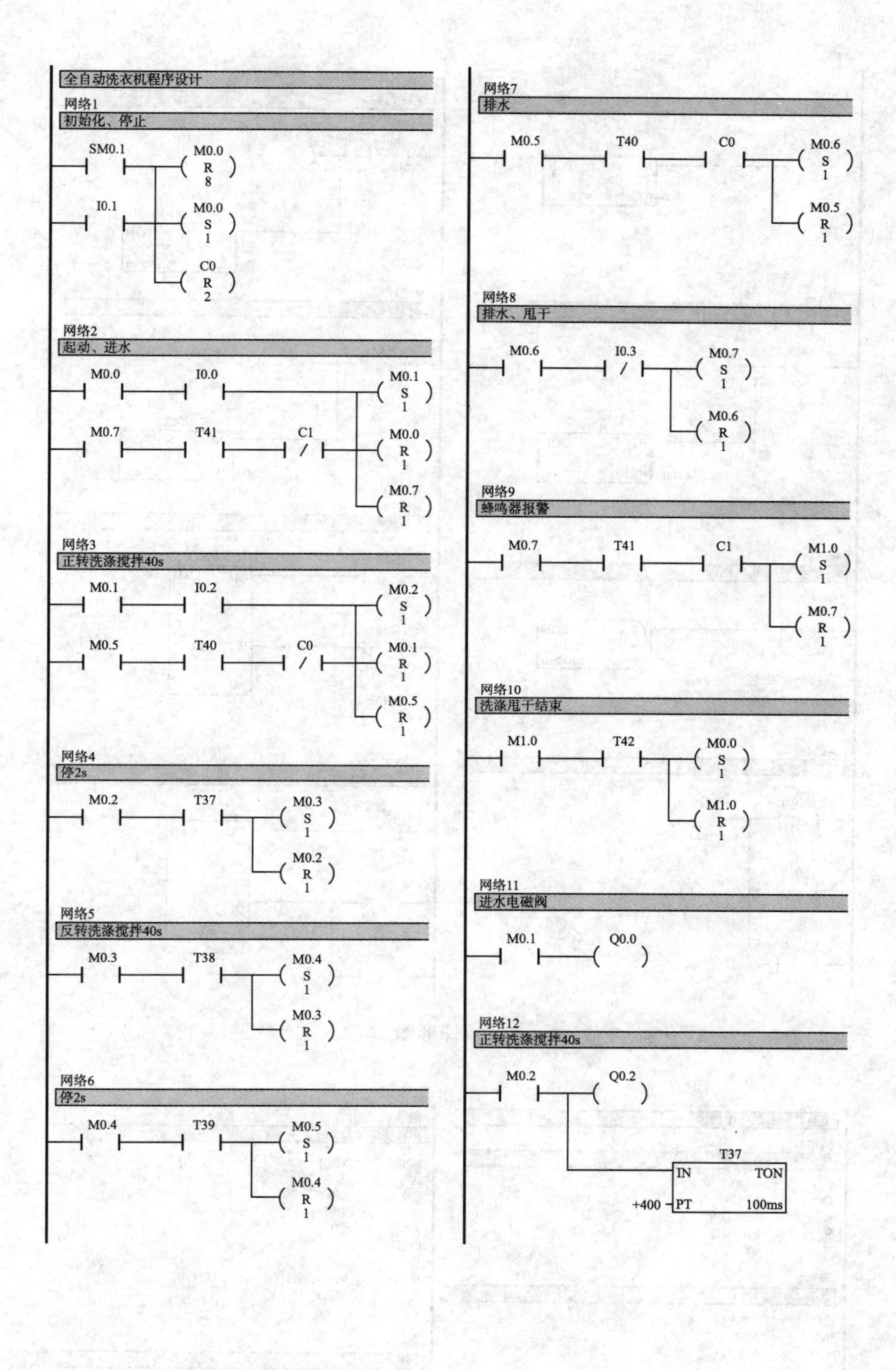

全自动洗衣机程序设计
网络1
初始化、停止
SM0.1
M0.0
R
8
I0.1
M0.0
S
1
C0
R
2
网络2
起动、进水
M0.0
I0.0
M0.1
S
1
M0.7
T41
C1
M0.0
R
1
M0.7
R
1
网络3
正转洗涤搅拌40s
M0.1
I0.2
M0.2
S
1
M0.5
T40
C0
M0.1
R
1
M0.5
R
1
网络4
停2s
M0.2
T37
M0.3
S
1
M0.2
R
1
网络5
反转洗涤搅拌40s
M0.3
T38
M0.4
S
1
M0.3
R
1
网络6
停2s
M0.4
T39
M0.5
S
1
M0.4
R
1
网络7
排水
M0.5
T40
C0
M0.6
S
1
M0.5
R
1
网络8
排水、甩干
M0.6
I0.3
M0.7
S
1
M0.6
R
1
网络9
蜂鸣器报警
M0.7
T41
C1
M1.0
S
1
M0.7
R
1
网络10
洗涤甩干结束
M1.0
T42
M0.0
S
1
M1.0
R
1
网络11
进水电磁阀
M0.1
Q0.0
网络12
正转洗涤搅拌40s
M0.2
Q0.2
T37
IN
TON
+400
PT
100ms

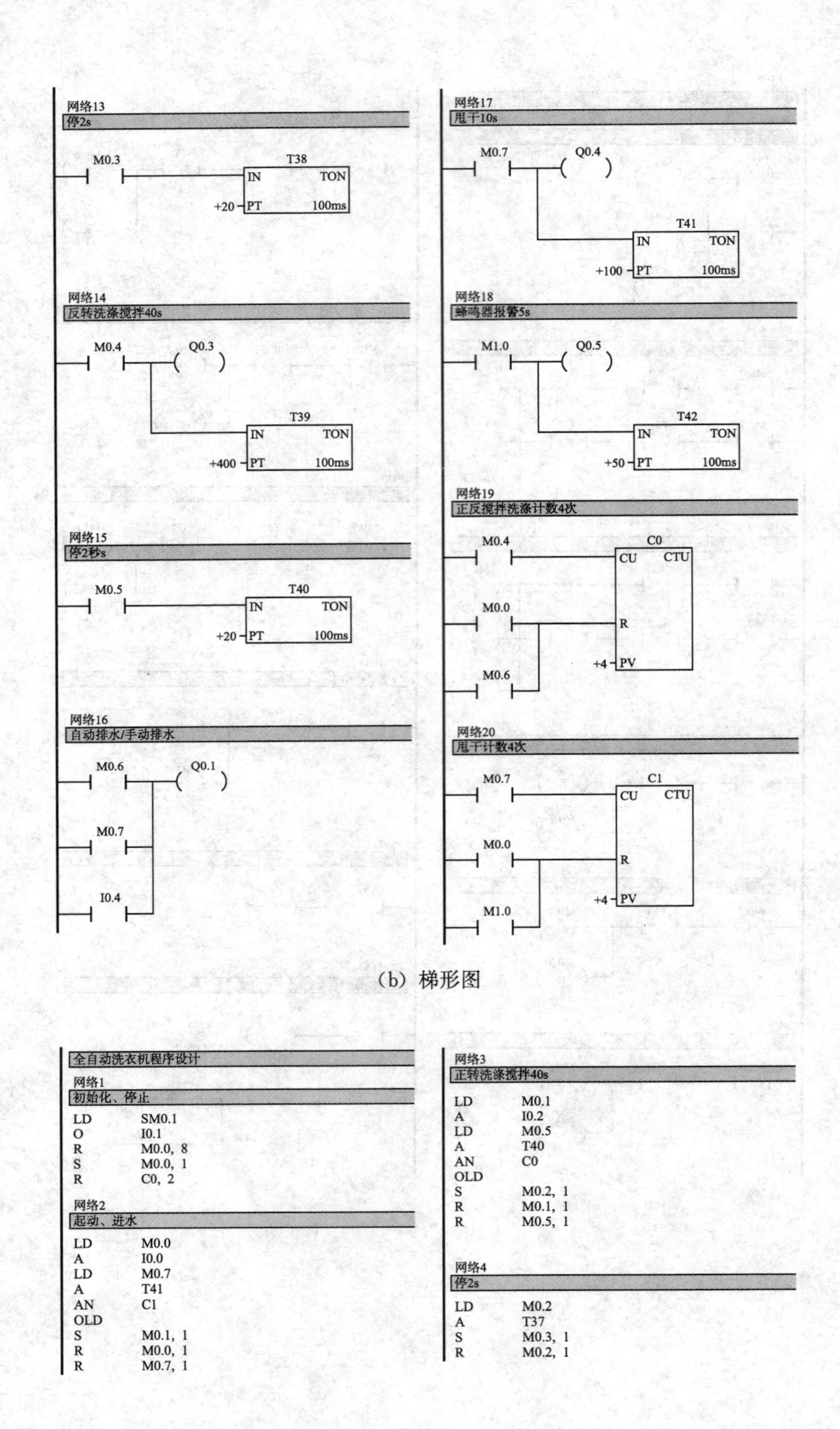

(b) 梯形图

全自动洗衣机程序设计

网络1
初始化、停止

```
LD    SM0.1
O     I0.1
R     M0.0, 8
S     M0.0, 1
R     C0, 2
```

网络2
起动、进水

```
LD    M0.0
A     I0.0
LD    M0.7
A     T41
AN    C1
OLD
S     M0.1, 1
R     M0.0, 1
R     M0.7, 1
```

网络3
正转洗涤搅拌40s

```
LD    M0.1
A     I0.2
LD    M0.5
A     T40
AN    C0
OLD
S     M0.2, 1
R     M0.1, 1
R     M0.5, 1
```

网络4
停2s

```
LD    M0.2
A     T37
S     M0.3, 1
R     M0.2, 1
```

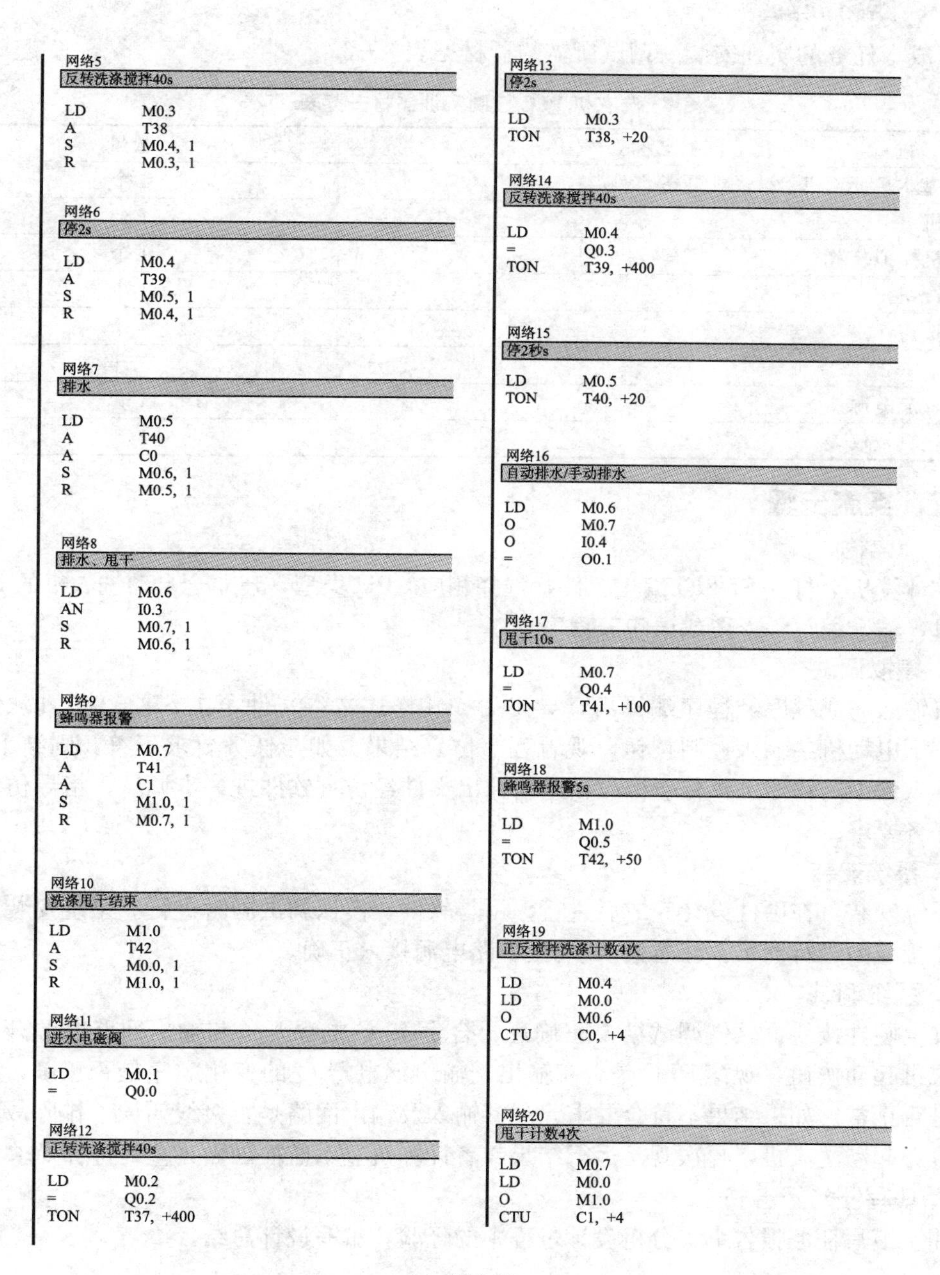

网络5
反转洗涤搅拌40s

```
LD      M0.3
A       T38
S       M0.4, 1
R       M0.3, 1
```

网络6
停2s

```
LD      M0.4
A       T39
S       M0.5, 1
R       M0.4, 1
```

网络7
排水

```
LD      M0.5
A       T40
A       C0
S       M0.6, 1
R       M0.5, 1
```

网络8
排水、甩干

```
LD      M0.6
AN      I0.3
S       M0.7, 1
R       M0.6, 1
```

网络9
蜂鸣器报警

```
LD      M0.7
A       T41
A       C1
S       M1.0, 1
R       M0.7, 1
```

网络10
洗涤甩干结束

```
LD      M1.0
A       T42
S       M0.0, 1
R       M1.0, 1
```

网络11
进水电磁阀

```
LD      M0.1
=       Q0.0
```

网络12
正转洗涤搅拌40s

```
LD      M0.2
=       Q0.2
TON     T37, +400
```

网络13
停2s

```
LD      M0.3
TON     T38, +20
```

网络14
反转洗涤搅拌40s

```
LD      M0.4
=       Q0.3
TON     T39, +400
```

网络15
停2秒s

```
LD      M0.5
TON     T40, +20
```

网络16
自动排水/手动排水

```
LD      M0.6
O       M0.7
O       I0.4
=       O0.1
```

网络17
甩干10s

```
LD      M0.7
=       Q0.4
TON     T41, +100
```

网络18
蜂鸣器报警5s

```
LD      M1.0
=       Q0.5
TON     T42, +50
```

网络19
正反搅拌洗涤计数4次

```
LD      M0.4
LD      M0.0
O       M0.6
CTU     C0, +4
```

网络20
甩干计数4次

```
LD      M0.7
LD      M0.0
O       M1.0
CTU     C1, +4
```

（c）语句表

图 3—21　洗衣机 PLC 控制的流程图、梯形图和语句表

任务实施

一、器材准备

完成本任务的实训安装、调试所需的器材见表3—6。

表3—6　　洗衣机PLC控制实训器材一览表

器材名称	数量
PLC基本单元CPU224（或更高类型）	1个
计算机	1台
洗衣机模拟装置	1个
红色按钮	1个
绿色按钮	4个
导线	若干
交、直流电源	1套
电工工具及仪表	1套

二、实施步骤

1. 程序输入

在计算机上打开S7-200编程软件，选择相应CPU类型，建立全自动洗衣机的PLC控制项目，输入编写梯形图或语句表程序。

2. 模拟调试

将输入完成程序经程序编译后，导出为awl格式文本文件，在S7-200仿真软件中打开。按下电动机各输入控制按钮，观看程序仿真结果。如与任务要求不符，则结束仿真，将编程软件中的程序进行分析修改，重新导出文件经仿真软件进一步调试，指导仿真结果符合任务要求。

3. 系统安装

系统安装可在硬件设计完成后进行，可与软件、模拟调试同时进行。系统安装只需按照安装接线图进行即可。注意输入/输出回路电源接入正确。

4. 系统调试

确定硬件接线、软件调试结果正确后，合上PLC电源开关和输出回路电源开关，按下洗衣机起动按钮，观察PLC是否有输出，输出继电器Q的变化顺序是否正确，电动机运转是否正常。如果结果不符合要求，观察输入及输出回路是否接线错误。排除故障后重新通电，起动洗衣机，再次观察运行结果或者计算机显示监控画面，直到符合要求为止。

5. 填写任务报告书

如实填写任务报告书，分析设计过程中的经验，编写设计总结。

任务检查与评价

1. 结合学生完成的情况进行点评并给出考核成绩。
2. 展示学生优秀设计方案和程序，激发学生学习热情。

任务评析表

项目	内容	满分	评分要求	备注
全自动洗衣机控制	1. 正确选择输入/输出设备及地址并画出 I/O 接线图	15	设备及端口地址选择正确，接线图正确、标注完整	输入/输出每错一个扣 5 分，接线图每少一处标注扣 1 分
	2. 正确编制梯形图程序	35	梯形图格式正确；程序时序逻辑正确；工作方法正确；整体结构合理	每错一处扣 5 分
	3. 正确写出语句表程序	10	各指令使用准确	每错一处扣 5 分
	4. 外部接线正确	15	电源线、通信线及 I/O 信号线接线正确	每错一处扣 5 分
	5. 写入程序并进行调试	15	操作步骤正确，动作熟练（允许根据输出情况进行反复修改和完善）	若有违规操作，每次扣 10 分
	6. 运行结果及口试答辩	10	程序运行结果正确、表述清楚，口试答辩正确	对运行结果表述不清楚扣 5 分

知识拓展

用 PLC 内部寄存器（M 或 S）的状态位表示工作流程图（功能图），将其转换为 PLC 可执行的程序，编写梯形图程序常用的方法大体有以下几种：

（1）采用专用顺序控制继电器指令编写程序。

（2）采用移位指令编写程序。

（3）采用置位/复位指令编写程序。

（4）采用触点及线圈指令编写程序。

（5）采用跳转、调用子程序等控制指令实现工作方式选择等控制。

例如，某组合机床由动力头、液压滑台及液压夹紧装置组成。控制要求为：机床工作时，首先起动液压及主轴电动机。机床具有半自动和手动调整两种工作方式，由 SA 方式选择开关选择。SA 接通时为手动调整方式，SA 断开时为半自动方式。

半自动工作方式时，其工作过程为：按下夹紧按钮 SB1，待工件夹紧后，压力继电器 SP 动作，使滑台快进，快进过程中压下液压行程阀后转工进，加工结束压下行程开关 SQ2 转快退，快退至原位压下 SQ1，自动松开工件，一个工作循环结束。其工作循环图如图 3—22 所示，元件动作见表 3—7。

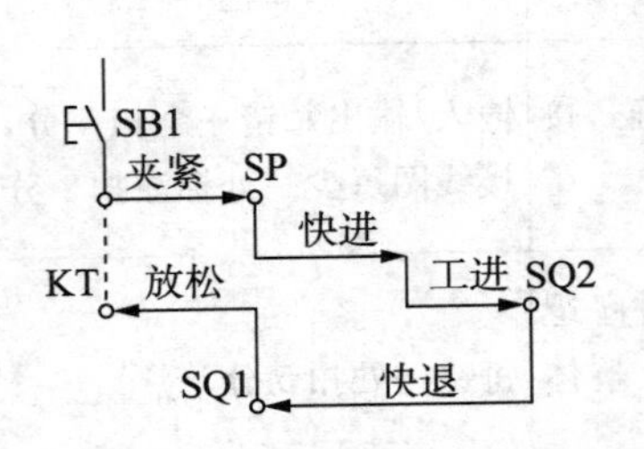

图 3—22 液压滑台工作循环图

表 3—7 液压滑台动作元件动作表

	YV_1	YV_2	YV_3	YV_4
夹紧	+	−	−	−
前进	−	+	−	−
快退	−	−	+	−
放松	−	−	−	+

手动调整工作方式时，用四个点动按钮分别单独点动滑台的前进和后退及夹具的夹紧与放松。其多种实现方法对比如下。

（1）绘制流程图。

用起动脉冲 P 激活预备状态后，通过方式选择开关 SA 建立半自动和手动调整两个选择序列。当选择开关 SA 断开时，通过它的动断触点进入半自动工作方式，按下夹紧按钮 SB1，系统开始工作，并按夹紧→快进→工进→快退→放松的步骤自动顺序进行，当最后工步完成后，自动返回至预备状态，以确保下一次自动工作的起动。当选择开关 SA 闭合时，通过选择开关的动合触点激活手动调整方式，此方式激活后，按下任意一按钮均可开启相应的调整工步并自锁，直到后续工步开启才能关断，而后续工步的开启条件是调整按钮动断触点的复位。由此可见，用调整按钮的动断、动合接点分别作为调整工步起动、停止的转换条件，就可以达到手动调整的目的，而且调整结束后都开启了预备步，保证了后续工步的顺利进行。对应的流程图如图 3—23 所示。

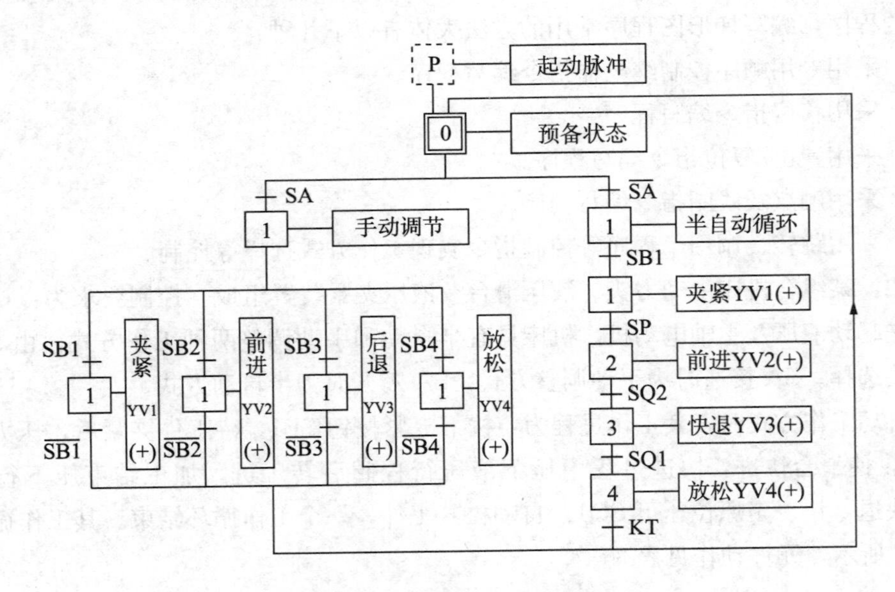

图 3—23 液压滑台流程图

（2）编制现场信号与 PLC 输入/输出地址分配表。

表 3—8　　液压滑台 PLC 控制的 I/O 地址分配表

输入信号			输出信号		
名称	功能	编号	名称	功能	编号
SB1	夹紧按钮	I0.1	YV1	夹紧电磁阀	Q0.1
SB2	前进按钮	I0.2	YV2	前进电磁阀	Q0.2
SB3	后退按钮	I0.3	YV3	后退电磁阀	Q0.3
SB4	放松按钮	I0.4	YV4	放松电磁阀	Q0.4
SP	夹紧到位	I0.5			
SQ1	原位	I0.6			
SQ2	前转后	I0.7			
SA	方式选择	I0.0			

（3）用 PLC 内部寄存器的状态位表示流程图。

液压滑台顺序控制继电器位作状态标志位的流程图如图 3—24 所示。

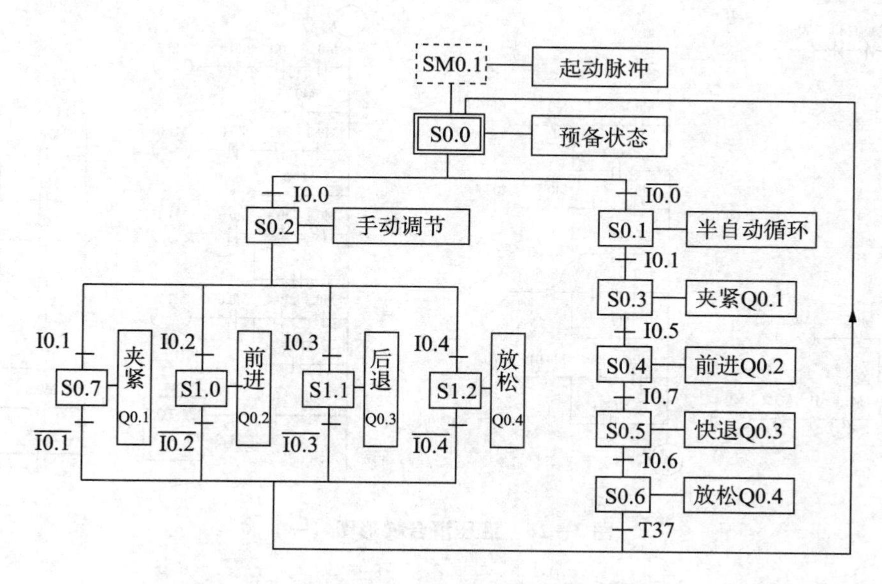

图 3—24　液压滑台顺序控制继电器位作状态标志位的流程图

液压滑台内部寄存器位作状态标志位的流程图如图 3—25 所示。

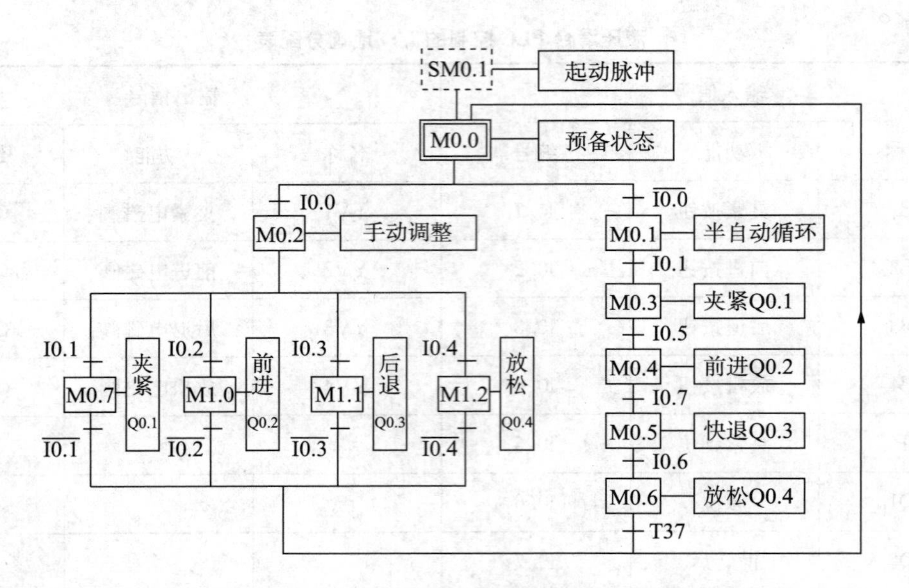

图 3—25　液压滑台内部寄存器位作状态标志位的流程图

（4）编写梯形图程序。

①采用触点及线圈指令编写程序如图 3—26 所示。

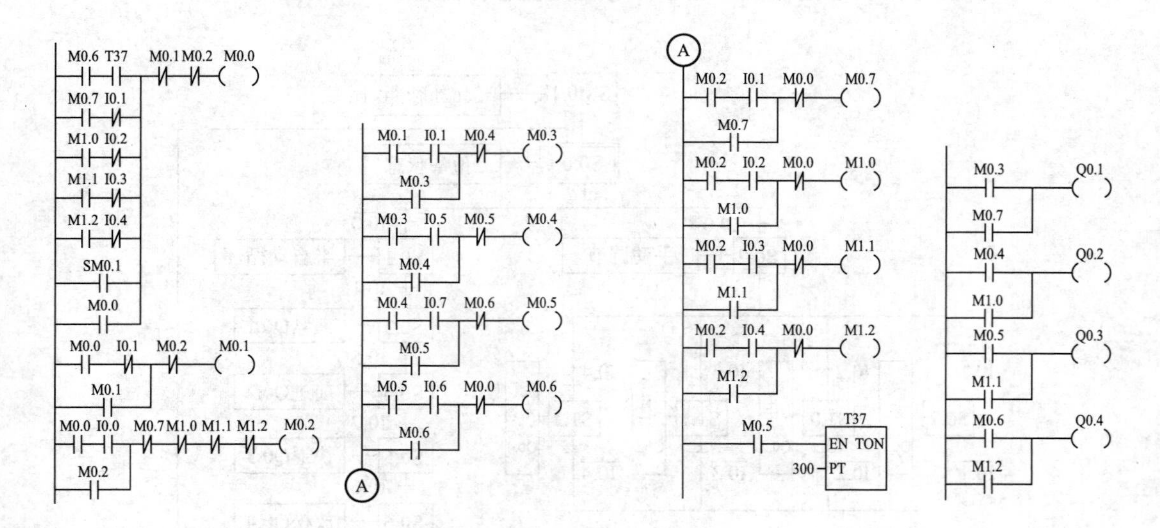

图 3—26　液压滑台梯形图（一）

②采用置位/复位指令编写程序如图 3—27 所示

③采用移位指令编写程序如图 3—28 所示。

④采用专用顺序控制继电器指令编写程序如图 3—29 所示。

⑤采用跳转指令实现工作方式选择的程序如图 3—30 所示。

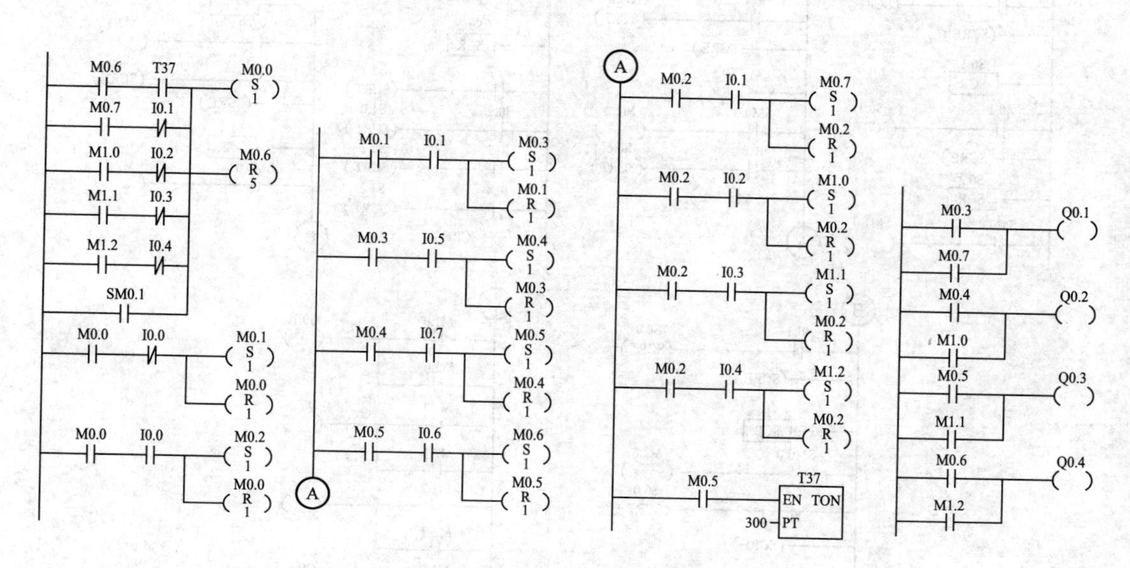

图 3—27　液压滑台梯形图（二）

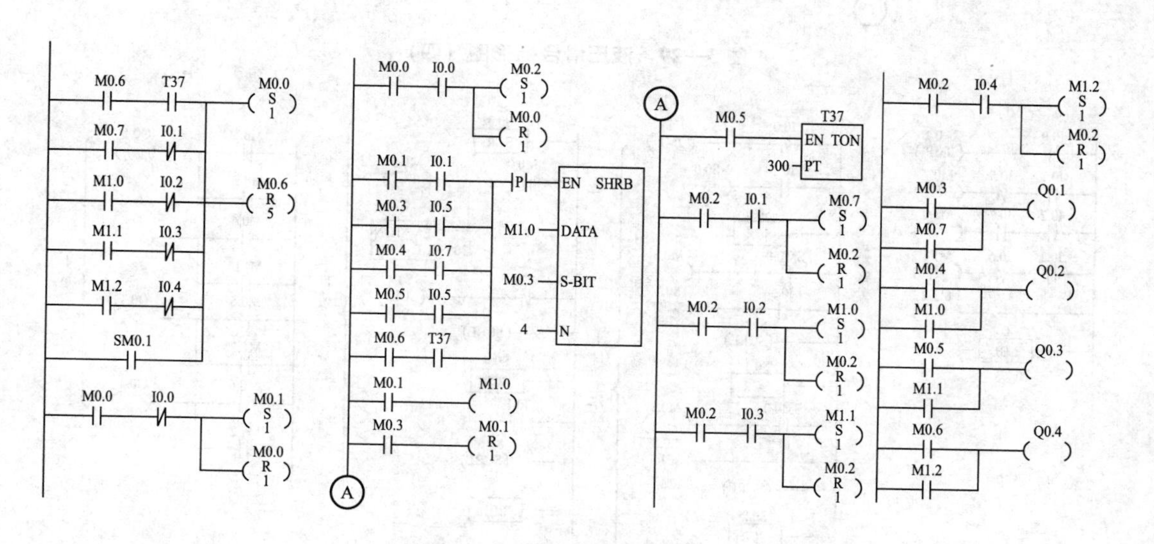

图 3—28　液压滑台梯形图（三）

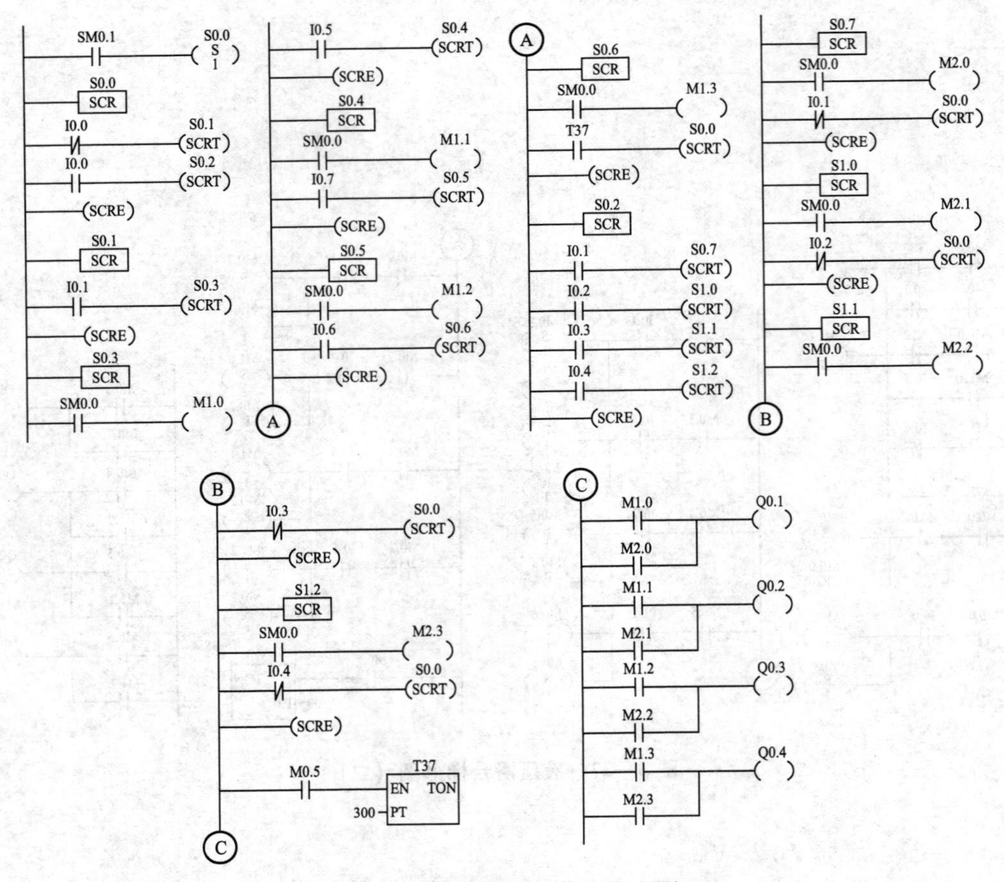

图 3—29　液压滑台梯形图（四）

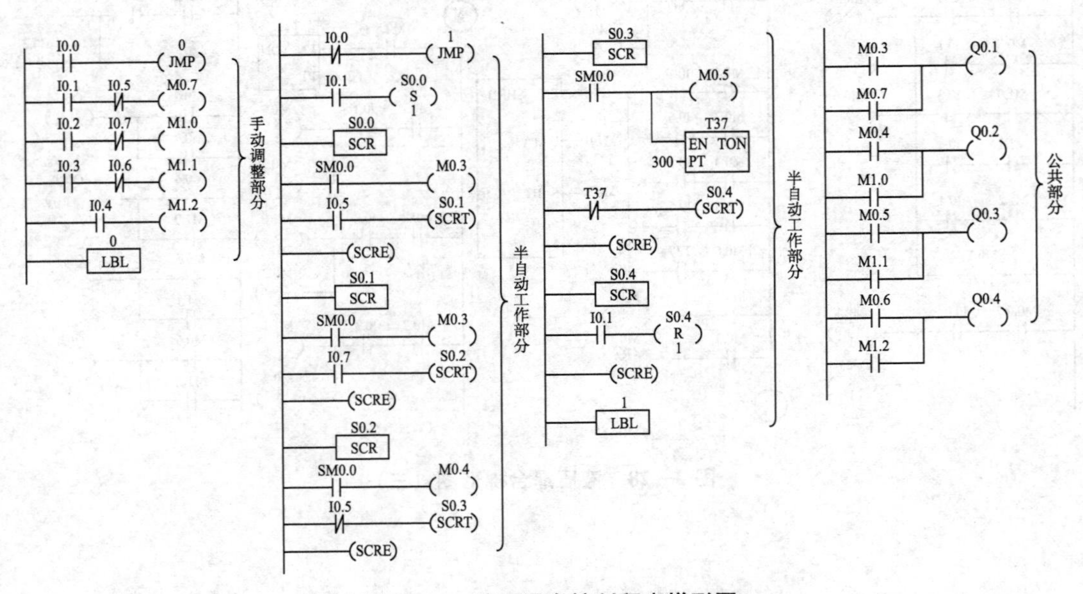

图 3—30　液压滑台控制程序梯形图

思考题

1. 设计四种液体自动混合，控制要求如下：

(1) 初始状态，容器为空，电磁阀 Y1、Y2、Y3、Y4 和搅拌机 M 为关断，液面传感器 L1、L2、L3 均为 OFF。

(2) 按下起动按钮，电磁阀 Y1、Y2 打开，注入液体 A 与 B，液面高度为 L2 时（此时 L2 和 L3 均为 ON），停止注入（Y1、Y2 为 OFF）。同时开启液体 C 和 D 的电磁阀 Y3（Y3 为 ON），注入液体 C 和 D，当液面升至 L1 时（ L1 为 ON），停止注入（Y3 为 OFF）。开启搅拌机 M 搅拌和电炉 H 加热，搅拌时间和加热时间均为 5s。之后电磁阀 Y4 开启，排出液体，当液面下降到 L3（L3 为 OFF）时再延时 8 秒，Y4 关闭。

(3) 按起动按钮可以重新开始工作。

2. 设计某风机监控 PLC 系统：

某设备有 3 台风机，现采用一个指示灯指示 3 台风机的 4 种状态：正常、一级报警、严重报警、设备停止。其工作过程是：当设备处于运行状态时，如果有 2 台以上风机工作，指示灯常亮，指示“正常”；如果仅有 1 台风机工作，指示灯以 0.5Hz 的频率闪烁，指示“一级报警”；如果没有风机工作了，指示灯以 2Hz 的频率闪烁，指示“严重报警”。当设备不转时，指示灯不亮表示“设备停止”。

3. 设计五相步进电动机控制程序，5 个绕组依次自动实现如下循环通电控制方式：

(1) 第一步，A—B—C—D—E；

(2) 第二步，A—AB—BC—CD—DE—EA；

(3) 第三步，AB—ABC—BC—BCD—CD—CDE—DE—DEA；

(4) 第四步，EA—ABC—BCD—CDE—DEA；

(5) A、B、C、D、E 分别接主机的输出点 Q0.1、Q0.2、Q0.3、Q0.4、Q0.5。起动按钮接主机的输入点 I0.0，停止按钮接主机的输入点 I0.1。

情境四　灯光控制系统的设计及应用

1. 十字路口交通灯 PLC 控制系统

在十字路口的东西南北方向安装红、绿、黄灯，它们按照一定时序轮流发亮。

2. 广告牌循环彩灯 PLC 控制系统

各企业为宣传自己的企业形象和产品，均采用广告手法之一——霓虹灯广告屏。广告屏灯管的亮灭、闪烁时间及流动方向等均可通过 PLC 来达到控制要求。

3. 昼夜报时器 PLC 控制系统

昼夜报时器在工厂、学校、军队、宾馆和家庭中应用越来越广泛。此任务是设计一个住宅小区的定时昼夜报时器，要求能够 24 小时昼夜定时报警。

4. 四路抢答器 PLC 控制系统

在各种形式的智力竞赛中，抢答器作为智力竞赛的评判装置得到了广泛应用。当主持人允许后，抢答开始，第一个做出反应的并且满足相应要求的选手指示灯亮，其他人的操作无效。

1. 强化基本指令程序的编写能力。
2. 掌握程序控制指令、数据处理指令、中断指令、脉冲输出指令等常用功能指令的形式及作用。
3. 熟悉控制程序的结构。
4. 能分析用功能指令编写的程序。
5. 会利用功能指令编写较简单的程序。
6. 能根据程序功能要求采用功能指令或子程序优化程序结构。

24 学时

任务一 十字路口交通灯 PLC 控制系统

任务描述

一、十字路口交通灯 PLC 控制系统的工作描述

图 4—1 所示是某城市十字路口交通灯示意图，在十字路路口的东西南北方向安装红、绿、黄灯，它们按照一定时序轮流发亮。

图 4—1 十字路口交通灯示意图

二、任务要求

（1）合上开关 QS 时，交通灯系统开始工作，红灯、绿灯、黄灯按一定时序轮流发亮。

（2）十字路口交通灯变化时序图如图 4—2 所示。东西绿灯亮 25s 后闪 3s，黄灯亮 2s，红灯亮 30s，绿灯亮 25s……如此循环。

（3）东西绿灯、黄灯亮时，南北红灯亮 30s；东西红灯亮时，南北绿灯亮 25s 后闪 3s 灭，黄灯亮 2s，如此循环。

（4）断开开关时，系统完成当前周期后熄灭所有灯。

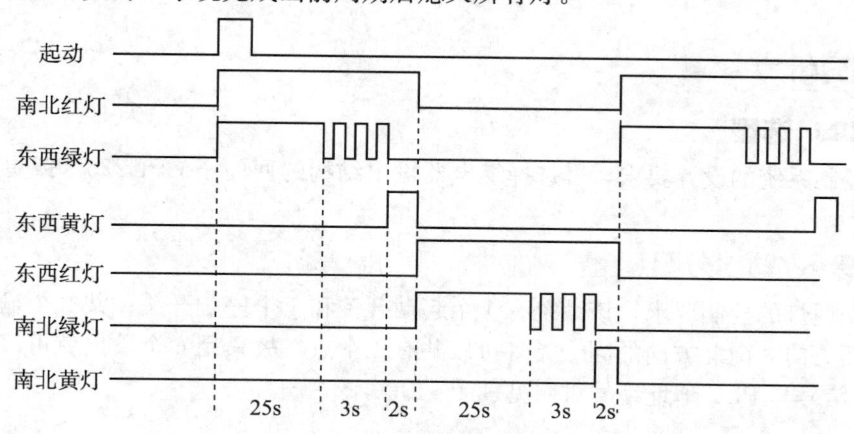

图 4—2 十字路口交通灯变化时序图

相关知识

在 PLC 发展初期，沿用了设计继电器电路图的方法来设计比较简单的 PLC 的梯形图，即在一些典型电路的基础上，根据被控对象对控制系统的具体要求，不断修改和完善梯形图。有时需要多次反复地调试和修改梯形图，增加一些中间编程元件和触点，最后才能得到一个较为满意的结果。这种 PLC 梯形图的设计方法没有普遍的规律可以遵循，具有很大的试探性和随意性，最后的结果不是唯一的，设计所用的时间、设计的质量与设计者的经验有很大的关系，所以有人把这种设计方法叫做经验设计法，它可以用于较简单的梯形图（如手动程序）的设计。

梯形图的经验设计法是目前使用比较广泛的一种设计方法，该方法的核心是输出线圈，这是因为 PLC 的动作就是从线圈输出的，可以称之为面向输出线圈的梯形图设计方法。以下是经验设计法的基本步骤。

（1）分解控制功能，画输出线圈梯级。

根据控制系统的工作过程和工艺要求，将要编制的梯形图程序分解成独立的子梯形图程序。以输出线圈为核心画输出位梯形图，并画出该线圈的通电条件、断电条件和自锁条件。在画图过程中，注意程序的起动、停止、连续运行、选择性分支和并发分支。

（2）建立辅助位梯级。

如果不能直接使用输入条件逻辑组合作为输出线圈的通电和断电条件，则需要使用工作位、定时器或计数器以及功能指令的执行结果作为条件，建立输出线圈的通电和断电条件。

（3）画互锁条件和保护条件。

互锁条件可以避免同时发生互相冲突的动作；保护条件可以在系统出现异常时，使输出线圈动作，保护控制系统和生产过程。

在设计梯形图程序时，要注意先画基本梯形图程序，当基本梯形图程序的功能能够满足要求后，再增加其他功能。在使用输入条件时，注意输入条件是电平、脉冲还是边沿。调试时要将梯形图分解成小功能块，调试完毕后，再调试全部功能。

经验设计法具有设计速度快等优点，但是，在设计问题变得复杂时，难免会出现设计漏洞。

任务分析

一、PLC 选型

根据控制系统的设计要求，可选择继电器输出结构的西门子 CPU226（或更高型）小型 PLC。

二、输入/输出分配

根据交通灯的控制要求，该系统有 1 个起动开关和 1 个停止开关；共 2 个输入点，12 盏灯，东西方向、南北方向的同一类灯可以共有 1 个点，故只用 6 个输出就可以。交通灯输入/输出信号与 PLC 地址编号对照见表 4—1。

表 4—1　　十字路口交通灯控制 I/O 地址分配表

输入信号			输出信号		
名称	功能	编号	名称	功能	编号
SB1	起动开关	I0.0	HL1	东西绿灯	Q0.0
SB2	停止开关	I0.1	HL2	东西黄灯	Q0.1
			HL3	东西红灯	Q0.2
			HL4	南北绿灯	Q0.3
			HL5	南北黄灯	Q0.4
			HL6	南北红灯	Q0.5

三、硬件设计

依据 PLC 的 I/O 地址分配表，结合系统的控制要求，十字路口交通灯控制电气接线图如图 4—3 所示。

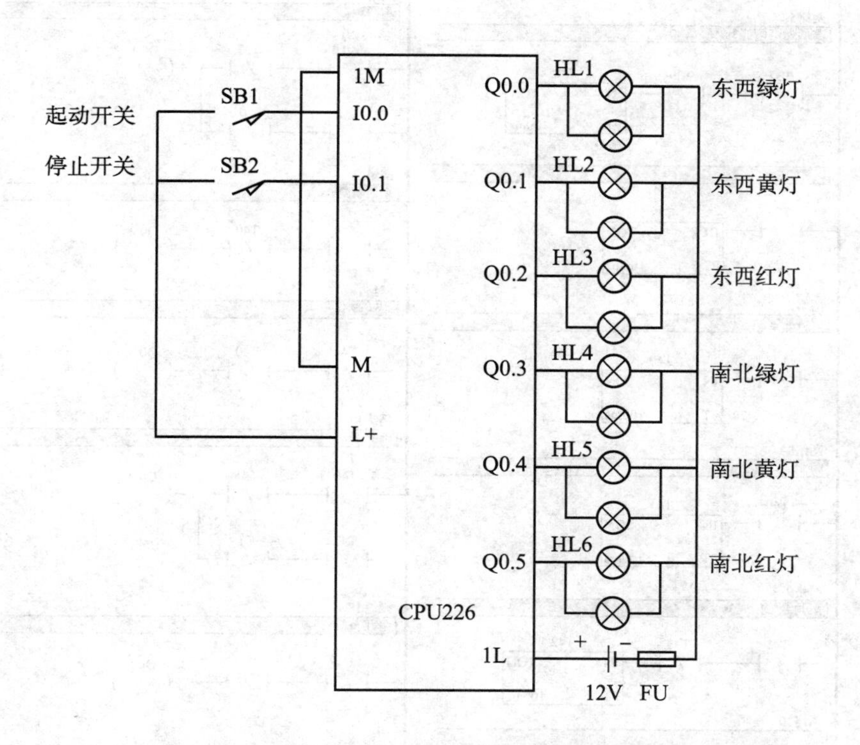

图 4—3　十字路口交通灯控制 PLC 的 I/O 接线图

四、软件设计

十字路口交通灯控制的梯形图和语句表如图 4—4 所示。

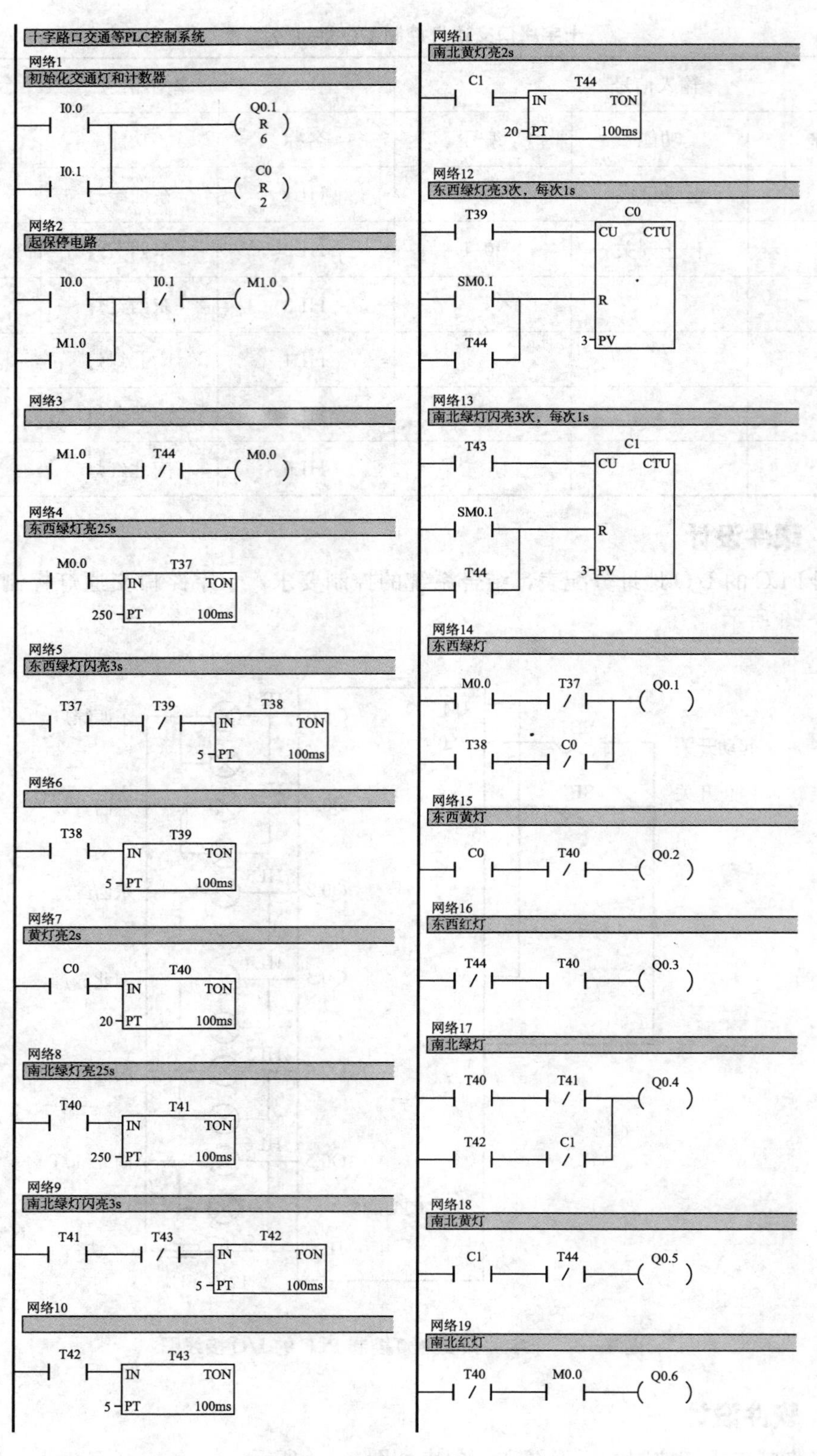
十字路口交通等PLC控制系统
网络1
初始化交通灯和计数器
I0.0
Q0.1
R
6
I0.1
C0
R
2
网络2
起保停电路
I0.0
I0.1
M1.0
M1.0
网络3
M1.0
T44
M0.0
网络4
东西绿灯亮25s
M0.0
T37
IN
TON
250
PT
100ms
网络5
东西绿灯闪亮3s
T37
T39
T38
IN
TON
5
PT
100ms
网络6
T38
T39
IN
TON
5
PT
100ms
网络7
黄灯亮2s
C0
T40
IN
TON
20
PT
100ms
网络8
南北绿灯亮25s
T40
T41
IN
TON
250
PT
100ms
网络9
南北绿灯闪亮3s
T41
T43
T42
IN
TON
5
PT
100ms
网络10
T42
T43
IN
TON
5
PT
100ms
网络11
南北黄灯亮2s
C1
T44
IN
TON
20
PT
100ms
网络12
东西绿灯亮3次，每次1s
T39
C0
CU
CTU
SM0.1
R
T44
3
PV
网络13
南北绿灯闪亮3次，每次1s
T43
C1
CU
CTU
SM0.1
R
T44
3
PV
网络14
东西绿灯
M0.0
T37
Q0.1
T38
C0
网络15
东西黄灯
C0
T40
Q0.2
网络16
东西红灯
T44
T40
Q0.3
网络17
南北绿灯
T40
T41
Q0.4
T42
C1
网络18
南北黄灯
C1
T44
Q0.5
网络19
南北红灯
T40
M0.0
Q0.6

（a）梯形图

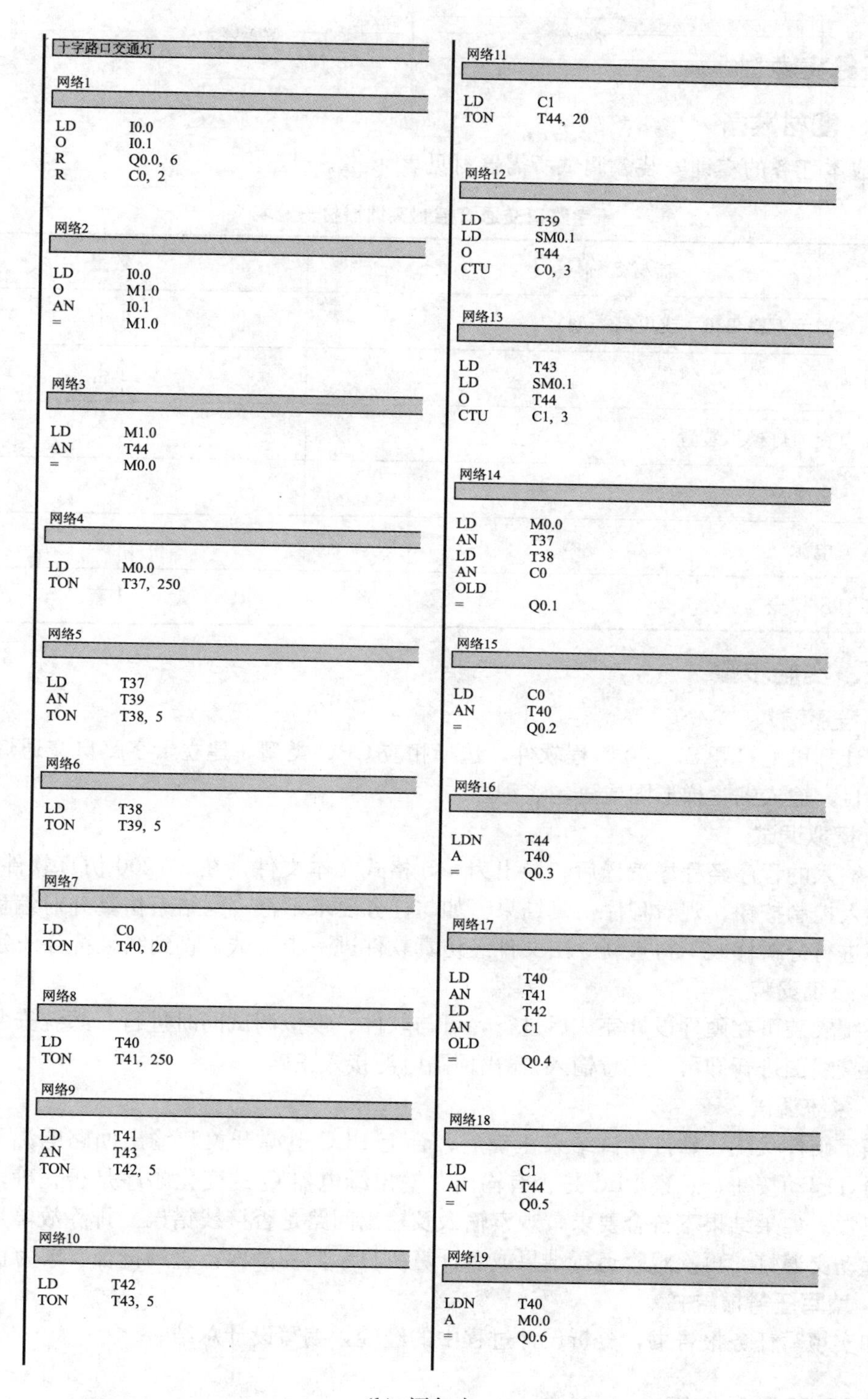

```
十字路口交通灯
网络1
LD    I0.0
O     I0.1
R     Q0.0, 6
R     C0, 2

网络2
LD    I0.0
O     M1.0
AN    I0.1
=     M1.0

网络3
LD    M1.0
AN    T44
=     M0.0

网络4
LD    M0.0
TON   T37, 250

网络5
LD    T37
AN    T39
TON   T38, 5

网络6
LD    T38
TON   T39, 5

网络7
LD    C0
TON   T40, 20

网络8
LD    T40
TON   T41, 250

网络9
LD    T41
AN    T43
TON   T42, 5

网络10
LD    T42
TON   T43, 5

网络11
LD    C1
TON   T44, 20

网络12
LD    T39
LD    SM0.1
O     T44
CTU   C0, 3

网络13
LD    T43
LD    SM0.1
O     T44
CTU   C1, 3

网络14
LD    M0.0
AN    T37
LD    T38
AN    C0
OLD
=     Q0.1

网络15
LD    C0
AN    T40
=     Q0.2

网络16
LDN   T44
A     T40
=     Q0.3

网络17
LD    T40
AN    T41
LD    T42
AN    C1
OLD
=     Q0.4

网络18
LD    C1
AN    T44
=     Q0.5

网络19
LDN   T40
A     M0.0
=     Q0.6
```

（b）语句表

图 4—4　十字路口交通灯控制的梯形图和语句表

任务实施

一、器材准备

完成本任务的实训安装、调试所需器材见表4—2。

表4—2　十字路口交通灯控制实训器材一览表

器材名称	数量
PLC基本单元CPU226（或更高类型）	1个
计算机	1台
十字路口交通灯模拟装置	1个
导线	若干
交、直流电源	1套
电工工具及仪表	1套

二、实施步骤

1. 程序输入

在计算机上打开S7-200编程软件，选择相应CPU类型，建立十字路口交通灯的PLC控制项目，输入编写梯形图或语句表程序。

2. 模拟调试

将输入的程序经程序编译后，导出为awl格式文本文件，在S7-200仿真软件中打开。按下输入控制按钮，观看程序仿真结果。如与任务要求不符，则结束仿真并对编程软件中的程序进行分析修改，再重新导出文件经仿真软件进一步调试，直到结果符合任务要求。

3. 系统安装

系统安装可在硬件设计完成后进行，可与软件、模拟调试同时进行。系统安装只需按照安装接线图进行即可。注意输入/输出回路电源接入正确。

4. 系统调试

确定硬件接线、软件调试结果正确后，合上PLC电源开关和输出回路电源开关，按下交通灯起动按钮，观察PLC是否有输出，输出继电器Q的变化顺序是否正确，交通灯是否正常。如果结果不符合要求，观察输入及输出回路是否接线错误。排除故障后重新通电，起动交通灯，再次观察运行结果或者计算机显示监控画面，直到符合要求为止。

5. 填写任务报告书

如实填写任务报告书，分析设计过程中的经验，编写设计总结。

任务检查与评价

1. 结合学生完成的情况进行点评并给出考核成绩。
2. 展示学生优秀设计方案和程序，激发学生学习热情。

任务评析表

任务	内容	满分	评分要求	备注
交通信号灯自动控制	1. 正确选择输入/输出设备及地址并画出 I/O 接线图	15	设备及端口地址选择正确，接线图正确、标注完整	输入/输出每错一个扣 5 分，接线图每少一处标注扣 1 分
	2. 正确编制梯形图程序	35	梯形图格式正确；程序时序逻辑正确；灯光控制系统工作方法正确；整体结构合理	每错一处扣 5 分
	3. 正确写出语句表程序	10	各指令使用准确	每错一处扣 5 分
	4. 外部接线正确	15	电源线、通信线及 I/O 信号线接线正确	每错一处扣 5 分
	5. 写入程序并进行调试	15	操作步骤正确，动作熟练（允许根据输出情况进行反复修改和完善）	若有违规操作，每次扣 10 分
	6. 运行结果及口试答辩	10	程序运行结果正确，表述清楚，口试答辩正确	对运行结果表述不清楚扣 5 分

任务二 广告牌循环彩灯 PLC 控制系统

任务描述

一、广告牌循环彩灯 PLC 控制系统的工作描述

广告牌循环彩灯 PLC 控制是在现代广告中应用比较广泛的控制方式，图 4—5 所示是控制系统示意图。

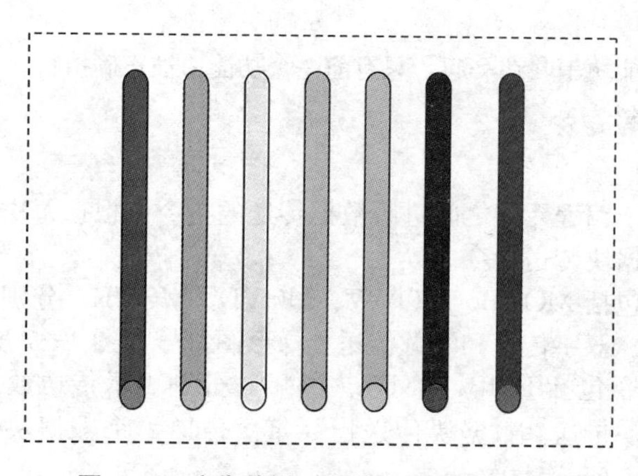

图 4—5 广告牌循环彩灯控制系统示意图

二、任务要求

广告牌循环彩灯控制系统的控制要求是：第 1 根灯亮→第 2 根灯亮→ 第 3 根灯亮→…→第 8 根灯亮，即每隔 1s 依次点亮，全亮后，闪烁 1 次（灭 1s 亮 1s），然后反过来第 8 根灯灭→第 7 根灯灭→第 6 根灯灭→…→第 1 根灯灭，时间间隔仍为 1s。全灭后，停 1s，再从第

1 根灯管点亮，开始循环。

根据广告牌显示要求，可以采用基本指令或顺序控制指令来实现，但程序较长、较复杂。本任务中，采用功能指令的移位指令来实现，程序简单易懂。下面具体分析与该程序相关的移位指令及其他功能指令的相关知识。

相关知识

PLC 的应用指令也称为功能指令，一条功能指令相当于一段程序。使用功能指令可以简化复杂程序，优化程序结构，提高系统可靠性。依据功能指令的用途可分为：程序控制指令；传送、移位、循环和填充指令；数学、加 1、减 1 指令；实时时钟指令；查表、寻找和转换指令；中断指令；通信指令；高速计数器指令等。

一、功能指令的形式

在梯形图中，用方框表示功能指令，称为“功能块”，输入端均在左边，输出端均在右边。如图 4—6 所示。

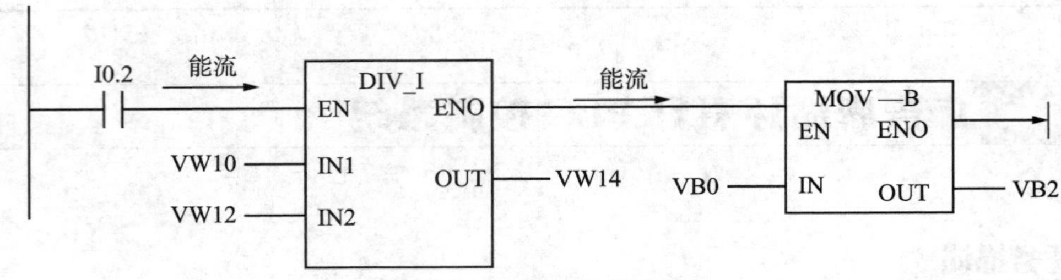

图 4—6　功能指令形式

图中 I0.2 的动合触点接通时，左侧垂直母线提供能流，能流流到功能块 DIV _ I 的数字量输入端 EN（使能输入有效），功能块被执行。如果功能块在 EN 处有能流且执行无错误，则 ENO（使能输出）端将能流传递给下一个元件。若执行过程有错误，能流在出现错误的功能块终止。

图 4—6 中两个功能块串联在一起，只有前一个功能块被正确执行，后一个才能被执行。

二、数据处理指令

（1）传送指令。

传送指令是在各个编程元件之间进行数据传送的指令。根据每次传送数据的数量又分为数据传送指令和数据块传送指令。

①数据传送指令包括 MOVB、MOVW、MOVD、MOVR，分别表示传送数据的类型为字节传送、字传送、双字传送和实数传送。梯形图符号如图 4—7 所示。

②数据块传送指令包括 BMB、BMW、BMD，分别表示传送数据的类型为字节块传送、字块传送、双字块传送。数据块传送指令每次传递 1 个数据块（最多可达 255 个数据）。梯形图如图 4—8 所示。

（2）字节交换指令。

对应语句指令为 SWAP，专用于对 1 个字长的字型数据进行处理，功能是将字型输入数据 IN 的高 4 位与低 4 位进行交换。梯形图符号如图 4—9 所示。

（3）移位指令。

根据移位的数据长度可分为字节型移位、字型移位和双字型移位。根据移位方向可分

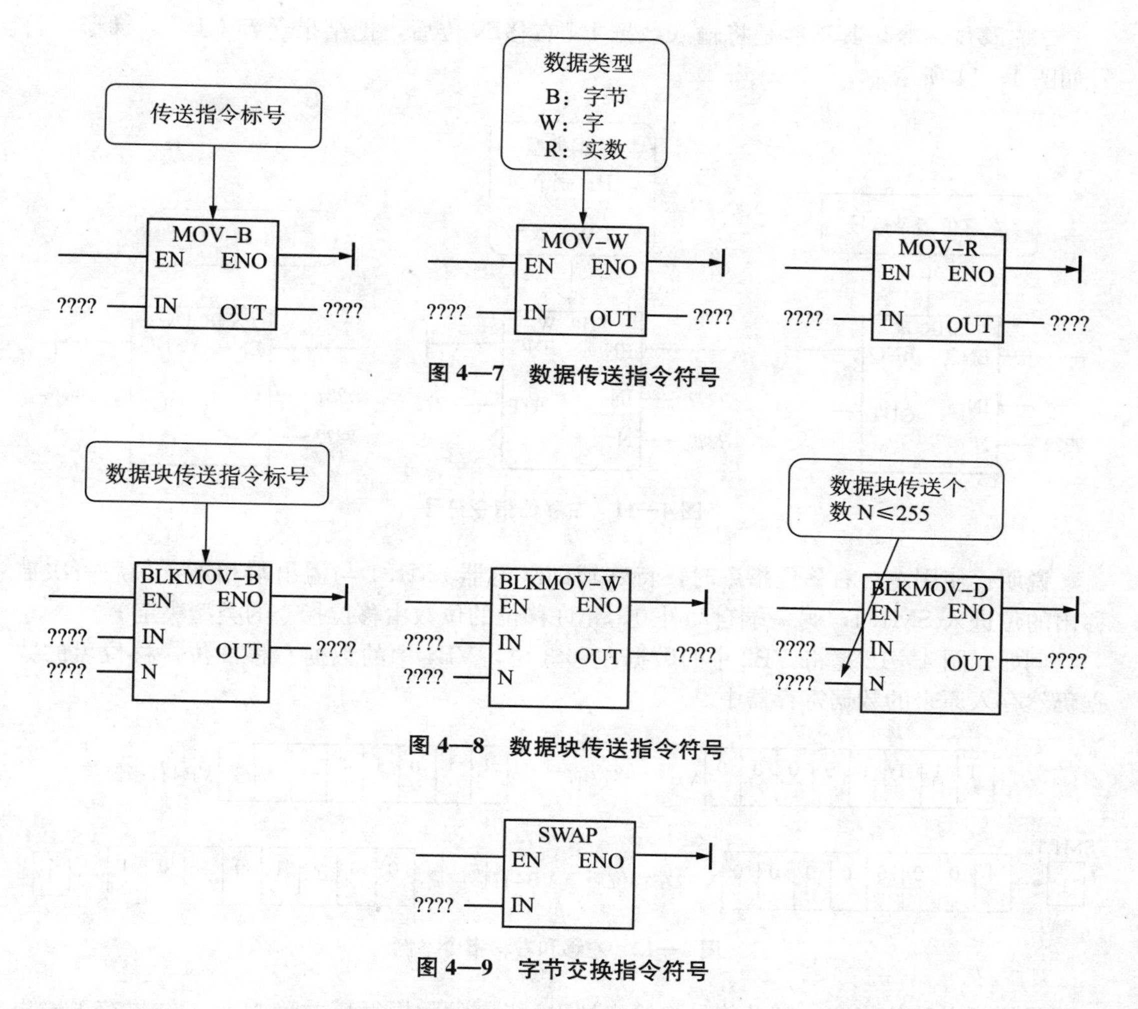

图 4—7　数据传送指令符号

图 4—8　数据块传送指令符号

图 4—9　字节交换指令符号

为左移和右移，以及循环左移位、循环右移位、移位寄存器指令。

①左移位指令，其功能是将输入数据 IN 左移 N 位后，把结果送到 OUT。梯形图符号如图 4—10 所示。

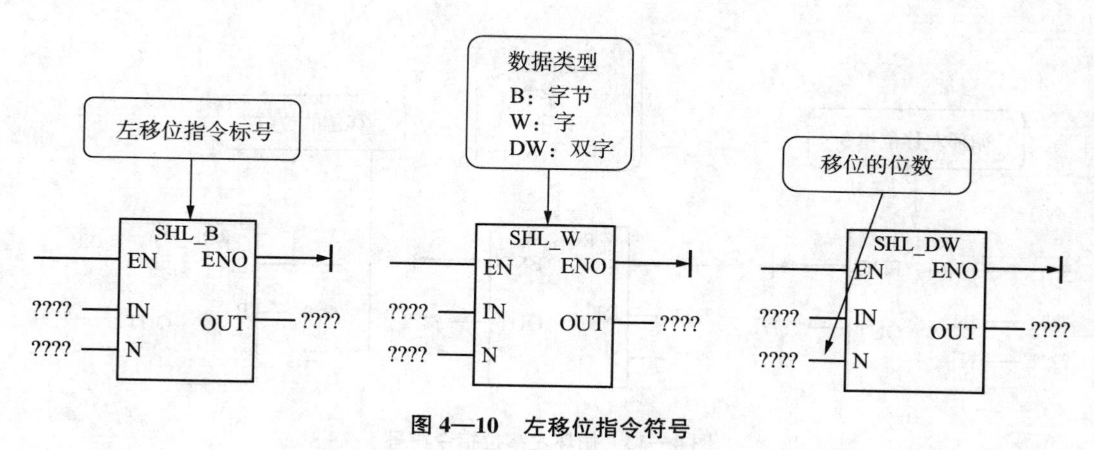

图 4—10　左移位指令符号

②右移位指令，其动能是将输入数据 IN 右移 N 位后，把结果送到 OUT。梯形图符号如图 4—11 所示。

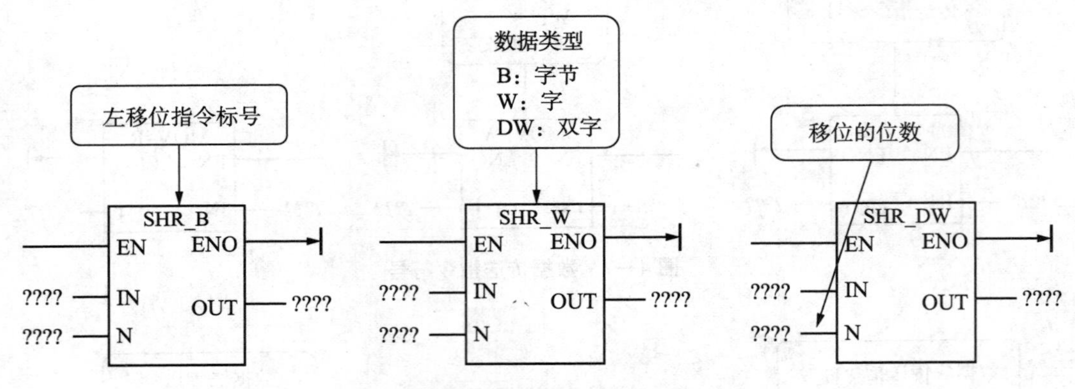

图 4—11　右移位指令符号

说明：使用左、右移位指令时，特殊辅助继电器 SM1.1 与溢出端相连，最后一次被移出的位进入 SM1.1，另一端自动补 0，允许移位的位数由移位指令的类型决定。

例如，图 4—12 是将 VB2 中的数据左移 3 位，VB4 中的数据右移 2 位，移位后的数据仍然存入原来的数据寄存器中。

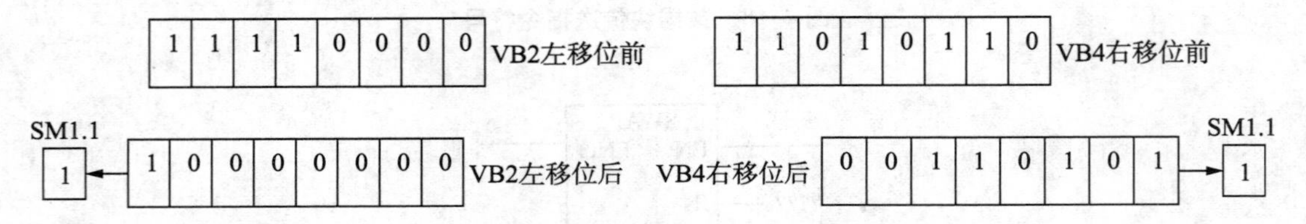

图 4—12　左移和右移指令举例

③循环左移位指令，其功能是将输入端 IN 指定的数据循环左移 N 位，结果存入输出 OUT 中，也分为字节循环左移位指令 ROL _ B、字循环左移位指令 ROL _ W、双字循环左移位指令 ROL _ DW。梯形图符号如图 4—13 所示。

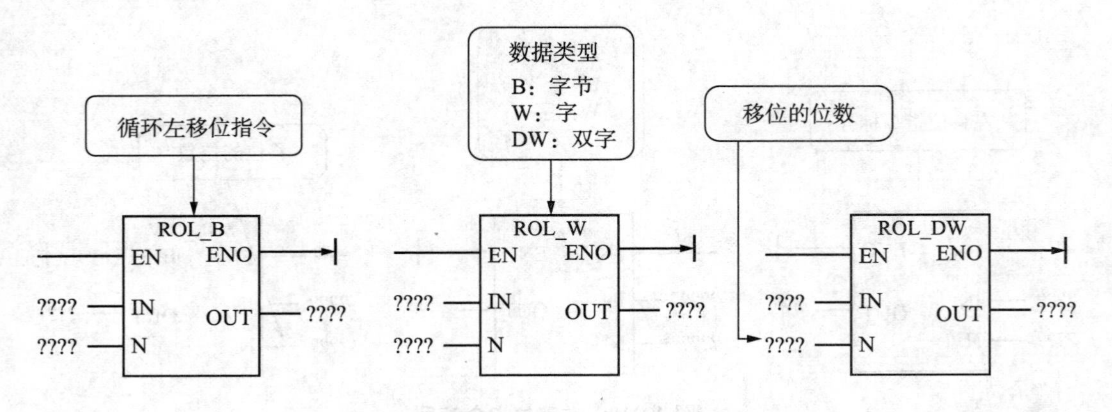

图 4—13　循环左移位指令符号

④循环右移位指令，其动能是将输入端 IN 指定的数据循环右移 N 位，结果存入输出 OUT 中，也分为字节循环左移位指令 ROR _ B、字循环左移位指令 ROR _ W、双字循环左移位指令 ROR _ D。梯形图符号如图 4—14 所示。

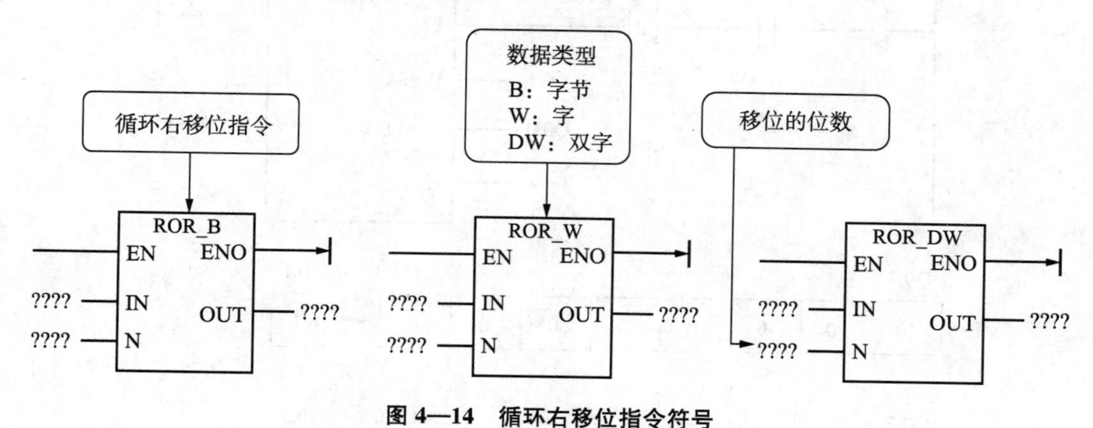

图 4—14 循环右移位指令符号

例如，将 VB6 中的数据循环右移 2 位，如图 4—15 所示。

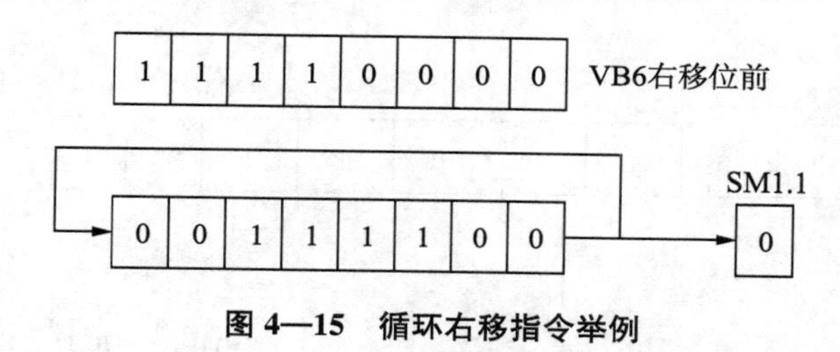

图 4—15 循环右移指令举例

⑤移位寄存器指令 SHRB，其功能是当输入端 EN 有效时，如果 N>0，则在每个 EN 的前沿，将数据输入 DATA 的状态移入移位寄存器的最低位 S _ BIT，其他位依次左移；如果 N<0，则在每个 EN 的前沿，将数据输入 DATA 的状态移入移位寄存器的最高位，移位寄存器的其他位依次右移。梯形图符号如图 4—16 所示。

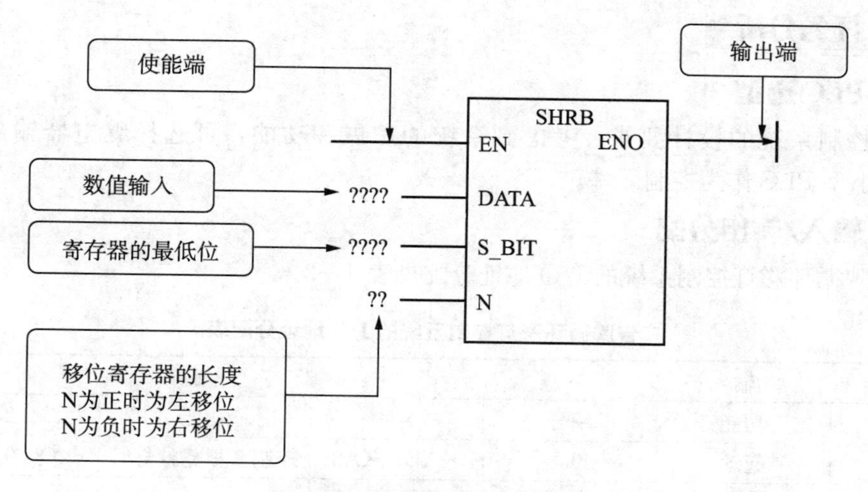

图 4—16 移位寄存器指令符号

移位寄存器 SHRB 的使用实例如图 4—17 所示。

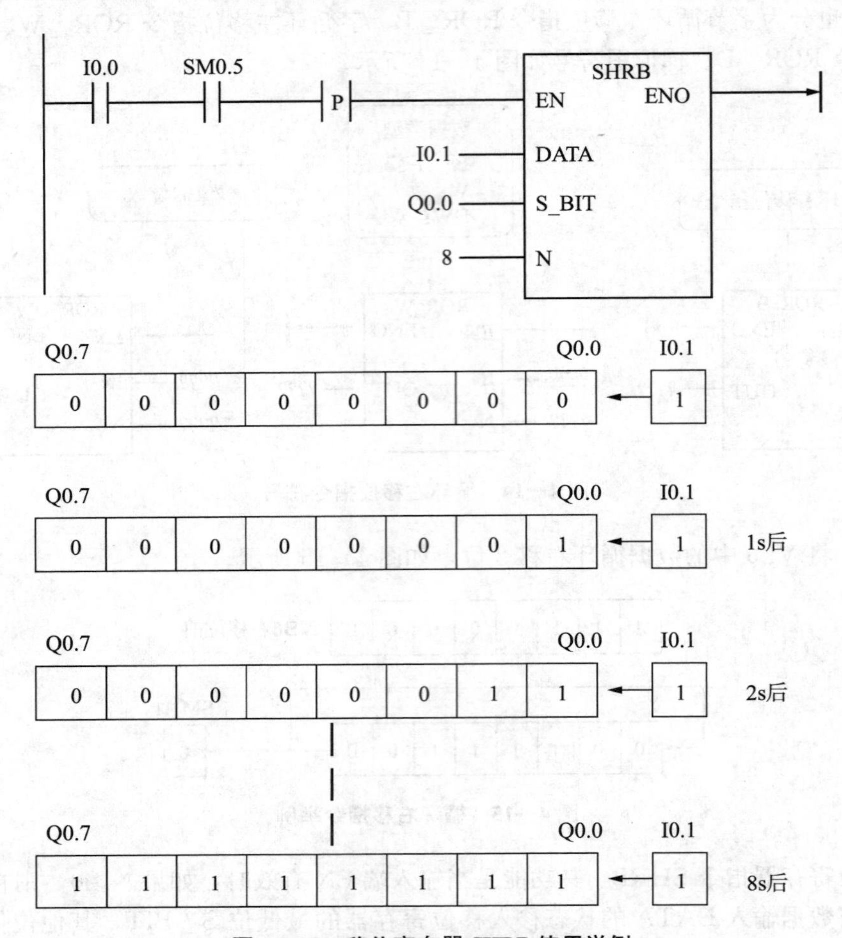

图 4—17 移位寄存器 SHRB 使用举例

任务分析

一、PLC 选型

根据控制系统的设计要求，考虑到系统的扩展和功能，可选择继电器输出结构的 CPU226 小型 PLC 作为控制元件。

二、输入/输出分配

广告牌循环彩灯控制系统的 I/O 地址分配见表 4—3。

表 4—3 广告牌循环彩灯控制系统的 I/O 地址分配表

输入			输出		
名称	功能	编号	名称	功能	编号
SB1	起动	I0.0	KA1 ~KA8	控制 8 根霓虹灯管	Q0.0~Q0.7
SB2	停止	I0.1			

三、硬件设计

依据 PLC 的 I/O 地址分配表，结合系统的控制要求，广告牌循环彩灯控制 PLC 接线图如图 4—18 所示。

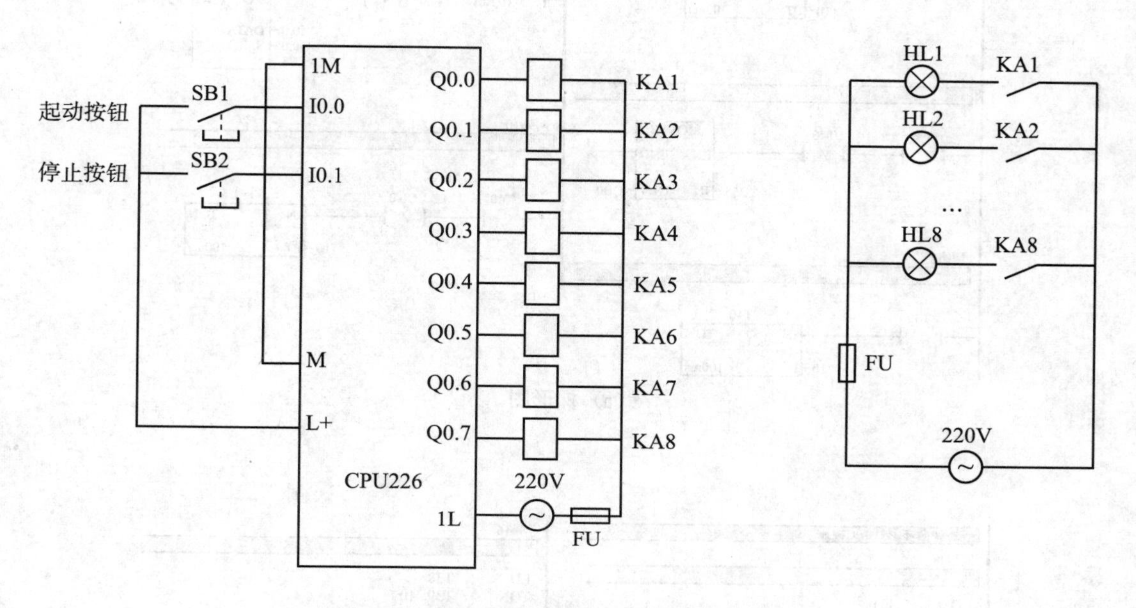

图 4—18　广告牌循环彩灯控制 PLC 的 I/O 接线图

四、软件设计

根据要求，采用移位指令及传送指令设计的广告牌循环彩灯控制程序的梯形图与语句表如图 4—19 所示。

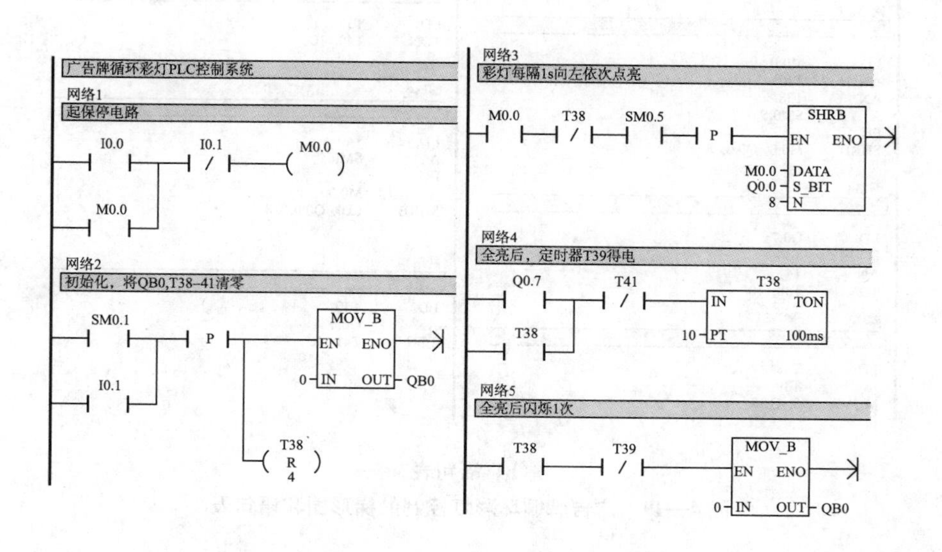

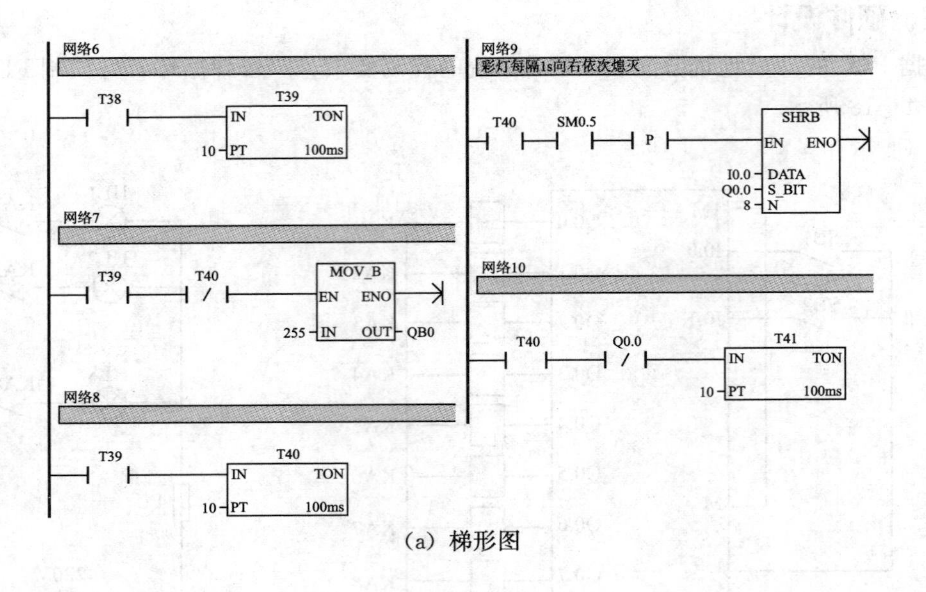

（a）梯形图

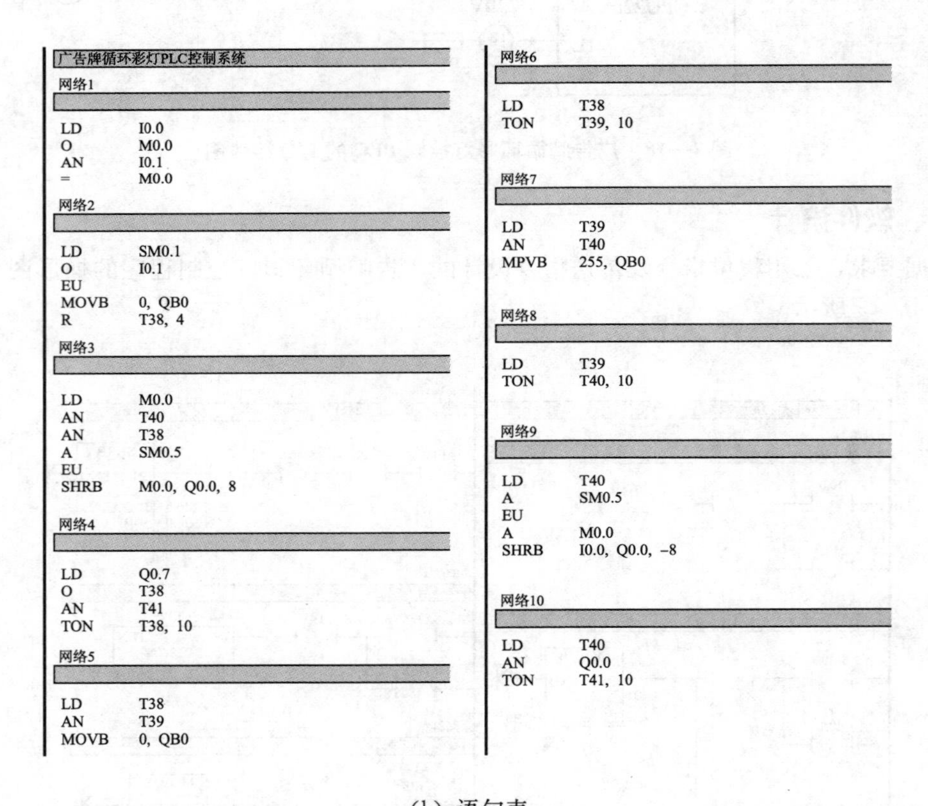

广告牌循环彩灯PLC控制系统

网络1

```
LD      I0.0
O       M0.0
AN      I0.1
=       M0.0
```

网络2

```
LD      SM0.1
O       I0.1
EU
MOVB    0, QB0
R       T38, 4
```

网络3

```
LD      M0.0
AN      T40
AN      T38
A       SM0.5
EU
SHRB    M0.0, Q0.0, 8
```

网络4

```
LD      Q0.7
O       T38
AN      T41
TON     T38, 10
```

网络5

```
LD      T38
AN      T39
MOVB    0, QB0
```

网络6

```
LD      T38
TON     T39, 10
```

网络7

```
LD      T39
AN      T40
MPVB    255, QB0
```

网络8

```
LD      T39
TON     T40, 10
```

网络9

```
LD      T40
A       SM0.5
EU
A       M0.0
SHRB    I0.0, Q0.0, -8
```

网络10

```
LD      T40
AN      Q0.0
TON     T41, 10
```

（b）语句表

图 4—19　广告牌循环彩灯控制的梯形图和语句表

任务实施

一、器材准备

完成本任务实训安装、调试所需的器材见表4—4。

表4—4　广告牌循环彩灯控制实训器材一览表

器材名称	数量
PLC基本单元CPU226（或更高类型）	1个
计算机	1台
彩灯模拟装置	1个
导线	若干
交、直流电源	1套
电工工具及仪表	1套

二、实施步骤

1. 程序输入

在计算机上打开S7-200编程软件，选择相应CPU类型，建立循环彩灯的PLC控制项目，输入编写梯形图或语句表程序。

2. 模拟调试

将输入的程序经程序编译后，导出为awl格式文本文件，在S7-200仿真软件中打开。按下输入控制按钮，观看程序仿真结果。如与任务要求不符，则结束仿真并对编程软件中的程序进行分析修改，再重新导出文件经仿真软件进一步调试，直到结果符合任务要求。

3. 系统安装

系统安装可在硬件设计完成后进行，可与软件、模拟调试同时进行。系统安装只需按照安装接线图进行即可。注意输入/输出回路电源接入正确。

4. 系统调试

确定硬件接线、软件调试结果正确后，合上PLC电源开关和输出回路电源开关，按下彩灯起动按钮，观察PLC是否有输出，输出继电器Q的变化顺序是否正确，彩灯是否正常。如果结果不符合要求，观察输入及输出回路是否接线错误。排除故障后重新通电，起动彩灯，再次观察运行结果或者计算机显示监控画面，直到符合要求为止。

5. 填写任务报告书

如实填写任务报告书，分析设计过程中的经验，编写设计总结。

任务检查与评价

1. 结合学生完成的情况进行点评并给出考核成绩。
2. 展示学生优秀设计方案和程序，激发学生学习热情。

任务评析表

项目	内容	满分	评分要求	备注
广告牌循环彩灯控制	1. 正确选择输入输出设备及地址并画出 I/O 接线图	15	设备及端口地址选择正确，接线图正确，标注完整	输入/输出每错一个扣 5 分，接线图每少一处标注扣 1 分
	2. 正确编制梯形图程序	35	梯形图格式正确；程序逻辑正确；整体结构合理	每错一处扣 5 分
	3. 正确写出语句表	10	各指令使用准确	每错一处扣 5 分
	4. 外部接线正确	15	电源线、通信线及 I/O 信号线接线正确	每错一处扣 5 分
	5. 写入程序并进行调试	15	操作步骤正确，动作熟练（允许根据输出情况进行反复修改和完善）	若有违规操作，每次扣 10 分
	6. 运行结果及口试答辩	10	程序运行结果正确，表述清楚，口试答辩正确	对运行结果表述不清楚扣 5 分

任务三 昼夜报时器 PLC 控制系统

任务描述

一、昼夜报时器 PLC 控制系统的工作描述

昼夜报时器在学校、工厂、军队、宾馆等地方应用越来越广泛。此任务是设计一个住宅小区的昼夜定时报时器，用 PLC 控制，实现 24 小时昼夜定时报警。

二、任务要求

24 小时昼夜定时报警，早上 6：30，电铃每秒响一次，6 次后自动停止；9：00～17：00，起动住宅报警系统；晚上 6：00，打开园内照明；晚上 10：00，关闭园内照明。

任务描述

比较指令，用于比较两个数值 IN1 和 IN2 或字符的大小，在梯形图中，满足比较关系式给出的条件时，触点闭合。比较指令有 5 种类型，字节比较、整数（字）比较、双字比较、实数比较和字符串比较。其中，字节比较是无符号的，整数、双字、实数的比较是有符号的。

数值比较指令运算符：=、>=、<=、>、<、<>。

字符串比较指令：=、<>（<>表示不等于）。

触点中间的 B、I、D、R、S 分别表示字节、整数、双字、实数和字符串比较。整数的比较范围是有符号的 16＃8000～16＃7FFF；双字整数的比较范围是有符号的 16＃80000000～16＃7FFFFFFF。

比较指令是将两个操作数按指定的条件进行比较，操作数可以是整数，也可以是实数。

可以将比较指令看做是一动合触点，比较条件成立时，触点闭合，否则断开。比较指令可以装载，也可以串联或并联。图 4—20 所示为比较指令图解。表 4—5 为比较指令一览表。

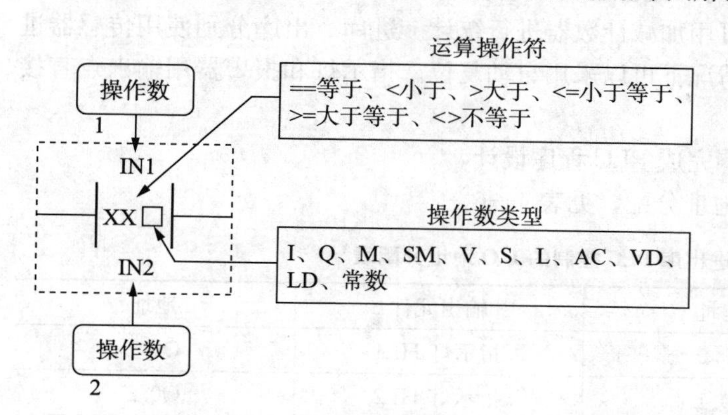

要点提示 ①“□”的含义：
B：字节比较（无符号数）；
I（INT）/W（Word）：整数比较（有符号整数），梯形图中用 I，语句表中用 W；
DW：双字比较（有符号整数）；
R（Real）：实数比较（有符号双字浮点数）。
②比较时，操作数 IN1 排在前面。

图 4—20　比较指令图解

表 4—5

比较指令一览表

指令	LAD	操作数类型	STL	指令说明
等于	P1 ┤==□├ P2	字节	AB==P1，P2	①P1 与 P2 进行比较，满足条件时，触点闭合，否则触点断开 ②比较触点可以直接与母线相连 ③比较触点可以与其他类型的触点相“与” ④比较触点可以与其他类型的触点相“或”
		整数	AI==P1，P2	
		双字	AD==P1，P2	
		实数	AR==P1，P2	
不等于	P1 ┤<>□├ P2	字节	AB<>P1，P2	
		整数	AI<>P1，P2	
		双字	AD<>P1，P2	
		实数	AR<>P1，P2	
大于等于	P1 ┤>=□├ P2	字节	AB>=P1，P2	
		整数	AI>=P1，P2	
		双字	AD>=P1，P2	
		实数	AR>=P1，P2	
小于等于	P1 ┤<=□├ P2	字节	AB<=P1，P2	
		整数	AI<=P1，P2	
		双字	AD<=P1，P2	
		实数	AR<=P1，P2	
大于	P1 ┤>□├ P2	字节	AB>P1，P2	
		整数	AI>P1，P2	
		双字	AD>P1，P2	
		实数	AR>P1，P2	
小于	P1 ┤<□├ P2	字节	AB<P1，P2	
		整数	AI<P1，P2	
		双字	AD<P1，P2	
		实数	AR<P1，P2	

［例 4—1］　数据比较指令应用。

某轧钢厂的成品库存可存放钢卷 500 个，因为不断有钢卷进库、出库，需要对库存的钢卷数进行统计，当库存数低于下限 50 时，指示灯 HL1 亮，当库存数大于 400 时，指示灯 HL2 亮，当达到库存上限 500 时，报警器 HA 响，停止进库。

分析： 钢卷进出库的情况，可用加减计数器进行统计。进库、出库分别使用传感器进行检测。复位用手动按钮，有的情况下可以采用自动复位。指示灯和报警器用输出点直接控制。

根据上述分析，采用如下步骤完成 PLC 程序设计。

第一步：对用到的 I/O 进行地址分配，见表 4—6。

表 4—6　　　　轧钢厂进出库 PLC 控制的 I/O 地址分配表

输入元件	地址	输出元件	地址
进库检测 ST1	I0. 0	指示灯 HL1	Q0. 1
出库检测 ST2	I0. 1	指示灯 HL2	Q0. 2
复位按钮 SB1	I0. 2	报警器 HA	Q0. 3

第二步：硬件接线图，如图 4—21 所示。

第三步：设计梯形图程序，如图 4—22 所示。

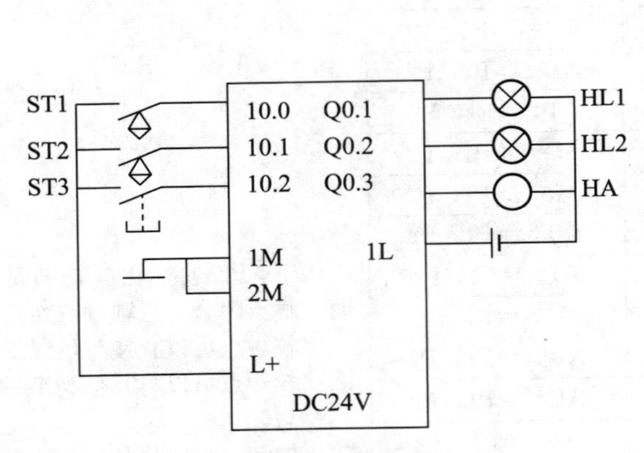

图 4—21　硬件接线图

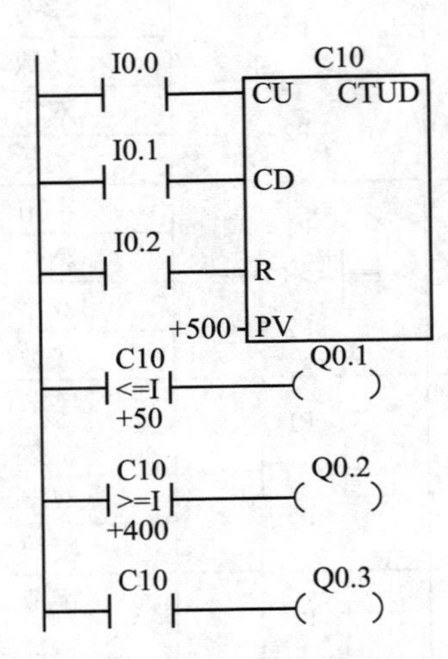

图 4—22　梯形图程序

［**例 4—2**］　比较指令的用法，如图 4—23 所示。

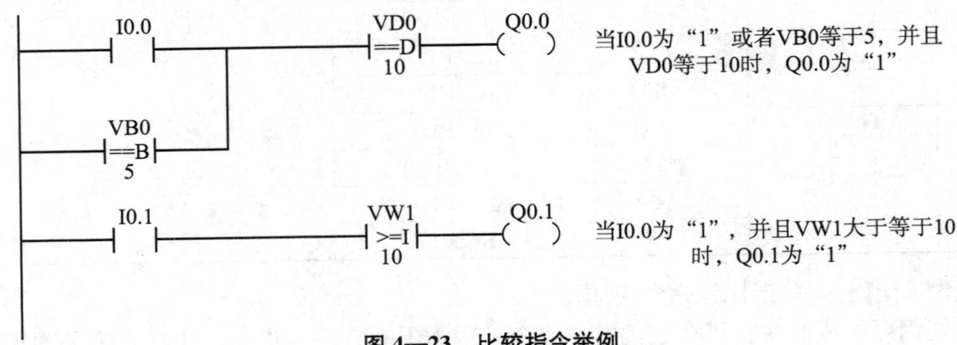

图 4—23　比较指令举例

任务分析

一、PLC 选型

根据控制系统的设计要求，可选择继电器输出结构的小型 PLC CPU226（或更高型）。

二、输入/输出分配

根据控制要求，输入信号为起停开关、15min 快速调整与试验开关、快速试验开关共计 3 个输入点，输出信号为电铃、园内照明、住宅报警共计 3 个输出点。使用时，在 0：00时起动定时器，应用计数器、定时器和比较指令，构成 24 小时可设定定时时间的控制器，每 15min 为一个设定单元，共 96 个单元。元件输入/输出信号与 PLC 地址编号对照表如表 4—7 所示。

表 4—7　　昼夜报时器控制系统 I/O 地址分配表

输入			输出		
名称	功能	编号	名称	功能	编号
SB1	起停开关	I0. 0	HA	电铃	Q0. 0
SB2	15min 快速调整与试验开关	I0. 1	HL1	园内照明	Q0. 1
SB3	快速试验开关	I0. 2	HL2	住宅报警	Q0. 2

三、硬件设计

依据 PLC 的 I/O 地址分配表，结合系统的控制要求，昼夜报时器控制系统的电气接线图如图 4—24 所示。

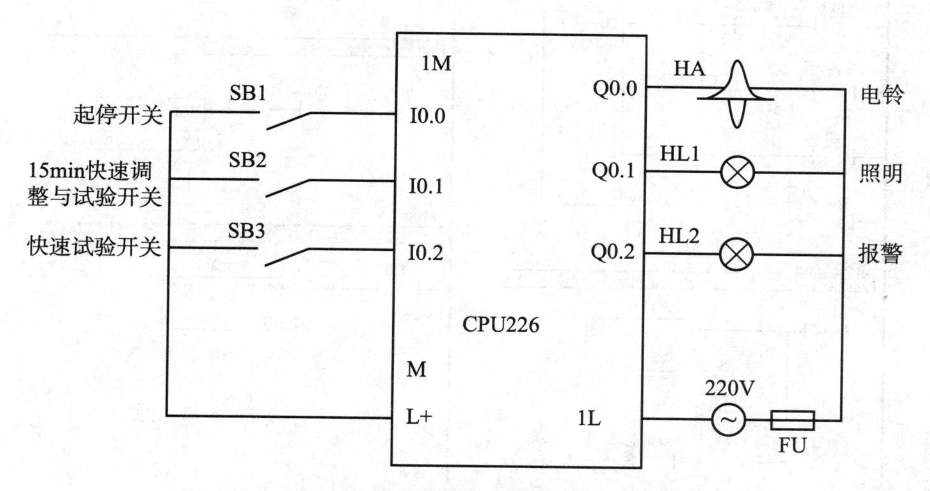

图 4—24　昼夜报时器控制系统的 I/O 接线图

四、软件设计

在图 4—25 所示的梯形图程序中，SM0.5 为 1s 的时钟脉冲。在 0：00 时起动系统，合上起停开关 I0.0，计数器 C0 对 SM0.5 的 1s 脉冲进行计数，计数到 900 次即 900s（15min）时，C0 动作一个周期。C0 一个动合触点接通一次，使 C1 计数 1 次，并且 C0 自己复位。C0 复位后接着重新开始计数，计数到 900 次，C1 又计数 1 次，同时 C0 又复位。可见，C0 计数器是 15min 导通一个扫描周期，C1 是 15min 计一次数，当 C1 当前值等于 26 时，时间是 26×15＝390min（早上 6：30），电铃 Q0.0 每秒响 1 次，6 次后自动停止；当 C1 当前值为 72 时，时间是 72×15＝1 080min（晚上 6 点），开启园内照明，Q0.1 亮；当 C1 当前值为 88 时，时间是 88×15＝1 320min（晚上 10 点），关闭园内照明，Q0.1 灭；当 36≤C1 当前值≤68，时间是上午 9 点到下午 5 点，起动住宅报警系统，Q0.2 输出。实现昼夜报时。

I0.0 合上，T33 产生 1 个 0.1s 的时钟脉冲，用于 15min 快速调整与试验开关。I0.2 是快速试验开关。

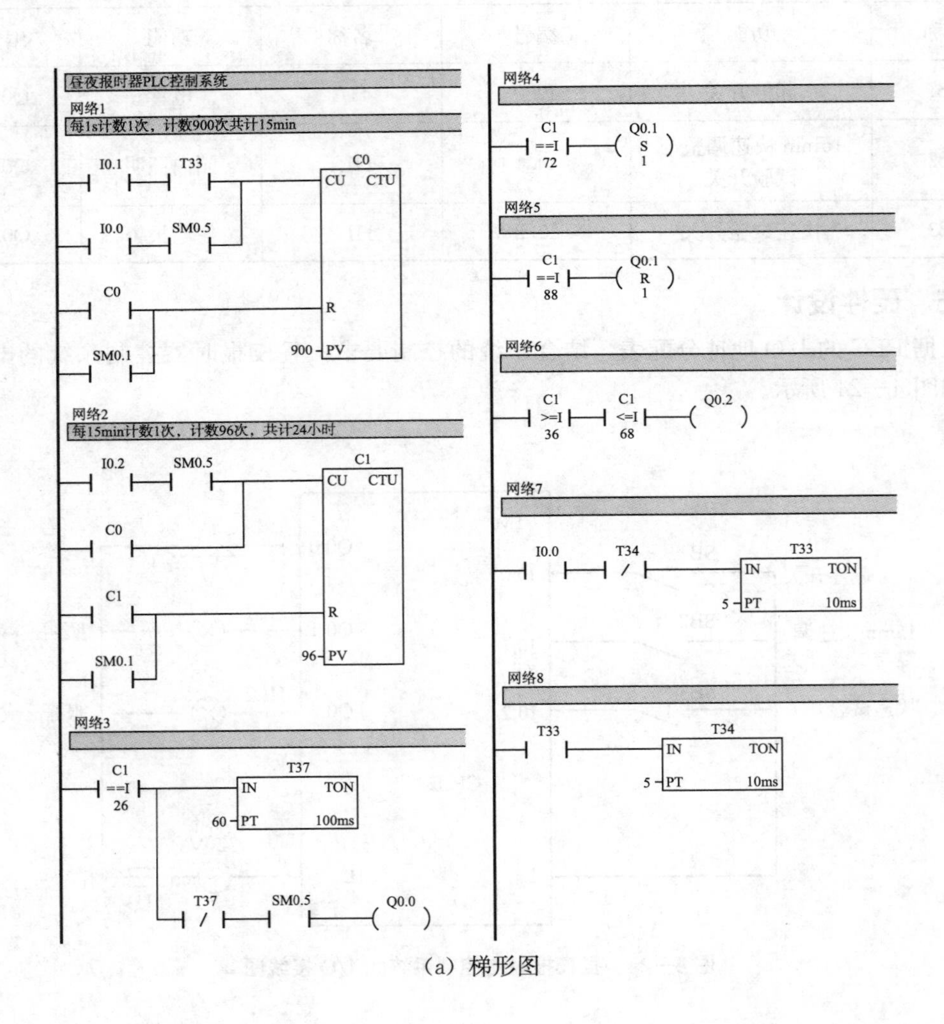

（a）梯形图

```
昼夜报时器语句表
网络1
LD      I0.1
A       T33
LD      I0.0
A       SM0.5
OLD
LD      C0
O       SM0.1
CTU     C0, 900

网络2
LD      I0.2
A       SM0.5
O       C0
LD      C1
O       SM0.1
CTU     C1, 96

网络3
LDW=    C1, 26
TON     T37 60
AN      T37
A       SM0.5
=       Q0.0

网络4
LDW=    C1, 72
S       Q0.1, 1

网络5
LDW=    C1, 88
R       Q0.1, 1

网络6
LDW>=   C1, 36
AW<=    C1, 68
=       Q0.2

网络7
LD      I0.0
AN      T34
TON     T33, 5

网络8
LD      T33
TON     T34, 5
```

(b) 语句表

图 4—25　昼夜报时器控制系统梯形图和语句表

任务实施

一、器材准备

完成本任务实训安装、调试所需器材见表 4—8。

表 4—8　　昼夜报时器控制实训器材一览表

器材名称	数量
PLC 基本单元 CPU226（或更高类型）	1 个
计算机	1 台
昼夜报时器模拟装置	1 个
导线	若干
交、直流电源	1 套
电工工具及仪表	1 套

二、实施步骤

1. 程序输入

在计算机上打开 S7-200 编程软件，选择相应 CPU 类型，建立昼夜报时器的 PLC 控制项目，输入编写梯形图或语句表程序。

2. 模拟调试

将输入的程序经程序编译后，导出为 awl 格式文本文件，在 S7-200 仿真软件中打开。按下输入控制按钮，观看程序仿真结果。如与任务要求不符，则结束仿真并对编程软件中的程序进行分析修改，再重新导出文件经仿真软件进一步调试，直到结果符合任务要求。

3. 系统安装

系统安装可在硬件设计完成后进行，可与软件、模拟调试同时进行。系统安装只需按照安装接线图进行即可。注意输入/输出回路电源接入正确。

4. 系统调试

确定硬件接线、软件调试结果正确后，合上 PLC 电源开关和输出回路电源开关，按下起动按钮，观察 PLC 是否有输出，输出继电器 Q 的变化顺序是否正确，昼夜报时器是否正常。如果结果不符合要求，观察输入及输出回路是否接线错误。排除故障后重新送电，起动报时器，再次观察运行结果或者计算机显示监控画面，直到符合要求为止。

5. 填写任务报告书

如实填写任务报告书，分析设计过程中的经验，编写设计总结。

任务检查与评价

1. 结合学生完成的情况进行点评并给出考核成绩。
2. 展示学生优秀设计方案和程序，激发学生学习热情。

任务评析表

任务	内容	满分	评分要求	备注
昼夜报时器PLC控制	1. 正确选择输入/输出设备及地址并画出 I/O 接线图	15	设备及端口地址选择正确，接线图正确，标注完整	输入/输出每错一个扣 5 分，接线图每少一处标注扣 1 分
	2. 正确编制梯形图程序	35	梯形图格式正确；程序时序逻辑正确；整体结构合理	每错一处扣 5 分
	3. 正确写出语句表程序	10	各指令使用准确	每错一处扣 5 分
	4. 外部接线正确	15	电源线、通信线及 I/O 信号线接线正确	每错一处扣 5 分
	5. 写入程序并进行调试	15	操作步骤正确，动作熟练（允许根据输出情况进行反复修改和完善）	若有违规操作，每次扣 10 分
	6. 运行结果及口试答辩	10	程序运行结果正确，表述清楚，口试答辩正确	对运行结果表述不清楚扣 5 分

任务四 四路抢答器 PLC 控制系统

任务描述

一、四路抢答器 PLC 控制系统工作描述

随着科学技术的日益发展，对抢答器的可靠性以及实时性要求越来越高。抢答器在竞赛中有很大用处，它能准确、公正、直观地判断出第一抢答者。抢答器在智力竞赛中不可

缺少，此任务是设计一个四路抢答器，使用功能指令，设计PLC控制程序。这种程序设计简单，适用于多种竞赛场合。

二、任务要求

（1）主持人宣布抢答后，首先抢答成功者，抢答有效并且指示灯HL1点亮，并显示选手号码。

（2）主持人宣布抢答后方可抢答，否则抢答者视为犯规并且HL2灯点亮，显示犯规选手号码。

（3）主持人宣布抢答后，10s内抢答有效。

（4）主持人按下复位按钮后，选手才可以重复上述步骤。

相关知识

一、数码管基础知识

数码管分为共阳型和共阴型。共阳极数码管就是发光管的正极都连在一起，负极分开。八段数码发光管就是由8个发光二极管组成的，在空间排列成为8字形并带个小数点，只要将电压加在阳极和阴极之间，相应的笔画就会发光。8个发光二极管的阳极并接在一起，8个阴极分开，因此称为共阳极八段数码管。如图4—26、图4—27所示。

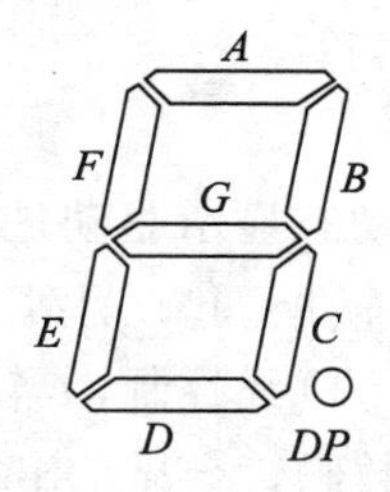

图4—26 八段数码管

图4—27 数码管实物图

1. 怎样测量数码管引脚共阴极或共阳极

首先，我们找到电源（3V～5V）和一个1kΩ的电阻，VCC串接电阻后和GND接在任意两个脚上，组合有很多，但总有一个LED会发光的，找到一个就够了，然后GND不动，VCC（串电阻）逐个碰剩下的脚，如果有多个LED（一般是8个）发光，那它就是共阴的。

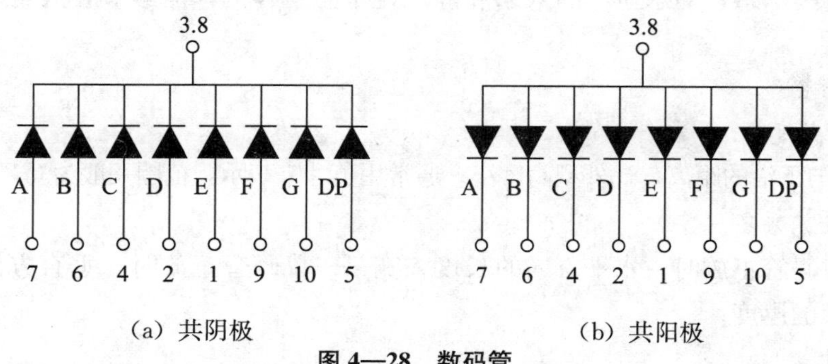

（a）共阴极　　（b）共阳极

图4—28 数码管

数码管按段数分为七段数码管和八段数码管，八段数码管比七段数码管多一个发光二极管单元（多一个小数点显示）。按能显示几个“8”可分为1位、2位、4位等位数数码管。按发光二极管单元连接方式分为共阳极数码管和共阴极数码管。如图4—28所示。共阳极数码管是指将所有发光二极管的阳极接到一起形成公共阳极（COM）的数码管。共阳极数码管在应用时应将公共极COM接到+5V，当某一字段发光二极管的阴极为低电平时，相应字段就点亮；当某一字段的阴极为高电平时，相应字段就不亮。共阴极数码管是指将所有发光二极管的阴极接到一起形成公共阴极（COM）的数码管。共阴极数码管在应用时应将公共极COM接到地线GND上，当某一字段发光二极管的阳极为高电平时，相应字段就点亮；当某一字段的阳极为低电平时，相应字段就不亮。

2. 驱动方式

数码管要正常显示，就要用驱动电路来驱动数码管的各个段码，从而显示出我们要的数字，因此根据数码管的驱动方式不同，可以分为静态式和动态式两类。

（1）静态显示驱动。

静态驱动也称直流驱动。静态显示驱动是指每个数码管的每一个段码都由一个单片机的I/O端口进行驱动，或者使用如BCD码二～十进制译码器译码进行驱动。静态显示驱动的优点是编程简单，显示亮度高，缺点是占用I/O端口多，如驱动5个数码管静态显示则需要5×8=40根I/O端口。实际应用时必须增加译码驱动器进行驱动，增加了硬件电路的复杂性。

（2）动态显示驱动。

数码管动态显示是应用最为广泛的一种显示方式，动态显示驱动是将所有数码管的8个显示笔划“A，B，C，D，E，F，G，DP”的同名端连在一起，另外为每个数码管的公共极COM增加位选通控制电路，位选通由各自独立的I/O线控制，当单片机输出字形码时，所有数码管都接收到相同的字形码，但究竟是哪个数码管会显示出字形，取决于单片机对位选通COM端电路的控制，所以我们只要将需要显示的数码管的选通控制打开，该位就显示出字形，没有选通的数码管就不会亮。通过分时轮流控制各个数码管的COM端，就能使各个数码管轮流受控显示，这就是动态显示驱动。在轮流显示过程中，每位数码管的点亮时间为1～2ms，由于人的视觉暂留现象及发光二极管的余辉效应，尽管实际上各位数码管并非同时点亮，但只要扫描的速度足够快，给人的印象就是一组稳定的显示数据，不会有闪烁感，动态显示的效果和静态显示是一样的，能够节省大量的I/O端口，而且功耗更低。

3. 主要参数

（1）8字高度。

8字上沿与下沿的距离，比外型高度小。通常用英寸来表示，范围一般为0.25～20英寸。

（2）长×宽×高。

长——数码管正放时，水平方向的长度；宽——数码管正放时，垂直方向上的长度；高——数码管的厚度。

（3）时钟点。

四位数码管中，第二位8与第三位8字中间的两个点。一般用于显示时钟中的秒。

（4）数码管使用的电流与电压。

电流：静态时，推荐使用10～15mA；动态时，平均电流为4～5mA，峰值电流为50～60mA。电压：查引脚排布图，看每段的芯片数量是多少，当红色时，使用1.9V乘以每段的芯片串联个数；当绿色时，使用2.1V乘以每段的芯片串联个数。

4. 数码管的应用

数码管是一类显示屏，通过对其不同的管脚输入相对的电流会使其发亮从而显示出数字。数码管能够显示时间、日期、温度等所有可用数字表示的参数。由于其价格便宜、使用简单，在电器特别是家电领域应用极为广泛，例如空调、热水器、冰箱等。

5. 恒流驱动与非恒流驱动对数码管的影响

（1）显示效果。

由于发光二极管基本上属于电流敏感器件，其正向压降的分散性很大，并且还与温度有关，为了保证数码管具有良好的亮度均匀度，就需要使其具有恒定的工作电流，且不能受温度及其他因素的影响。另外，当温度变化时驱动芯片还要能够自动调节输出电流的大小以实现色差平衡温度补偿。

（2）安全性。

即使是短时间的电流过载也可能对发光管造成永久性的损坏，采用恒流驱动电路后可防止由于电流故障所引起的数码管的大面积损坏。

另外，我们所采用的超大规模集成电路还具有级联延时开关特性，可防止反向尖峰电压对发光二极管造成的损害。

超大规模集成电路还具有热保护功能，当任何一片的温度超过一定值时可自动关断，并且可在控制室内看到故障显示。

二、译码、编码、段码指令

1. 译码指令

（1）译码指令格式及功能（见表4—9）。

表4—9　　译码指令的格式及功能

梯形图LAD	语句表STL		功能
	操作码	操作数	
DECO EN IN　OUT	DECO	IN，OUT	当使能端EN为1时，根据输入字节IN的低4位所表示的位号（十进制数）值，将输出字OUT相应位置“1”，其他位置“0”

注：操作数IN不能寻址专用的字及双字存储器T、C、HC等，OUT不能对HC及常数寻址。

（2）译码指令编程举例。

［例4—3］　如果VB2中存有一数据为16＃08，即低8位数据为8，则执行DECO译码指令，将使MW2中的第8位数据位置“1”，而其他数据位置“0”。对应的梯形图程序

及执行结果如图 4—29 所示。

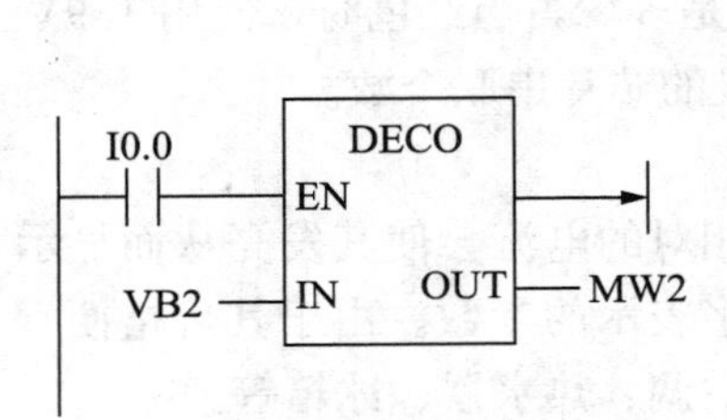

(a) 梯形图程序

地址	格式	当前值
VB2	十六进制	16＃08
MW2	二进制	2＃0000_0001_0000_0000

(b) 转换结果

图 4—29 译码指令编程举例

2. 编码指令

(1) 编码指令格式及功能（见表 4—10）。

表 4—10　　　　编码指令的格式及功能

梯形图 LAD	语句表 STL		功能
	操作码	操作数	
ENCO EN IN　OUT	ENCO	IN，OUT	当使能端 EN 为 1 时，将输入字 IN 中最低有效位的位号，转换为输出字节 OUT 中的低 4 位数据

注：OUT 不能寻址常数及专用的字、双字存储器 T、C、HC 等。

(2) 编码指令编程举例。

［例 4—4］　如果 VB3 中数据的最低有效位是第 2 位（从第 0 位算起），则执行编码指令后，MW3 中的数据为 16＃02，其低字节为 MW3 中最低有效位的位号值。对应的梯形图程序及执行结果如图 4—30 所示。

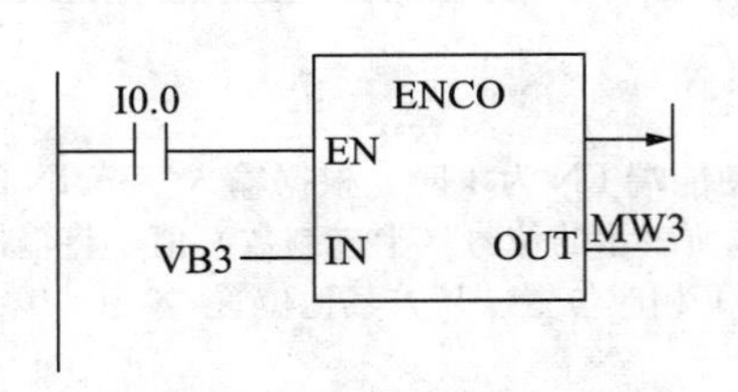

(a) 梯形图程序

地址	格式	当前值
VB3	十六进制	16＃02
MW3	二进制	2＃0000_0000_0000_1100

(b) 转换结果

图 4—30 编码指令编程举例

3. 段码指令

(1) 段码指令格式及功能（见表 4—11)。

表 4—11　　段码指令的格式及功能

梯形图 LAD	语句表 STL		功能
	操作码	操作数	
SEG EN IN　OUT	SEG	IN，OUT	当使能端 EN 为 1 时，将输入字节 IN 的低 4 位有效数字值，转换为七段显示码，并输出到字节 OUT

注：①操作数 IN、OUT 寻址范围不包括专用的字及双字存储器如 T、C、HC 等，其中 OUT 不能寻址常数。

②七段显示码的编码规则见表 4—12。

表 4—12　　七段显示码的编码规则

IN	OUT	段码显示	IN	OUT
	. g f e　d c b a			. g f e　d c b a
0	0 0 1 1　1 1 1 1	a f　b g e　c d	8	0 1 1 1　1 1 1 1
1	0 0 0 0　0 1 1 0		9	0 1 1 0　0 1 1 1
2	0 1 0 1　1 0 1 1		A	0 1 1 1　0 1 1 1
3	0 1 0 0　1 1 1 1		B	0 1 1 1　1 1 0 0
4	0 1 1 0　0 1 1 0		C	0 0 1 1　1 0 0 1
5	0 1 1 0　1 1 0 1		D	0 1 0 1　1 1 1 0
6	0 1 1 1　1 1 0 1		E	0 1 1 1　1 0 0 1
7	0 0 0 0　0 1 1 1		F	0 1 1 1　0 0 0 1

(2) 段码指令编程举例。

［例 4—5］　设 VB2 字节中存有十进制数 9，当 I0.0 得电时对其进行段码转换，以便进行段码显示。其梯形图程序及执行结果如图 4—31 所示。

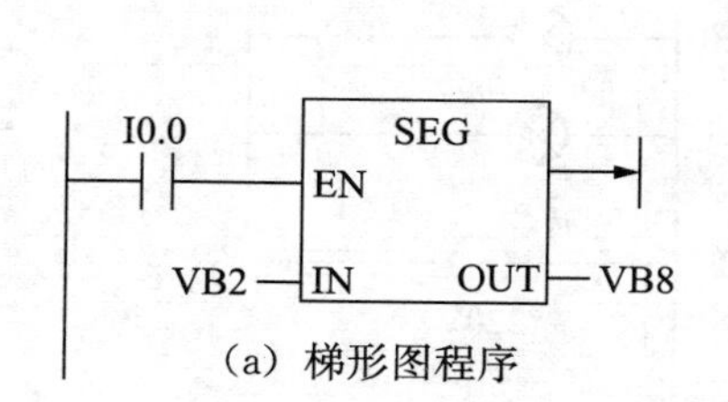

(a) 梯形图程序

地址	格式	当前值
VB2	不带符号数	9
VB8	二进制	2#0110_0111

(b) 转换结果

图 4—31　段码指令举例

任务分析

一、PLC 选型

根据控制系统的设计要求，可选择继电器输出结构的CPU226（或更高型）小型PLC。

二、输入/输出分配

根据控制要求，输入信号为选手1～4的抢答按钮、主持人开始按钮、复位按钮共计6个输入点，输出信号为数码管显示Q0.0～Q0.7、抢答指示灯、犯规指示灯共计10个输出点。其元件输入/输出信号与PLC地址编号对照见表4—13。

表4—13　四路抢答器控制I/O地址分配表

输入			输出		
名称	功能	编号	名称	功能	编号
SB1	选手1的抢答按钮	I0.1	QB0	数码管显示	Q0.0～Q0.7
SB2	选手2的抢答按钮	I0.2	HL1	抢答指示灯	Q1.0
SB3	选手3的抢答按钮	I0.3	HL2	犯规指示灯	Q1.1
SB4	选手4的抢答按钮	I0.4			
SB5	主持人开始按钮	I0.5			
SB6	复位按钮	I0.6			

三、硬件设计

依据PLC的I/O地址分配表，结合系统的控制要求，四路抢答器控制系统的I/O接线图如图4—32所示。

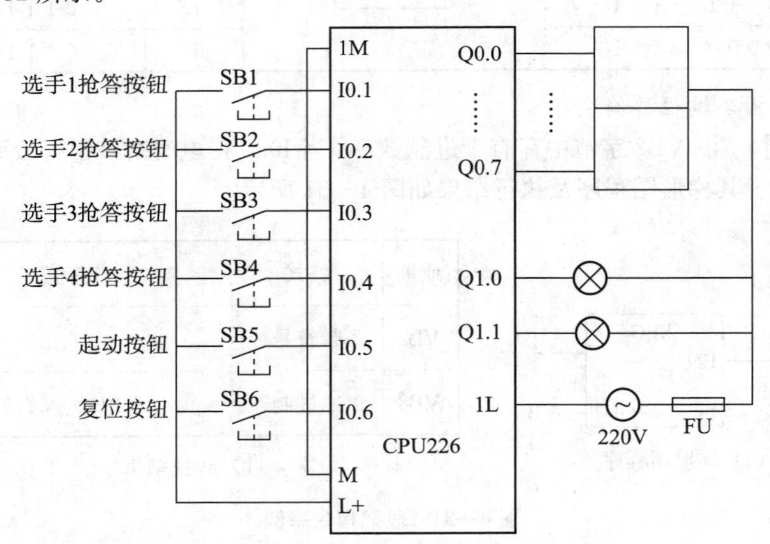

图4—32　四路抢答器控制系统的I/O接线图

四、系统的软件设计

根据四路抢答器的控制要求，采用编码指令及段码指令设计程序，其梯形图和语句表如图 4—33 所示。

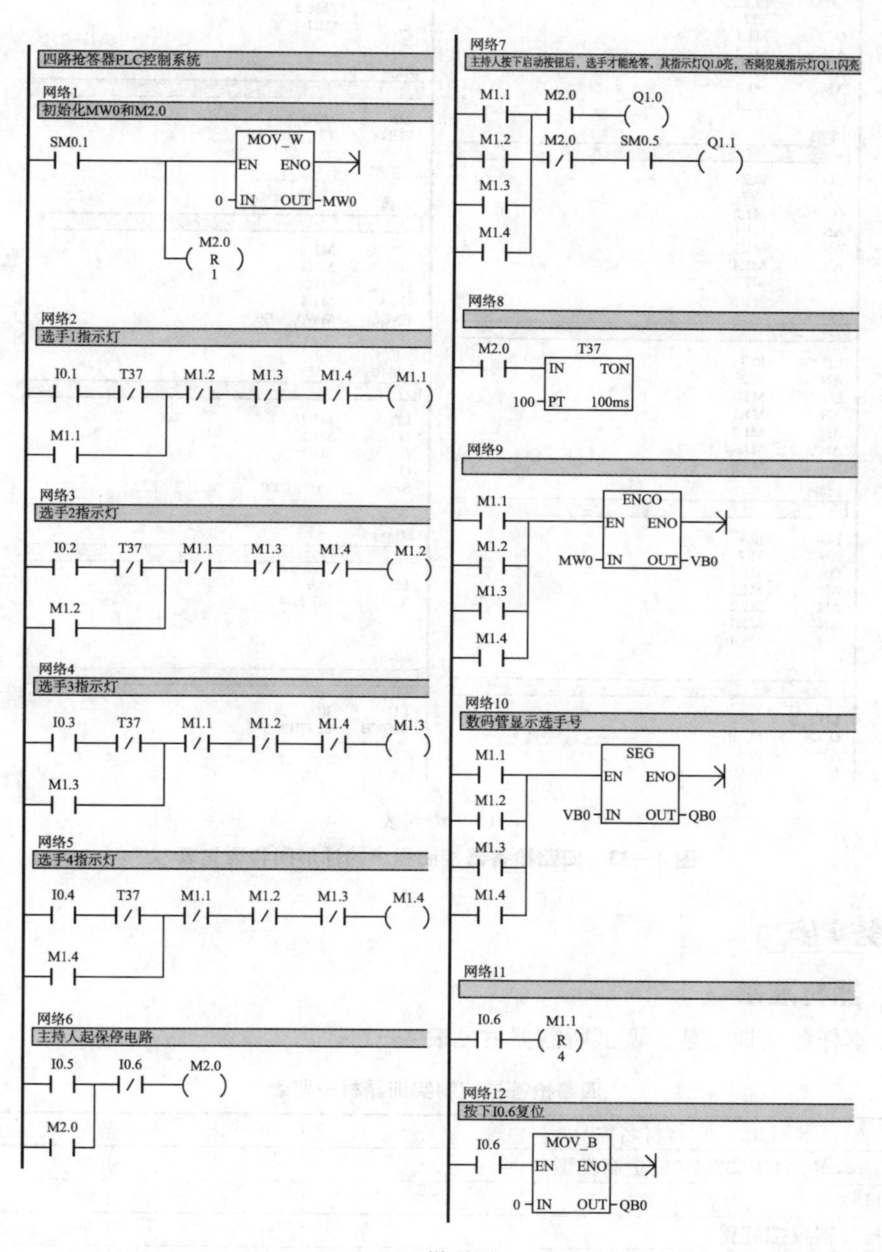

（a）梯形图

```
四路抢答器
网络1
LD      SM0.1
MOVB    0, MB0
R       M2.0, 1
网络2
LD      I0.1
AN      T37
O       M1.1
AN      M1.2
AN      M1.3
AN      M1.4
=       M1.1
网络3
LD      I0.2
AN      T37
O       M1.2
AN      M1.1
AN      M1.3
AN      M1.4
=       M1.2
网络4
LD      I0.3
AN      T37
O       M1.3
AN      M1.1
AN      M1.2
AN      M1.4
=       M1.3
网络5
LD      I0.4
AN      T37
O       M1.4
AN      M1.1
AN      M1.2
AN      M1.3
=       M1.4
网络6
LD      I0.5
O       M2.0
AN      I0.6
=       M2.0
网络7
LD      M1.1
O       M1.2
O       M1.3
O       M1.4
LPS
A       M2.0
=       Q1.0
LPP
AN      M2.0
A       SM0.5
=       Q1.1
网络8
LD      M2.0
TON     T37, 100
网络9
LD      M1.1
O       M1.2
O       M1.3
O       M1.4
ENCO    MW0, VB0
网络10
LD      M1.1
O       M1.2
O       M1.3
O       M1.4
SEG     VB0, QB0
网络11
LD      I0.6
R       M1.1, 4
网络12
LD      I0.6
MOVB    0, QB0
```

（b）语句表

图 4—33　四路抢答器控制程序的梯形图和语句表

任务实施

一、器材准备

完成本任务实训安装、调试所需器材见表 4—14。

表 4—14　　四路抢答器控制实训器材一览表

器材名称	数量
PLC 基本单元 CPU226（或更高类型）	1 个
计算机	1 台
四路抢答器模拟装置	1 个
导线	若干
交、直流电源	1 套
电工工具及仪表	1 套

二、实施步骤

1. 程序输入

在计算机上打开S7-200编程软件，选择相应CPU类型，建立四路抢答器的PLC控制项目，输入编写梯形图或语句表程序。

2. 模拟调试

将输入的程序经程序编译后，导出为awl格式文本文件，在S7-200仿真软件中打开。按下输入控制按钮，观看程序仿真结果。如与任务要求不符，则结束仿真并对编程软件中的程序进行分析修改，再重新导出文件经仿真软件进一步调试，直到结果符合任务要求。

3. 系统安装

系统安装可在硬件设计完成后即可进行，即可与软件、模拟调试同时进行。系统安装只需按照安装接线图进行即可。注意输入/输出回路电源接入正确。

4. 系统调试

确定硬件接线、软件调试结果正确后，合上PLC电源开关和输出回路电源开关，按下四路抢答器起动按钮，观察PLC是否有输出，输出继电器Q的变化顺序是否正确，抢答器是否正常。如果结果不符合要求，观察输入及输出回路是否接线错误。排除故障后重新通电，起动抢答器，再次观察运行结果或者计算机显示监控画面，直到符合要求为止。

5. 填写任务报告书

如实填写任务报告书，分析设计过程中的经验，编写设计总结。

任务检查与评价

1. 结合学生完成的情况进行点评并给出考核成绩。
2. 展示学生优秀设计方案和程序，激发学生学习热情。

任务评析表

项目	内容	满分	评分要求	备注
四路抢答器PLC控制	1. 正确选择输入/输出设备及地址并画出I/O接线图	15	设备及端口地址选择正确，接线图正确，标注完整	输入/输出每错一个扣5分，接线图每少一处标注扣1分
	2. 正确编制梯形图程序	35	梯形图格式正确，程序时序逻辑正确，抢答器工作方法正确，整体结构合理	每错一处扣5分
	3. 正确写出语句表程序	10	各指令使用准确	每错一处扣5分
	4. 外部接线正确	15	电源线、通信线及I/O信号线接线正确	每错一处扣5分
	5. 写入程序并进行调试	15	操作步骤正确，动作熟练（允许根据输出情况进行反复修改和完善）	若有违规操作，每次扣10分
	6. 运行结果及口试答辩	10	程序运行结果正确，表述清楚，口试答辩正确	对运行结果表述不清楚扣5分

任务五 十字路口交通灯 PLC 顺控编程方法及其他功能指令（选讲）

一、十字路口交通灯 PLC 控制第二种设计方法——顺序控制设计法

1. 硬件设计

根据控制要求，十字路口交通灯控制 I/O 地址分配见表 4—15。

表 4—15　　十字路口交通灯控制 I/O 地址分配表

输入			输出		
名称	功能	编号	名称	功能	编号
QS	起动/停止开关	I0. 0	HL1	南北绿灯	Q0. 0
			HL2	南北黄灯	Q0. 1
			HL3	南北红灯	Q0. 2
			HL4	东西绿灯	Q0. 3
			HL5	东西黄灯	Q0. 4
			HL6	东西红灯	Q0. 5

2. 软件设计

根据系统控制要求，交通灯按照一定的顺序交替变化，所以利用并行序列顺序控制功能图编写程序比较清晰明了，容易理解，如图 4—34 所示。

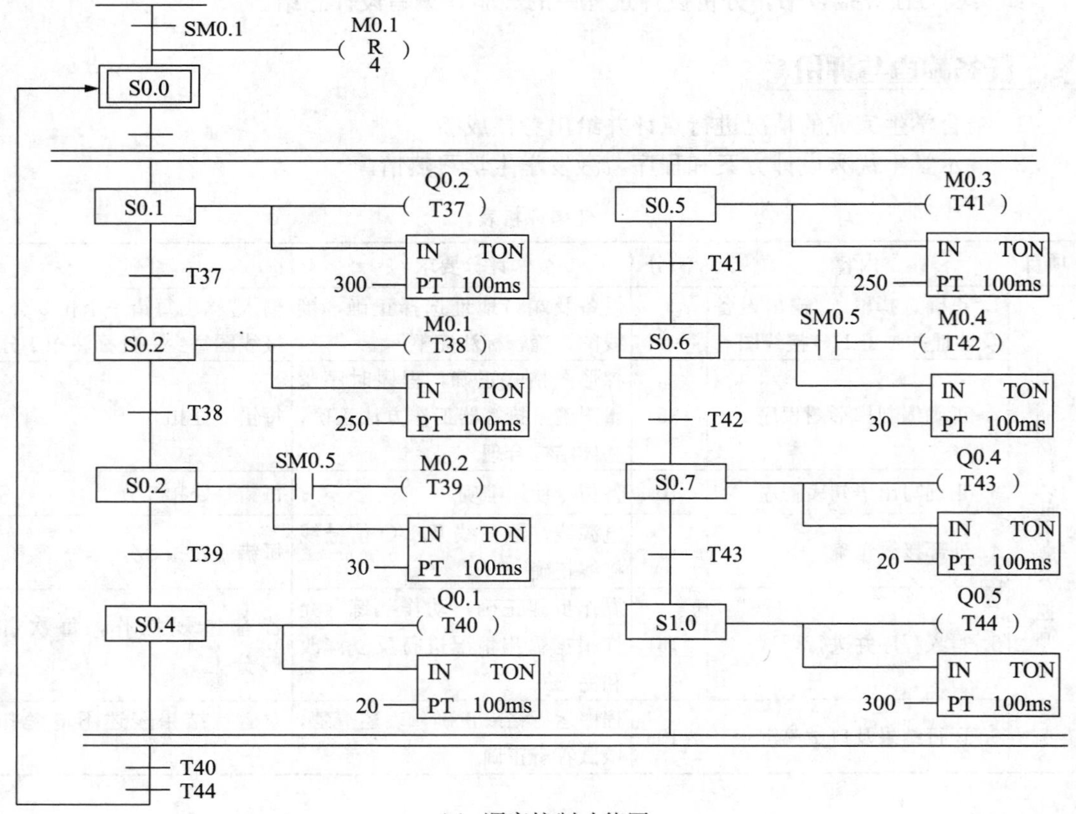

(a) 顺序控制功能图

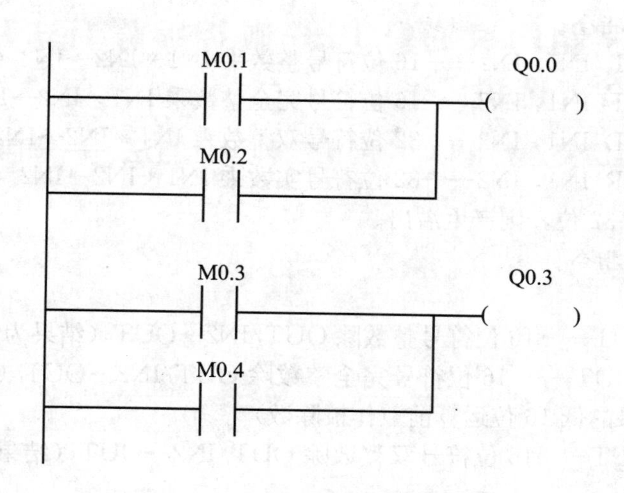

（b）梯形图续图

图 4—34　十字路口交通灯顺序功能图及续图

二、其他功能指令

1. 数学运算指令

（1）加法指令。

对有符号数进行加操作，类型有整数、双整数、实数。

影响特殊存储器位：SM1.0（零）、SM1.1（溢出）、SM1.2（负）。使能出错条件：SM4.3、0006、SM1.1。

OUT 寻址范围：VW、IW、QW、MW、SW、SMW、LW、＊VD、＊AC、＊LD、T、C、AC

指令格式：＋I　IN1，IN2——16 位符号整数加 IN1＋IN2→IN2

＋D　IN1，IN2——32 位符号双整数加 IN1＋IN2→IN2

＋R　IN1，IN2——16 位符号实数加 IN1＋IN2→IN2

加法指令梯形图如图 4—35 所示。

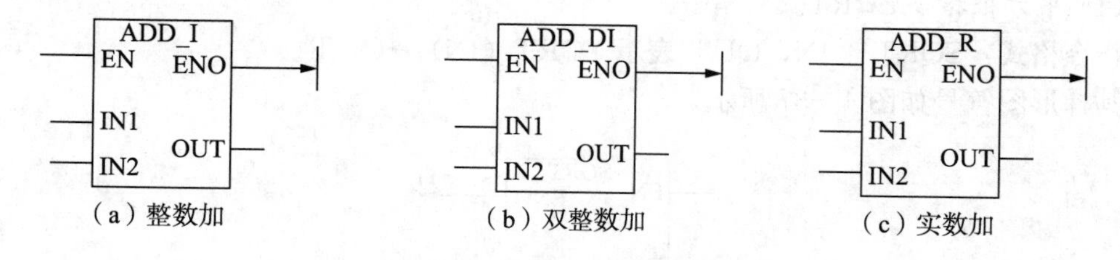

（a）整数加　（b）双整数加　（c）实数加

图 4—35　加法指令梯形图符号

（2）减法运算指令。

指令格式：－I　IN1，IN2——16 位符号整数减 IN1－IN2→IN2

－D IN1，IN2——32 位符号双整数减 IN1－IN2→IN2

－R IN1，IN2——16 位符号实数减 IN1－IN2→IN2

(3) 乘法运算指令。

指令格式：*I　IN1，IN2——16 位符号整数乘 IN1 * IN2→IN2（结果 16 位）

*I　IN1，IN2——16 位符号完全整数乘 IN1 * IN2→IN2（结果 32 位）

*D IN1，IN2——32 位符号双整数乘 IN1 * IN2→IN2（结果 32 位）

*R IN1，IN2——32 位符号实数乘 IN1 * IN2→IN2（结果 32 位）

运算结果大于 32 位，则产生溢出。

(4) 除法运算指令。

指令格式：

/I　IN2，OUT——16 位符号整数除 OUT/IN2→OUT（结果为 16 位商，余数丢失）

DIV　IN2，OUT—— 16 位符号完全整数除 OUT/IN2→OUT（结果为 16 位商，16 位余数，32 位结果的低 16 位运算前兼作被除数）

/D　IN2，OUT——16 位符号双整数除 OUT/IN2→OUT（结果为 32 位商，余数丢失）

/R　IN2，OUT——32 位符号实数除 OUT/IN2→OUT（结果为 32 位商）

(5) 加 1、减 1 指令。

指令格式：INCB（D，W）　OUT 表示 IN＋1→OUT

DECB（D，W）　OUT 表示 IN－1→OUT

梯形图符号如图 4—36 所示。

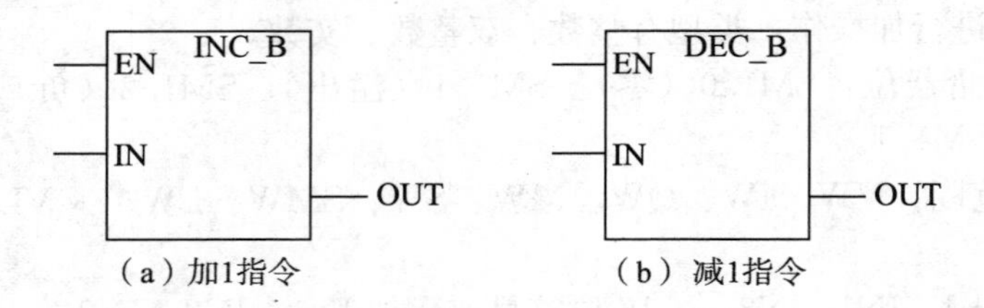

图 4—36　加 1、减 1 梯形图符号

2. 数学函数指令

(1) 平方根指令 SQRT。

指令格式：SQRT　IN，OUT 表示 SQRT（IN）→OUT

其梯形图符号如图 4—37 所示。

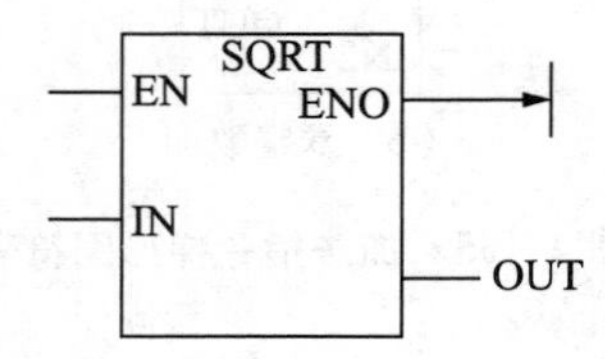

图4—37　平方根梯形图（注：位数为 32 位）符号

(2) 自然对数指令 LN。

指令格式：LN　IN，OUT　表示 LN（IN）→OUT

其梯形图符号如图 4—38 所示。

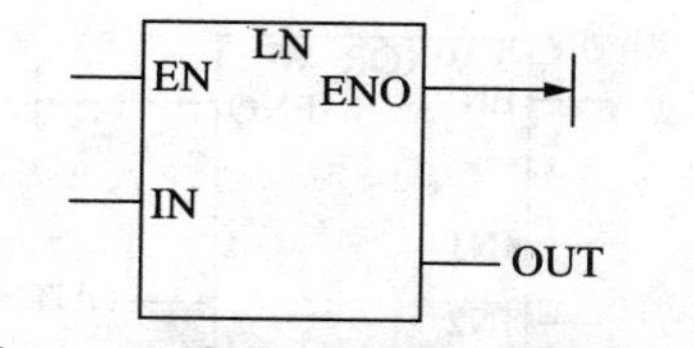

图 4—38 自然对数指令梯形图符号

(3) 三角函数指令。

指令格式：SIN IN，OUT 表示 SIN (IN) →OUT

COS IN，OUT 表示 COS (IN) →OUT

TAN IN，OUT 表示 TAN (IN) →OUT

其梯形图符号如图 4—39 所示。

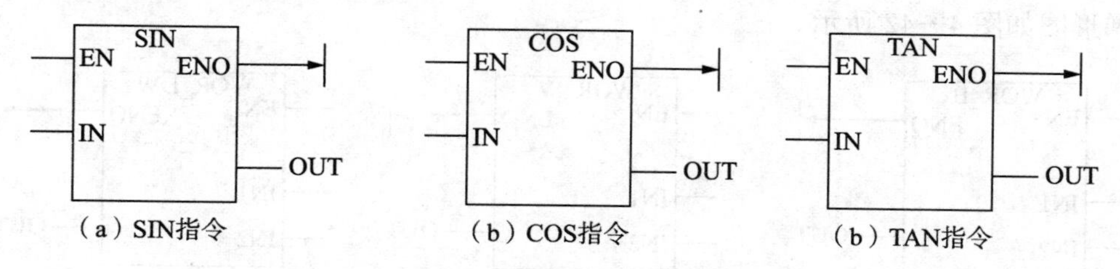

(a) SIN指令 (b) COS指令 (b) TAN指令

图 4—39 三角函数指令梯形图符号

注：输入为 32 位实数弧度，输出 32 位。

3. 逻辑运算指令

逻辑运算是对无符号数进行逻辑运算，主要有逻辑与、逻辑或、逻辑异或、取反等。操作数长度：字节、字、双字。

(1) 逻辑与运算指令。

指令格式：ANDB IN1，OUT

ANDW IN1，OUT

ANDD IN1，OUT

其梯形图符号如图 4—40 所示。

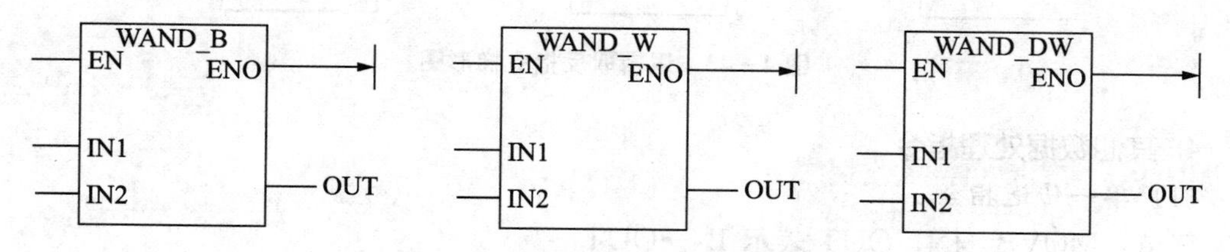

图 4—40 逻辑与指令梯形图符号

(2) 逻辑异或运算指令。

指令格式：XORB IN1，OUT

XORW IN1，OUT

XORD IN1，OUT

其梯形图符号如图 4—41 所示。

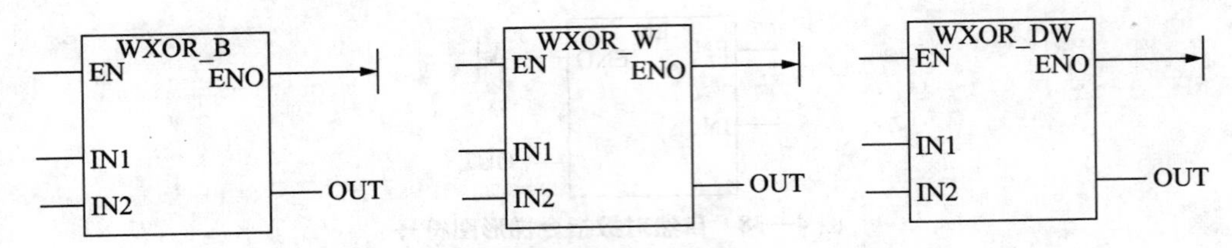

图 4—41　逻辑异或指令梯形图符号

(3) 逻辑或运算指令。

指令格式：ORB　IN1，OUT

ORW　IN1，OUT

ORD　IN1，OUT

梯形图如图 4—42 所示。

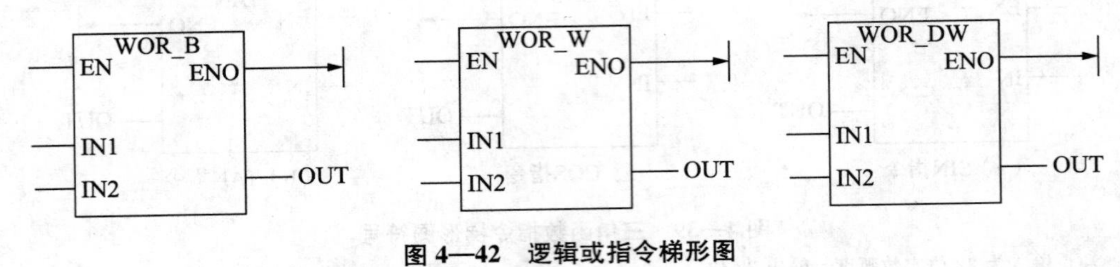

图 4—42　逻辑或指令梯形图

(4) 取反指令。

INVB IN，OUT

INVW IN，OUT

INVD IN，OUT

梯形图如图 4—43 所示。

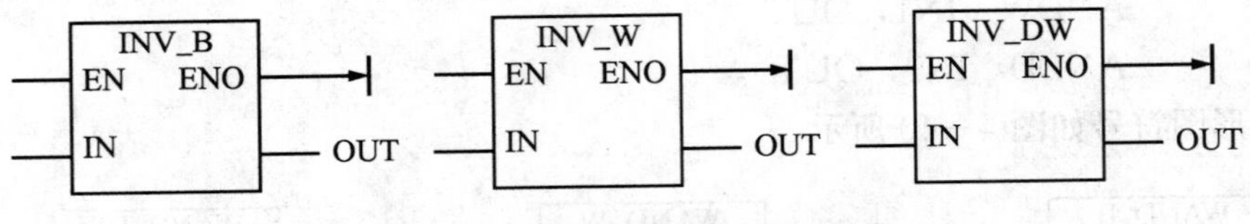

图 4—43　逻辑取反指令梯形图

4. 其他数据处理指令

(1) 单一传送指令。

字节：MOVB　IN，OUT 表示 IN→OUT

字：MOVW　IN，OUT 表示 IN→OUT

双字：MOVD　IN，OUT 表示 IN→OUT

实数：MOVB　IN，OUT 表示 IN→OUT

传送字节立即写指令：MOVB　IN，OUT 表示 IN→OUT，使 IN 物理内容立即写入 OUT 物理输出区。

传送字节立即读指令：MOVB　IN，OUT 表示 IN→OUT，立即读取物理输入区数据并传送到OUT中。

（2）块传送指令。

用来进行一次多个（最多255个）数据的传送，将从IN开始的N个字节（字、双字块）传送到OUT开始的N个字节（字、双字块）单元。

指令格式：BMB　IN，OUT，N

BMW　IN，OUT，N

BMD　IN，OUT，N

（3）字节交换指令。

将字型输入数据IN的高字节与低字节进行交换，结果存放在IN中。

指令格式：SWAP　IN

（4）存储器填充指令。

将字型输入值IN填充至从OUT开始的N个字的存储单元中，N为字节型，可取1～255的正数。

指令格式：FILL　IN，OUT，N

5. 转换指令

转换指令用于对操作数的类型进行转换，包括数据的类型转换、码的类型转换、数据和码之间的转换。

数据类型：字节、整数、双整数、实数。

（1）BCD码到整数的转换指令。

将二进制编码的十进制数值IN转换成整数，并将结果送到OUT中。IN的数值范围为0～9999。

指令格式：BCDI　OUT（IN和OUT使用同一地址）

（2）整数到BCD码的转换指令。

将输入整数值IN转换成二进制编码的十进制数，并将结果送到OUT输出。

指令格式：IBCD　OUT（IN和OUT使用同一地址）

（3）字节到整数的转换指令。

BTI　OUT

（4）整数到字节的转换指令。

IBT　OUT

（5）双整数到整数的转换指令。

DTI　OUT

（6）整数到双整数的转换指令。

IDT　OUT

（7）实数到双整数的转换指令。

ROUND　OUT（小数四舍五入）

TRUNC　OUT（小数部分舍去）

（8）双整数到实数。

DTR　IN，OUT

(9) 编码指令。

ENCO IN，OUT

(10) 译码指令。

DECO IN，OUT

(11) 段码指令。

SEG IN，OUT 七段码指令

(12) ASCII到十六进制数。

ATH IN，OUT，LEN

(13) 十六进制数到ASCII。

HTA IN，OUT，LEN

(14) 整数到ASCII。

ITA IN，OUT，FMT

(15) 双整数到ASCII。

DTA IN，OUT，FMT

(16) 实数数到ASCII。

RTA IN，OUT，FMT

6. 程序控制指令

(1) 有条件结束指令。

END指令根据前一个逻辑条件终止主用户程序，必须用在无条件结束指令MEND之前，用户程序必须以无条件结束指令结束主程序。主程序中可以使用有条件结束指令，但不能在子程序或中断程序中使用有条件指令。

(2) 暂停指令。

STOP用于将PLC从RUN模式转换为STOP模式，终止程序执行。中断程序中采用STOP则终止中断程序执行，忽略全部待执行的中断，继续扫描主程序，扫描全部主程序后进入STOP状态。

(3) 监视定时器复位指令。

WDR：指令重新触发系统监视程序定时器（WDT），扩展扫描允许使用的时间，不会出现监视程序错误。

WDT：系统监视程序定时器，用于监视扫描周期是否超时。正常情况下，扫描时间小于WDT规定的时间（100～300ms）则WDT定时器复位。若系统发生故障时，扫描时间大于设定值，定时器不能及时复位，则报警且停止CPU运行，同时复位输出。这样防止程序进入死循环或故障引起扫描时间过长。若程序过长，扫描时间大于设定值，可使用WDR指令使WDT复位。

注意：在循环程序中使用WDR指令，可能使扫描时间很长，影响其他程序执行，在循环程序没有结束前下列程序禁止执行：

①通信（自由通信除外）；

②I/O刷新（直接I/O除外）；

③强制刷新；

④SM位更新（SM0，SM5～SM29除外）；

⑤运行时间诊断程序；

⑥中断程序中的 STOP 指令；

⑦扫描时间超过 25s 时，使用 10ms、100ms 定时器计时会出现计时不准确。

（4）跳转与标号指令。

JMP——跳转指令，使能有效，程序跳转到标号处执行；

LBL——标号指令，标记指令跳转的目的地的位置。操作数 n 为 0～255。

说明：跳转与标号必须配对使用，使用在同一程序块中。

执行跳转后，被跳转的程序段中元件的状态不同。Q、M、S、C 等保持跳转前的状态。计数器停止计数，保持跳转前的数值。1ms、10ms 定时器保持跳转前的工作状态（继续工作），到达设定值后输出点动作，数值累计到 32767 才停止。100ms 定时器跳转期间停止工作，但不会复位，存储器中数值保持，跳转后若条件满足则继续定时，但定时不准确。

（5）循环指令。

FOR——循环开始指令，标记循环体的开始。

NEXT——循环结束指令，标记循环体的结束。

在 FOR 和 NEXT 之间的程序段称循环体，每执行一次循环体，当前计数值增 1，并且将结果同终值比较，如果大于终值，则终止循环。

指令格式：FOR　INDX，INIT，FINAL

　　　　　……

　　　　　NEXT

其梯形图符号如图 4—44 所示。

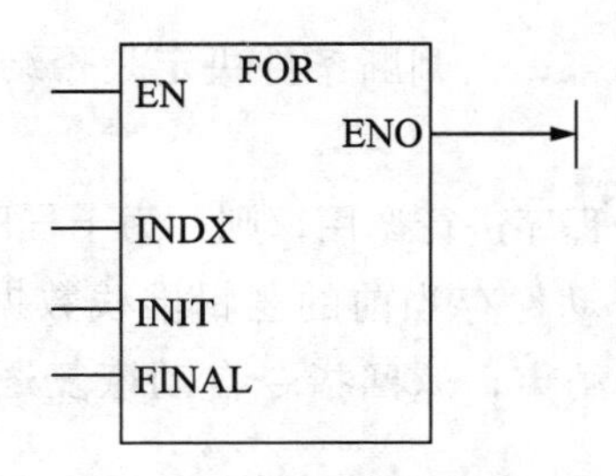

图 4—44　循环指令梯形图符号

说明：

①循环指令必须成对使用。

②FOR 和 NEXT 可以循环嵌套，嵌套最多为 8 层，但不能有交叉。

③每次使能重新有效时，指令自动复位各参数。

④初值大于终值。循环体不被执行。

⑤必须设定三个参数：INDX—指定当前循环计数器；

　　　　　　　　　　INIT—初值；

　　　　　　　　　　FINAL—终值。

⑥数据类型：

INDX：VW，IW，QW，SW，MW，SMW，LW，AC，T，C，*AC，*LD 和常量。

INIFINAL：只比 INDX 增加了 AIW 和 * VD。

(6) 子程序调用和返回指令。

建立子程序通过编程软件实现。

指令格式： CALL SBR _ n

......

SBR _ n

......

CRET

CALL——子程序调用。

SBR _ n——子程序入口，n 为 0～63。

CRET——子程序条件返回指令，使能有效，结束子程序，返回主程序中。

子程序在梯形图中以指令盒的形式编程，如图 4—45 所示。

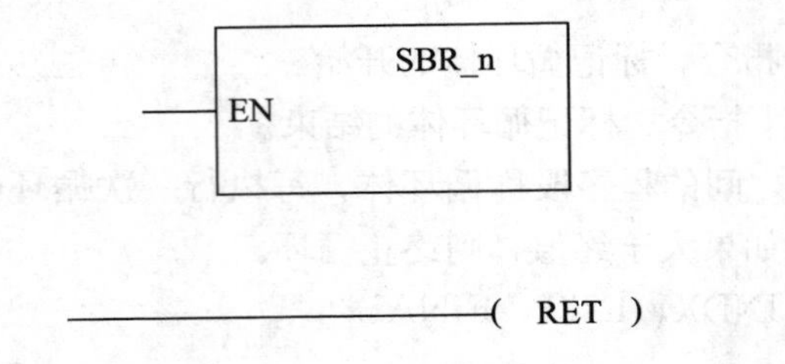

图 4—45 子程序调用和返回指令梯形图符号

说明：

①CRET 多用于子程序的内部，由判断条件决定是否结束子程序，RET 用于子程序的结束。

②在子程序内部又对另一个程序进行调用，则称为子程序嵌套。最多嵌套 5 层。

③子程序被调用时，系统自动保存当前的逻辑堆栈数据，并把栈顶置“1”，其他为“0”，子程序占控制权。子程序结束，返回指令自动恢复逻辑堆栈的值，调用程序占控制权。

④累加器可在调用程序和被调用程序之间自由传递，因此累加器的值在子程序调用时不保存也不恢复。

7. 特殊指令

(1) 中断指令。

系统暂时中断当前程序，转去对随机发生的紧迫事件进行处理，处理完自动返回到原处。

①全局中断允许/禁止指令：

指令格式：ENI 全局中断允许

DISI 全局中断禁止

其梯形图符号如图 4—46 所示。

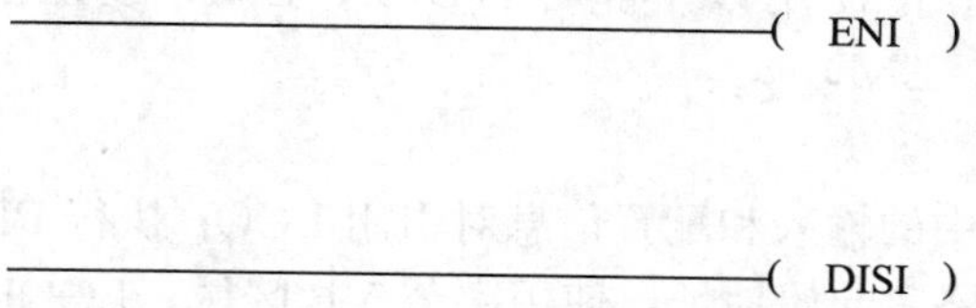

(ENI)

(DISI)

图 4—46　全局中断允许/禁止指令梯形图符号

②中断连接/分离指令：

指令格式：ATCH　INT _ n，EVENT　　　中断连接

　　　　　DTCH　EVENT　　　　　　　　中断分离

其梯形图符号如图 4—47 所示。

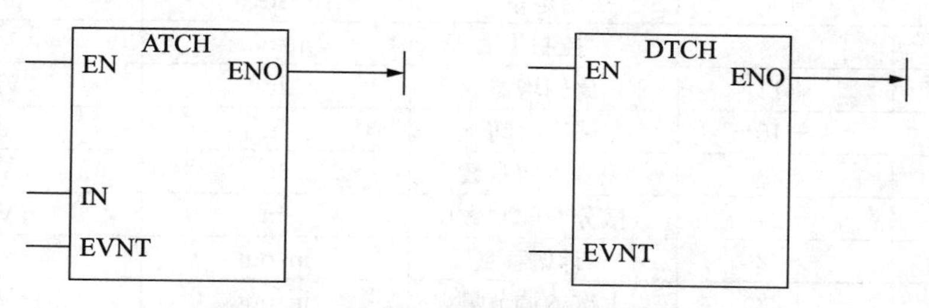

图 4—47　中断连接/分离指令梯形图符号

INT 字节常量 0～127。

EVNT 字节常量，取值与 CPU 的型号有关，CPU226 为 0～33。

注意：调用中断程序前，必须用中断连接，当把某个中断事件和中断程序建立连接后，该中断事件发生时自动开中断。多个中断事件可调用同一中断程序，但一个中断事件不能同时与多个中断程序建立连接。否则在中断允许且中断发生时，系统默认连接的是最后一个中断程序。

③中断服务程序标号/返回指令：

中断服务程序由标号开始，以无条件返回指令结束。

指令格式：INT　n　　n＝0～127　　中断服务程序开始

　　　　　CRETI　　中断程序条件返回指令

　　　　　RETI　　　中断程序无条件返回指令，结束必须使用

其梯形图符号如图 4—48 所示。

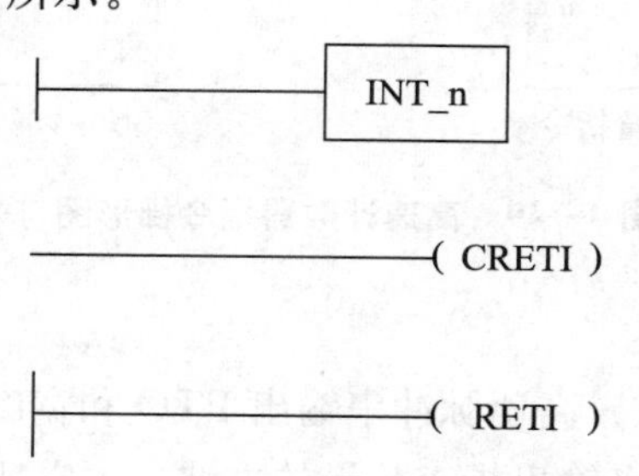

图 4—48　中断服务程序标号/返回指令梯形图符号

中断服务程序中禁止使用以下指令：DISI，ENI，CALL，HDEF，FOR/NEXT，LSCR，SCRE，SCRT，END。

(2) PID回路指令。

PID指令根据表格中的输入和配置信息对引用LOOP执行PID循环运算。

TABLE是PID回路表起始地址，使用字节VB区域，LOOP是回路号（0～7），PID回路参数见表4—16。

指令格式：PID　TABLE，LOOP

表4—16　　PID回路参数表

参数编号	地址偏移	变量名	变量类型	例如使用VD100
1	+0	调节量	In	VD100
2	+4	给定量	In	VD104
3	+8	控制量	in/out	VD108
4	+12	比例增益	In	VD1112
5	+16	采样时间	In	VD116
6	+20	积分时间常数	In	VD120
7	+24	微分时间常数	In	VD124
8	+28	累计偏移量	in/out	VD128
9	+32	上次的调节量	in/out	VD132

(3) 高速计数器指令。

普通计数器受CPU扫描速度的影响，对高速脉冲进行计数时可能出现丢失现象。

高速计数器脱离主机独立计数。使用时首先要定义工作模式，用HDEF指令设置。

指令格式：HDEF　HSC，MODE

其中：HSC——高速计数器编号0～5

　　　MODE——工作模式0～11，具体参见手册。

计数指令格式：HSC　N

其中：N——高速计数器编号

高速计数器指令梯形图符号如图4—49所示。

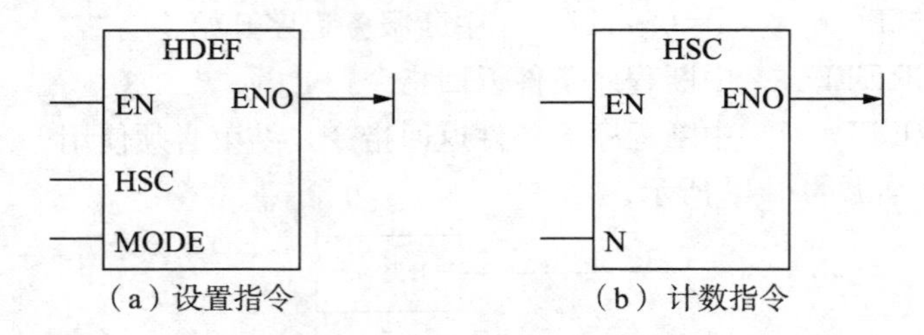

(a) 设置指令　　(b) 计数指令

图4—49　高速计数器指令梯形图符号

(4) 高速脉冲输出指令。

高速脉冲输出有两种形式：高速脉冲串输出PTO和宽度可调脉冲输出PWM。

高速脉冲串输出PTO用来输出指定数量的方波（占空比50%），用户指定方波的周期和脉冲数。个数为1～4294967295（42亿左右），周期为250～65535μs。

宽度可调脉冲输出 PWM 用来输出占空比可调的高速脉冲串，用户指定控制脉冲的周期和脉冲宽度。周期为 250～65535μs，占空比 0～100%。

每个 CPU 有两个 PTO/PWM 发生器，产生 PTO 和 PWM 波形，一个分配在 Q0.0，另一个分配在 Q0.1。每一路输出有一个 8 位控制寄存器，两个 16 位无符号时间寄存器，一个 32 位的脉冲计数器控制，如表 4—17 所示。

表 4—17　　高速脉冲输出地址分配表

	Q0.0	Q0.1
输出状态位（2 位）	SM66.6，SM66.7	SM76.6，SM76.7
输出控制位（8 位）	SM67.0～SM67.7	SM77.0～SM77.7
周期时间值（16 位）	SMB68，SMB69	SMB78，SMB79
脉冲宽度（16 位）	SMB70，SMB71	SMB80，SMB81
计数值（32 位）	SMB72～SMB75	SMB82～SMB85

指令格式：PLS　Q0.X

高速脉冲输出指令梯形图符号如图 4—50 所示，其中 X 只能取 0 和 1。

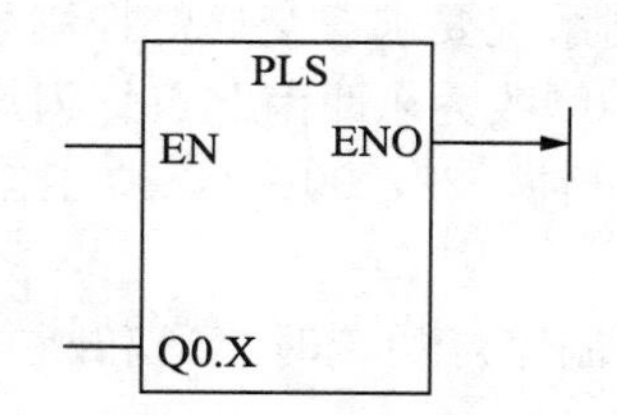

图 4—50　高速脉冲输出指令梯形图符号

（5）时钟指令。

①读实时时钟指令 TODR：

当使能有效，指令而从实时时钟读取当前时间和日期，并装入以 T 为起始字节地址的 8 个字节缓冲区，依次存放年、月、日、时、分、秒、零和星期。对应数值范围：00～99，01～31，00～23，00～59，00～59，00～59，01～07。

数据类型：BCD 码。

T 寻址范围：VB，IB，QB，SMB，SB，LB，* VD，* AC，* LD。

指令格式：TODR　T

读实时时钟指令梯形图符号如图 4—51 所示。

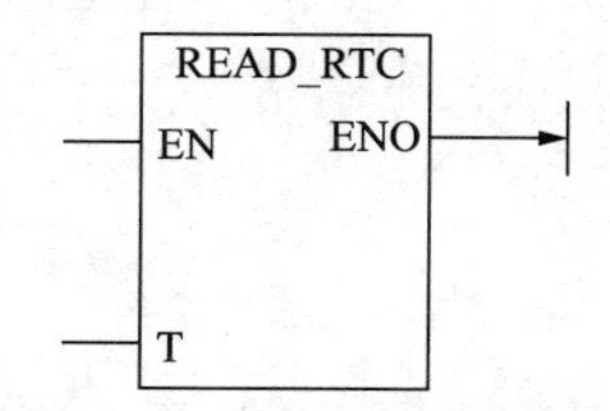

图 4—51　读实时时钟指令梯形图

②设定实时时钟指令 TODW：

使能有效时，指令即把含有时间和日期的 8 个字节缓冲区的内容装入时钟。

对应数值范围：00～99，01～31，00～23，00～59，00～59，0，01～07。

数据类型：BCD 码。

T 寻址范围：VB，IB，QB，SMB，SB，LB，* VD，* AC，* LD。

指令格式：TODW　T

设定实时时钟指令梯形图符号如图 4—52 所示。

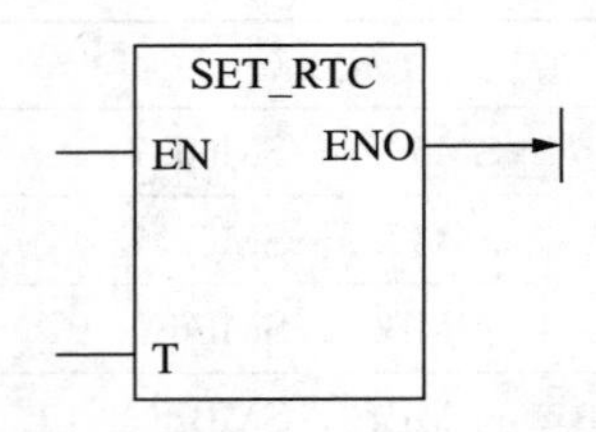

图 4—52　设定实时时钟指令梯形图符号

思考题

1. 十字路口交通灯 PLC 控制系统要求：交通灯控制系统在 7：00—22：00 按本情境任务一的要求工作，22：00—7：00 改为东西南北黄灯闪烁，循环工作（程序调试时，时间调整为 7：00—22：00 工作 5 分钟，22：00—7：00 工作 2 分钟）。试修改控制程序并调试。

2. 昼夜报时器用比较指令控制路灯的定时接通和断开，20：00 时开灯，6：00 时关灯，设计 PLC 程序。

3. 用定时器 T32 进行中断定时，控制接在 Q0.0～Q0.7 的 8 个彩灯循环左移，每秒移动一次，设计程序。

情境五　PLC综合控制系统的设计及应用

情境描述

1. 机械手控制系统

在很多企业生产线中机械手的应用非常广泛，本系统可以实现两地物体的挪移。

2. 高速计数器指令在自动剪板机上的应用

高速计数器应用越来越广泛，本项目以彩钢瓦自动剪板机为载体，介绍了高速计数器的工作原理及使用方式。

3. 利用组态软件实现机械手的监控

随着自动化程度的提高，很多生产现场都实现了远程监控与操作，本项目实现了机械手控制的远程监控。

学习目标

1. 掌握PLC控制系统的综合运用。
2. 强化各类指令程序的编写能力及应用。
3. 掌握PLC电气系统设备及器件的选择。
4. 掌握组态监控软件的基本使用。
5. 实现组态王软件与西门子PLC之间的通信。

建议课时　18学时

任务一　机械手PLC控制系统

任务描述

一、机械手控制系统的工作描述

为了满足生产的需要，很多设备要求设置多种工作方式，如手动和自动（包括连续、单周期、单步、自动返回初始状态等）工作方式。某机械手用来将工件从 A 点搬运到 B 点如图 5—1 所示，操作面板如图 5—2 所示。

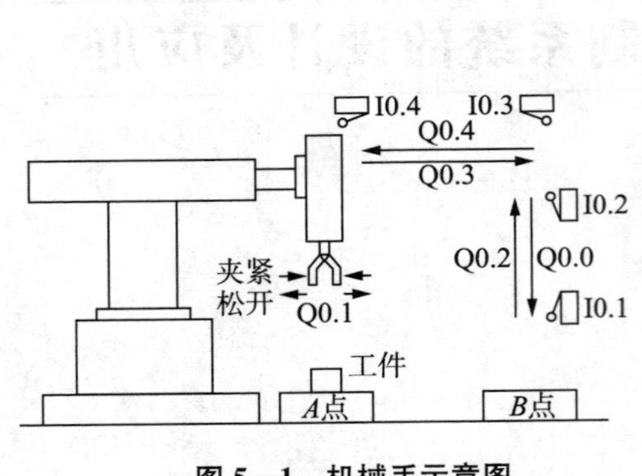

图 5—1　机械手示意图

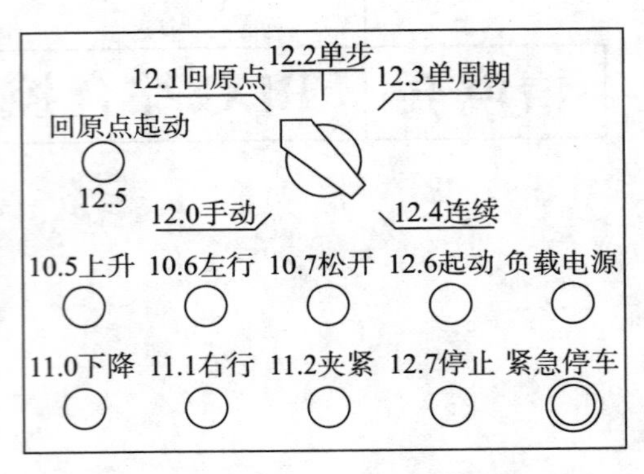

图 5—2　操作面板

二、任务要求

系统设有手动、单周期、单步、连续和回原点 5 种工作方式，机械手在最上面和最左边且松开时，称为系统处于原点状态（或称初始状态）。为了保证在紧急情况下（包括可编程控制器发生故障时）能可靠地切断可编程控制器的负载电源，设置了交流接触器 KM（见图 5—5）。在可编程序控制器开始运行时按下“负载电源”按钮，使 KM 线圈通电并自锁，KM 的主触点接通，给外部负载提供交流电源，出现紧急情况时按下“紧急停车”按钮断开负载电源。

在公共程序中，左限位开关 I0.4、上限位开关 I0.2 的常开触点。如果选择的是单周期工作方式，按下起动按钮 I2.6 后，从初始步 M0.0 开始，机械手按顺序功能图（见图 4—6）的规定完成一个周期的工作后，返回并停留在初始步。如果选择连续工作方式，在初始状态按下起动按钮后，机械手从初始步开始一个周期一个周期地反复连续工作。按下停止按钮，并不马上停止工作，完成最后一个周期的工作后，系统才返回并停留在初始步。在单步工作方式，从初始步开始，按一下起动按钮，系统转换到下一步，完成该步的任务后，自动停止工作并停在该步，再按一下起动按钮，又往前走一步。单步工作方式常用于子系统的调试。

相关知识

在进行计算机的结构化程序设计时，常常采用子程序设计技术。在 PLC 的程序设计中，也不例外。对那些需要经常执行的程序段，设计成子程序的形式，并为每个子程序赋以不同的编号，在程序执行的过程中，可随时调用某个编号的子程序。

一、子程序调用指令和返回指令

子程序调用指令 CALL 的功能是将程序执行转移到编号为 n 的子程序。

子程序的入口用指令 SBR n 表示，在子程序执行过程中，如果满足条件返回指令 CRET 的返回条件，则结束该子程序，返回到原调用处继续执行；否则，将继续执行该子程序到最后一条。无条件返回指令 RET，结束该子程序的运行，返回到原调用处。

在梯形图中，子程序调用指令以功能框形式编程，子程序返回指令以线圈形式编程。

二、子程序调用过程的特点

（1）在子程序（n）调用过程中，CPU 把程序控制权交给子程序（n），系统将当前逻辑堆栈的数据自动保存，并将栈顶置 1，堆栈中的其他数据置 0。当子程序执行结束后，通过返回指令自动恢复原来逻辑堆栈的数据，把程序控制权重新交给原调用程序。

（2）因为累加器可在调用程序和被调子程序之间自由传递数据，所以累加器的值在子程序调用开始时不需要另外保存，在子程序调用结束时也不用恢复。

（3）允许子程序嵌套调用，嵌套深度最多为 8 重。

（4）S7-200 不禁止子程序递归调用（自己调用自己），但使用时要慎重。

（5）用 Micro/WIN32 软件编程时，编程人员不用手工输入 RET 指令，而是由软件自动加在每个子程序的结束处。

举例：不带参数子程序的调用。

点动/连续运转控制程序的点动部分及连续运转部分可分别作为子程序编写，在主程序中根据需要调用可很好地完成控制任务。与此对应的梯形图及指令语句如图 5—3 所示。

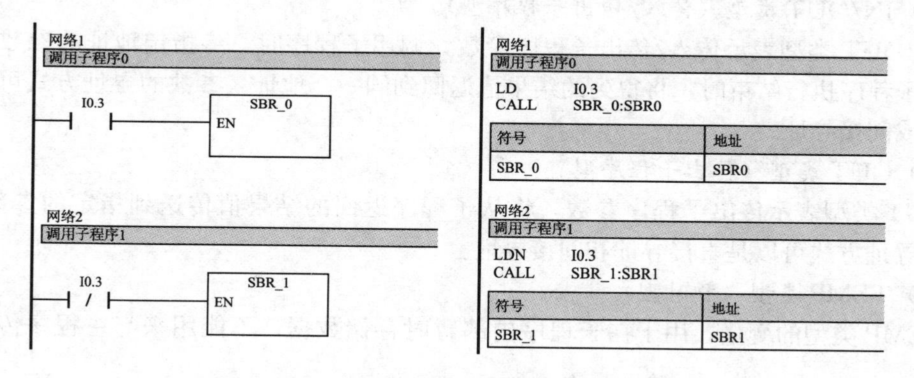

图 5—3（a） 主程序的梯形图及对应指令语句

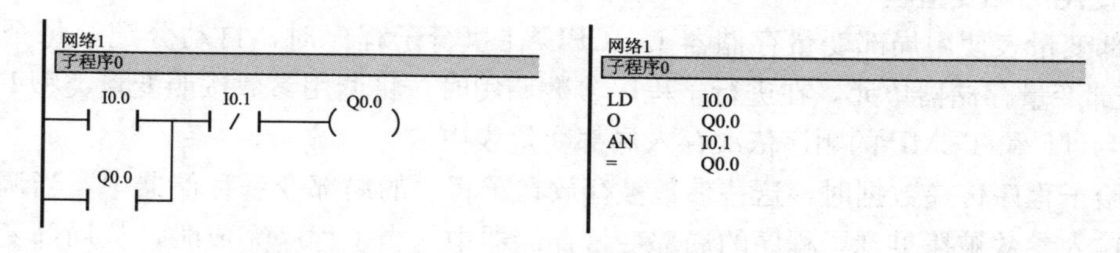

图 5—3（b） 子程序 0 对应的梯形图及指令语句

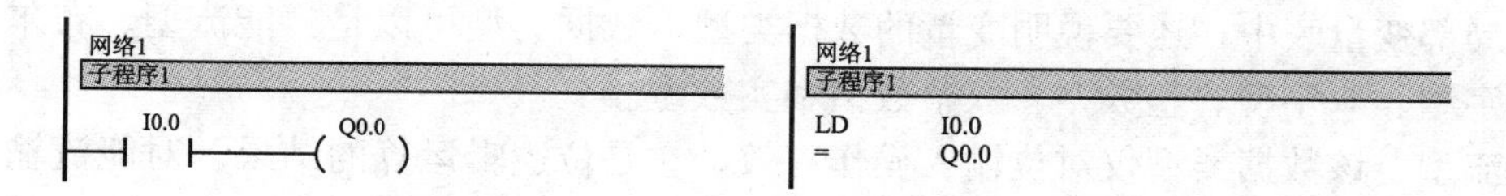

图 5—3（c） 子程序 1 对应的梯形图及指令语句

三、带参数的子程序调用

子程序在调用过程中，允许带参数调用。

1. 子程序参数

子程序在带参数调用时，最多可以带 16 个参数。每个参数包含变量名、变量类型和数据类型。这些参数在子程序的局部变量表中进行定义。

2. 变量名

变量名由不超过 8 个字符的字母和数字组成，但第一个字符必须是字母。

3. 变量类型

在子程序带参数调用时可以使用 4 种变量类型，根据数据传递的方向，依次安排这些变量类型在局部变量表中的位置。

(1) IN 类型（传入子程序型）。

IN 类型表示传入子程序参数，参数的寻址方式可以是：

直接寻址（如 VB20），将指定位置的数据直接传入子程序。

间接寻址（如 * AC1），将由指针决定的地址中的数据传入子程序。

立即数寻址（如 16#2345），将立即数传入子程序。

地址编号寻址（如 &VB100），将数据的地址值传入子程序。

(2) IN/OUT 类型（传入/传出子程序型）。

IN/OUT 类型表示传入/传出子程序参数，调用子程序时，将指定地址的参数传入子程序，子程序执行结束时，将得到的结果值返回到同一个地址。参数的寻址方式可以是直接寻址或间接寻址。

(3) OUT 类型（传出子程序型）。

OUT 类型表示传出子程序参数，将从子程序返回的结果值传送到指定的参数位置。参数的寻址方式可以是直接寻址和间接寻址。

(4) TEMP 类型（暂时型）。

TEMP 类型的变量，用于在子程序内部暂时存储数据，不能用来与主程序传递参数数据。

4. 使用局部变量表

局部变量表使用局部变量存储器 L，CPU 在执行子程序时，自动分配给每个子程序 64 个局部变量存储器单元，在进行子程序参数调用时，将调用参数按照变量类型 IN，IN/OUT，OUT 和 TEMP 的顺序依次存入局部变量表中。

当给子程序传递数据时，这些参数被存放在子程序的局部变量存储器中，当调用子程序时，输入参数被拷贝到子程序的局部变量存储器中，当子程序完成时，从局部变量存储器拷贝输出参数到指定的输出参数地址。

在局部变量表中，还要说明变量的数据类型，数据类型可以是：能流型、布尔型、字节型、字型、双字型、整数型、双整数型和实数型。

能流型：该数据类型仅对位输入操作有效，它是位逻辑运算的结果。对能流输入类型的数据，要安排在局部变量表的最前面。

布尔型：该数据类型用于单独的位输入和位输出。

字节型、字型、双字型：这些数据类型分别用于说明 1 字节、2 字节和 4 字节的无符号的输入参数或输出参数。

整数和双整数型：该数据类型分别用于说明 2 字节和 4 字节的有符号的输入参数或输

出参数。

实数型：该数据类型用于说明 IEEE 标准的 32 位浮点输入参数或输出参数。

在语句表中，带参数的子程序调用指令格式为：CALL n，Var1，Var2，…，Var m。其中：n 为子程序号，Var1 到 Varm 为调用参数。影响允许输出 ENO 正常工作的出错条件为：SM4.3（运行时间），0008（子程序嵌套超界）。

举例：带参数的子程序调用如图 5—4 所示。

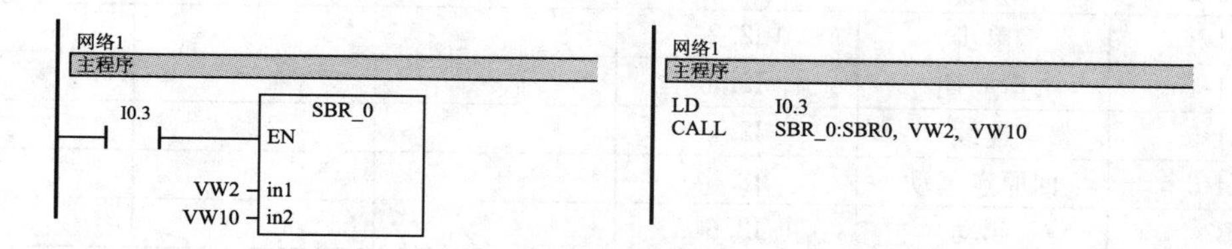

图 5—4（a） 主程序梯形图和指令语句表

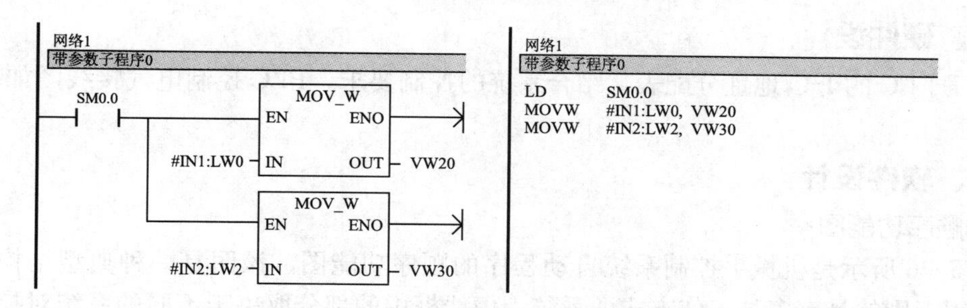

图 5—4（b） 子程序梯形图和指令语句表

任务分析

一、PLC 选型

根据控制系统的设计要求，考虑到系统的扩展和功能，可选择小型 PLC CPU224 或 CPU226 作为控制元件。

二、输入/输出分配

结合设计要求和 PLC 型号，I/O 地址分配如表 5—1 所示。

表 5—1 机械手控制的 I/O 地址分配表

输入信号			输出信号		
名称	功能	编号	名称	功能	编号
SQ1	下限位	I0.1	KM1	下降	Q0.0
SQ2	上限位	I0.2	KM2	加紧	Q0.1
SQ3	右限位	I0.3	KM3	上升	Q0.2
SQ4	左限位	I0.4	KM4	右行	Q0.3
SB1	上升	I0.5	KM5	左行	Q0.4
SB2	左行	I0.6			
SB3	松开	I0.7			

续前表

输入信号			输出信号		
SB4	下降	I1.0			
SB5	右行	I1.1			
SB6	夹紧	I1.2			
SA1-1	手动	I2.0			
SA1-2	回原点	I2.1			
SA1-3	单步	I2.2			
SA1-4	单周期	I2.3			
SA1-5	连续	I2.4			
SA1-6	回原点起动	I2.5			
SB7	起动	I2.6			
SB8	停止	I2.7			

三、硬件设计

依照 PLC 的 I/O 地址分配表，结合系统的控制要求，PLC 控制电气接线图如图 5—5 所示。

四、软件设计

1. 顺序功能图

图 5—6 所示是机械手控制系统自动程序的顺序功能图。该图是一种典型结构，这种结构可用于别的具有多种工作方式的系统，虚线框中的部分取决于不同的系统对控制的具体要求。

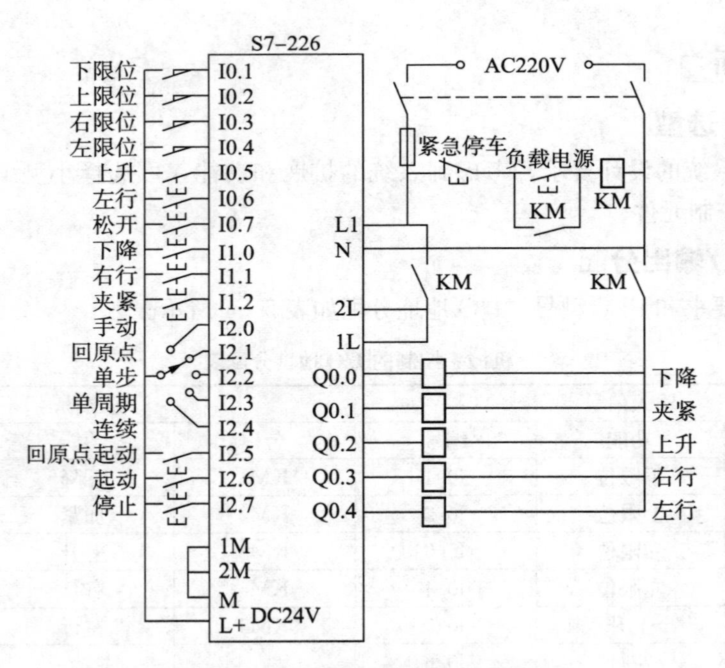

图 5—5　机械手控制 PLC I/O 接线图

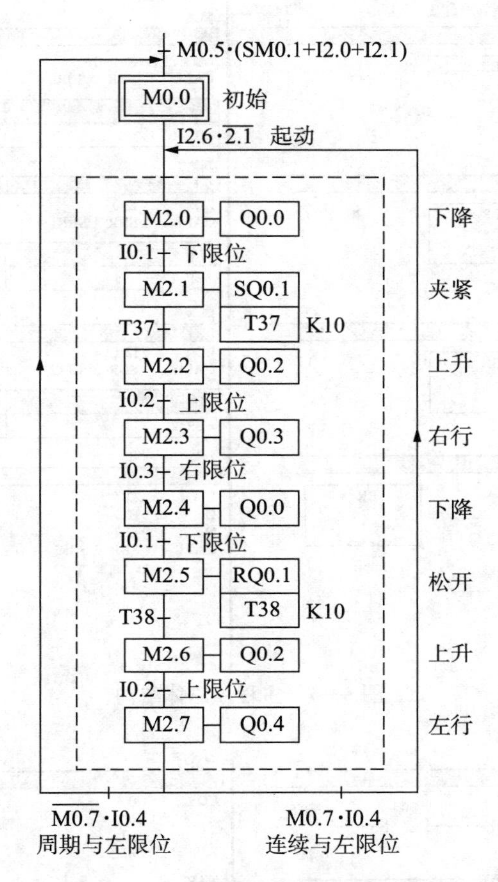

图 5—6 机械手自动控制顺序功能图

2. 程序的总体结构

图 5—7 所示为主程序总体结构，SM0.0 的常开触点一直闭合，公共程序无条件执行。当 I2.0 为 ON 时，执行“手动”子程序。当 I2.1 为 ON 时，执行“回原点”子程序。其他 3 种工作方式执行“自动”子程序。

3. 梯形图

(1) 公用程序。

公用程序（见图 5—8）用于自动程序和手动程序相互切换的处理，当系统处于手动工作方式时，必须将除初始步以外的各步对应的存储器位（M2.0～M2.7）复位，同时将表示连续工作状态的 M0.7 复位，否则当系统从自动工作方式切换到手动工作方式，然后又返回自动工作方式时，可能会出现同时有两个活动步的异常情况，导致错误的动作。

当机械手处于原点状态（M0.50N），在开始执行用户程序（SM0.1 为 0N）且系统处于手动状态或自动回原点状态（I2.0 或 I2.1 为 0N）时，初始步对应的 M0.0 将被置位，为进入单步、单周期和连续工作方式作好难备。如果此时 M0.5 为 OFF 状态，M0.0 将被复位，初始步为 OFF。

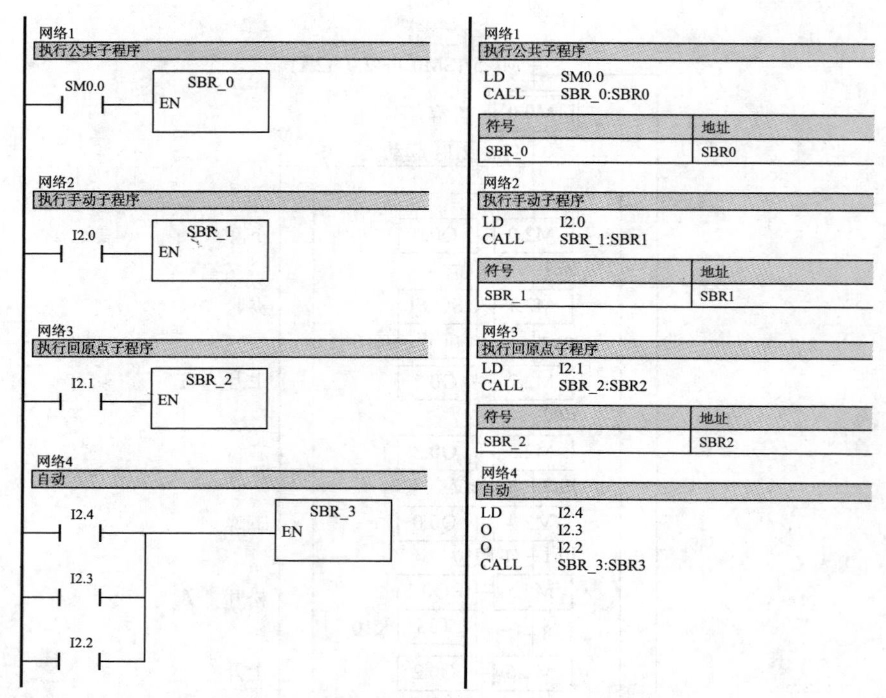

图 5—7 主程序总体结构

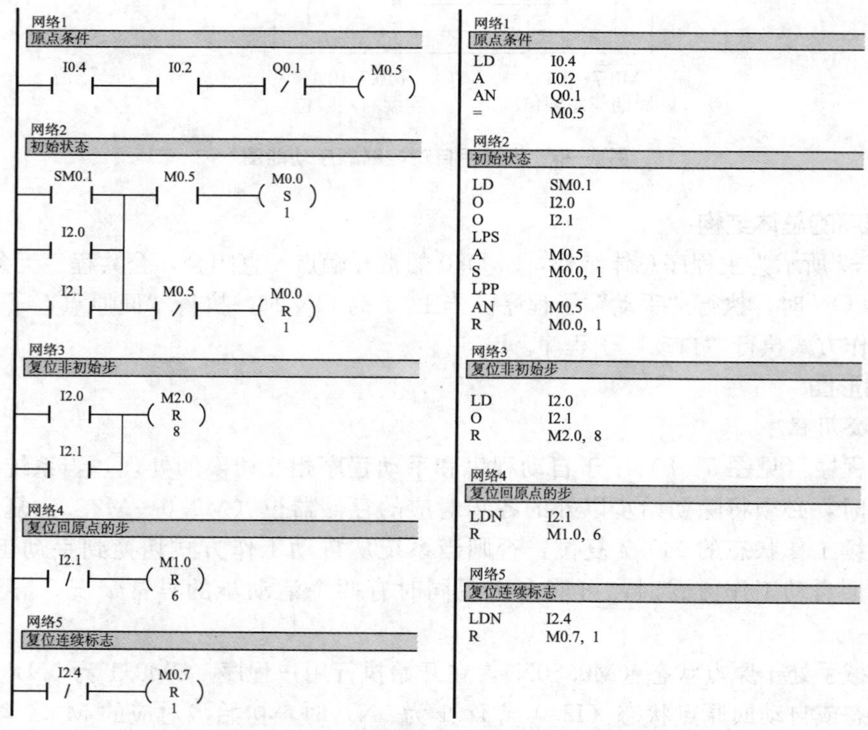

图 5—8 公用程序的梯形图及指令语句表

（2）手动程序。

图 5—9 所示手动程序，手动操作时用图 5—2 对应的 6 个按钮控制机械手的升、降、左行、右行、夹紧和松开。为了保证系统的安全运行，在手动程序中设置了一些必要的联锁，例如上升与下降之间、左行与右行之间的互锁，以防止功能相反的两个输出同时为 ON。上限位开关 I0.2 的常开触点与控制左、右行的 Q0.4 和 Q0.3 的线圈串联，机械手升到最高位置才能左右移动，以防止机械手在较低位置运行时与别的物体碰撞。

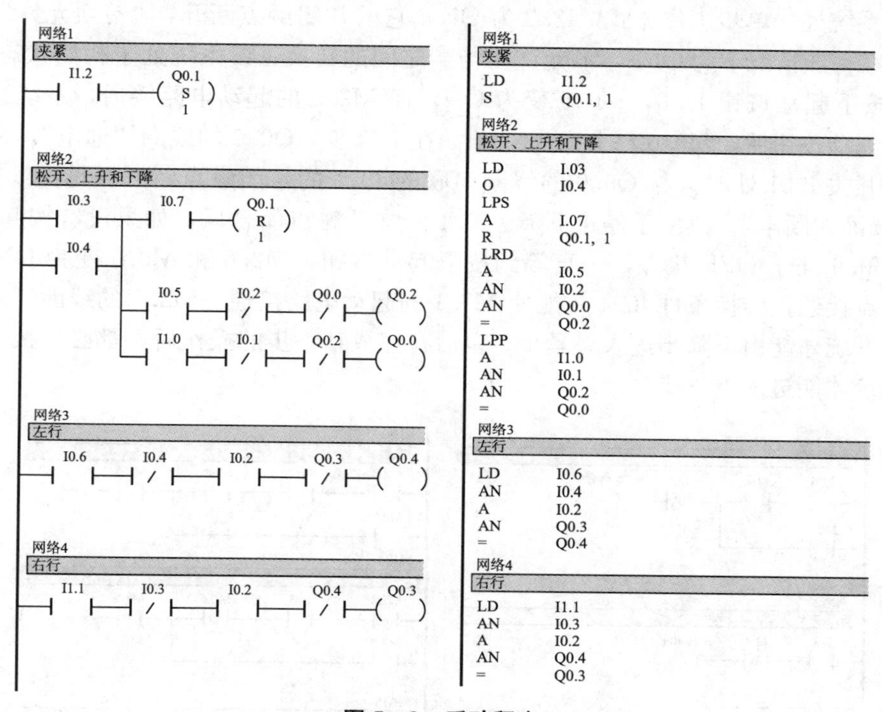

图 5—9　手动程序

（3）自动程序。

图 5—10 是用起保停电路设计的自动控制程序（不包括自动返回原点程序），M0.0 和 M2.0～M2.7 用典型的起保停电路控制。系统工作在连续和单周期（非单步）工作方式时，I2.2 的常闭触点接通，使 M0.6（转换允许）为 ON，串联在各起保停电路的起动电路中的 M0.6 的常开触点接通，允许步与步之间的转换。假设选择的是单周期工作方式，此时 I2.3 为 ON，I2.1 和 I2.2 的常闭触点闭合，M0.6 的线圈“通电”，允许转换。在初始步时按下起动按钮 I2.6，在 M2.0 的起动电路中，M0.0、I2.6、M0.6 的常开触点和 M2.1 的常闭触点均接通，使 M2.0 的线圈“通电”，系统进入下降步，Q0.0 的线圈“通电”，机械手下降；机械手碰到下限位开关 I0.1 时，M2.1 的线圈“通电”，转换到夹紧步，Q0.1 被置位指令置为 1，工件被夹紧，同时 T37 的 IN 输入端为 1 状态，1s 以后 T37 的定时时间到，它的常开触点接通，使系统进入上升步。以后系统将这样一步一步地工作下去，当机械手在步 M2.7 返回最左边时，I0.4 为 1，因为此时不是连续工作方式，M0.7 处于 OFF 状态，转换条件 M0.7 · I0.4 满足，系统返回并停留在初始步。

在连续工作方式，I2.4 为 ON，在初始状态按下起动按钮 I2.6，与单周期工作方式时相同，M2.0 变为 ON，机械手下降。与此同时，控制连续工作的 M0.7 的线圈“通电”并自保持，以后的工作过程与单周期工作方式相同。当机械手在步 M2.7 返回最左边时，I0.4 为 ON，因为 M0.7 为 ON，转换条件 M0.7·I0.4 满足，系统将返回步 M2.0 反复连续地工作下去。

按下停止按钮 I2.7 后，M0.7 变为 OFF，但是系统不会立即停止工作，在完成当前工作周期，转换条件 I0.4 满足后，系统才返回并停留在初始步。

如果系统处于单步工作方式，I2.2 为 ON，它的常闭触点断开，“转换允许”存储器位 M0.6 在一般情况下为 OFF，不允许步与步之间的转换。设系统处于初始状态，M0.0 为 ON，按下起动按钮 I2.6，M0.6 变为 ON，使 M2.0 的起动电路接通，系统进入下降步。放开起动按钮后，M0.6 马上变为 OFF。在下降步，Q0.0 的线圈“通电”，机械手降到下限位开关 I0.1 处时，与 Q0.0 的线圈串联的 I0.1 的常闭触点断开（见图 5—3），使 Q0.0 的线圈“断电”，机械手停止下降。I0.1 的常开触点闭合后，如果没有按起动按钮，I2.6 和 M0.6 处于 OFF 状态，一直等到按下起动按钮，M2.6 和 M0.6 变为 ON，M0.6 的常开触点接通，转换条件 I0.1 才能使 M2.1 的起动电路接通，M2.1 的线圈“通电”并自保持，系统才能由下降步进入夹紧步。以后在完成某一步的操作后，都必须按一次起动按钮，系统才能进入下一步。

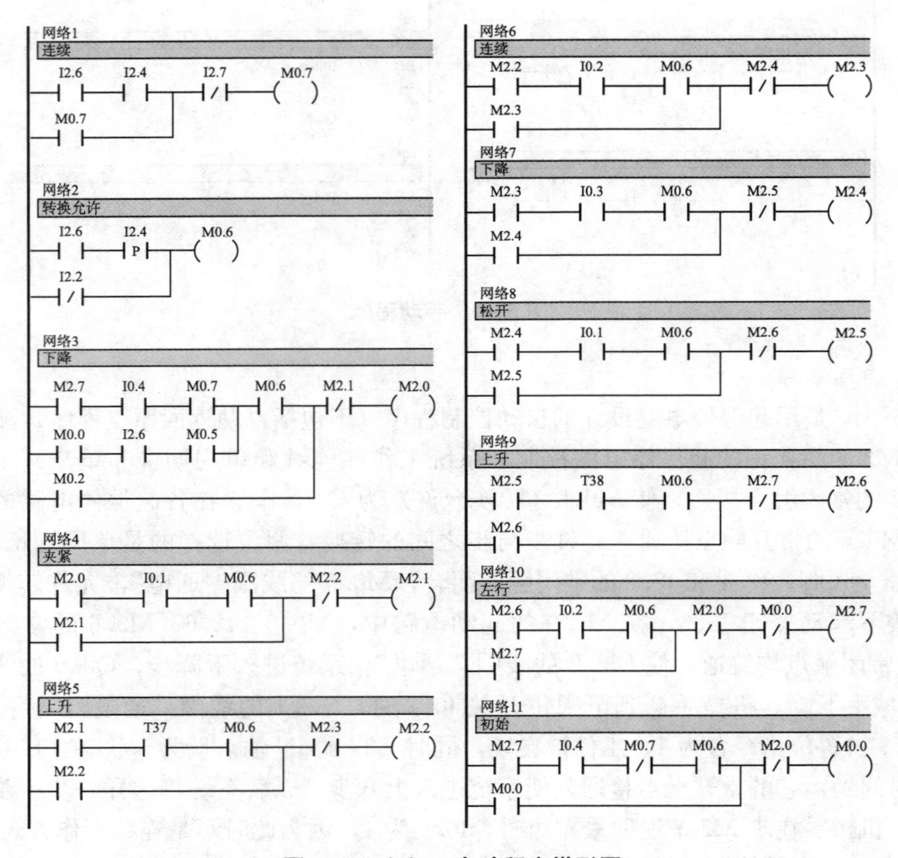

图 5—10（a） 自动程序梯形图

```
网络1
连续
LD    I2.6
A     I2.4
O     M0.7
AN    I2.7
=     M0.7

网络2
转换允许
LD    I2.6
EU
ON    I2.2
=     M0.6

网络3
下降
LD    M2.7
A     I0.4
A     M0.7
LD    M0.0
A     I2.6
A     M0.5
OLD
A     M0.6
O     M0.2
AN    M2.1
=     M2.0

网络4
夹紧
LD    M2.0
A     I0.1
A     M0.6
O     M2.1
AN    M2.2
=     M2.1

网络5
上升
LD    M2.1
A     T37
A     M0.6
O     M2.2
AN    M2.3
=     M2.2

网络6
连续
LD    M2.2
A     I0.2
A     M0.6
O     M2.3
AN    M2.4
=     M2.3

网络7
下降
LD    M2.3
A     I0.3
A     M0.6
O     M2.4
AN    M2.5
=     M2.4

网络8
松开
LD    M2.4
A     I0.1
A     M0.6
O     M2.4
AN    M2.6
=     M2.5

网络9
上升
LD    M2.5
A     T38
A     M0.6
O     M2.6
AN    M2.7
=     M2.6

网络10
左行
LD    M2.6
A     I0.2
A     M0.6
O     M2.7
AN    M2.0
AN    M0.0
=     M2.7

网络11
初始
LD    M2.7
A     I0.4
AN    M0.7
A     M2.6
O     M0.0
AN    M2.0
=     M0.0
```

图 5—10（b） 自动程序指令语句表

（4）输出电路。

图 5—11 是自动控制程序的输出电路，图中 I0.1～I0.4 的常闭触点是为单步工作方式设置的。以下降为例，当机械手碰到限位开关 I0.1 后，与下降步对应的存储器位 M2.0 不会马上变为 OFF，如果 Q0.0 的线圈不与 I0.1 的常闭触点串联，机械手不能停在下限位开关 I0.1 处，还会继续下降，对于某些设备，在这种情况下可能造成事故。

为了避免出现双线圈现象，将对 Q0.2 和 Q0.4 线圈的控制合在一起。

（5）自动回原点程序。

图 5—12 是自动回原点程序的顺序功能图，图 5—13 是用起保停电路设计的自动回原点程序的梯形图和指令语句表。在回原点工作方式（I2.1 为 ON），按下回原点起动按钮 I2.5，M1.0 变为 ON，机械手松开和上升，升到上限位开关时 I0.2 为 ON，机械手左行，到左限位开关时，I0.4 变为 ON，将步 M1.1 复位。这时原点条件满足，M0.5 为 ON，在公共程序中，初始步 M0.0 被置位，为进入单周期、连续和单步工作方式做好了准备，因此可以认为步 M0.0 是步 M1.1 的后续步。

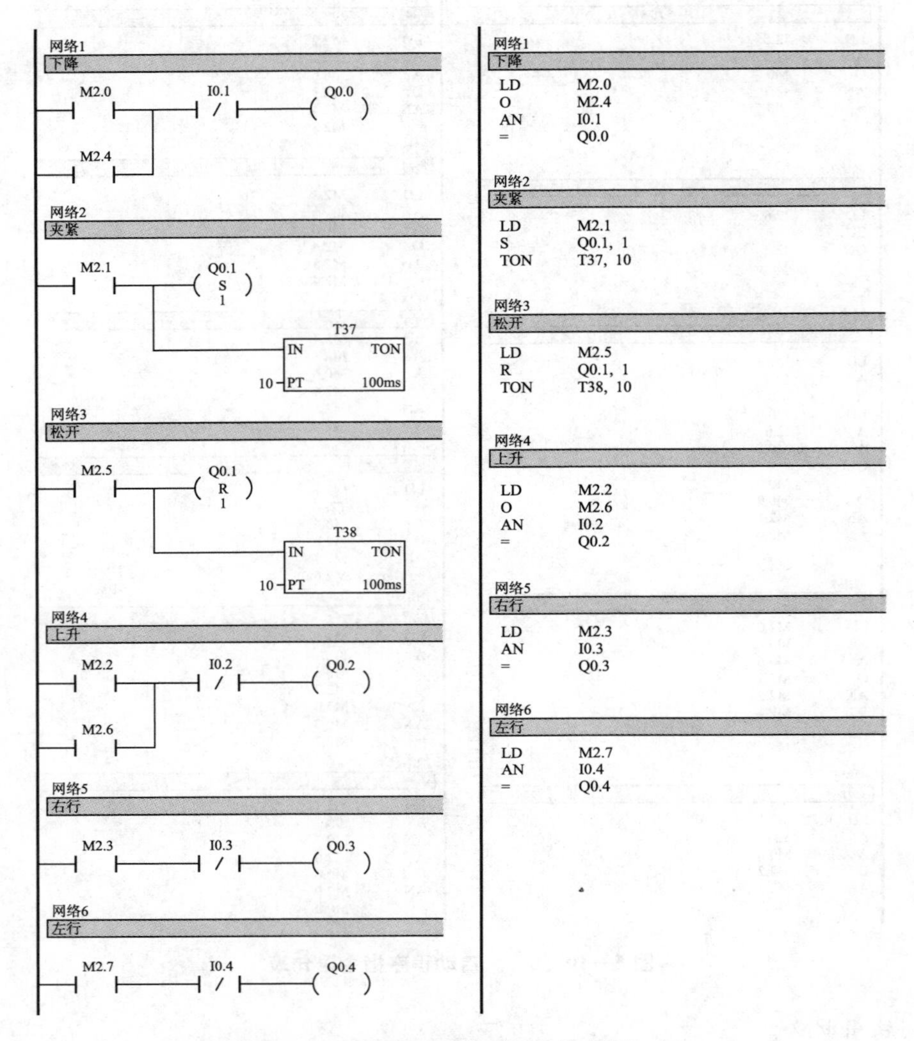

图 5—11　输出电路梯形图及指令语句表

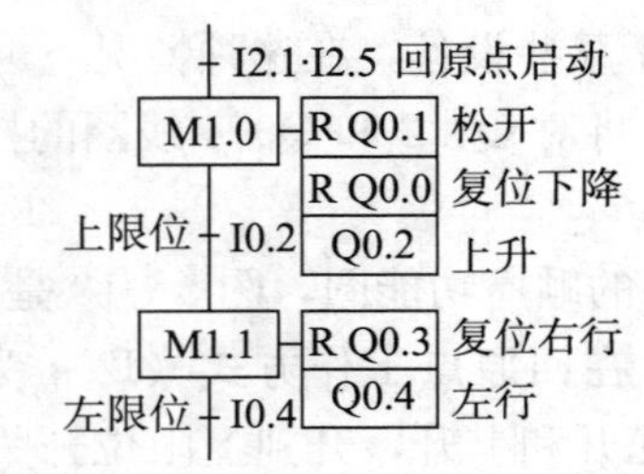

图 5—12　自动回原点程序的顺序功能图

图 5—13（a） 自动回原点程序的梯形图

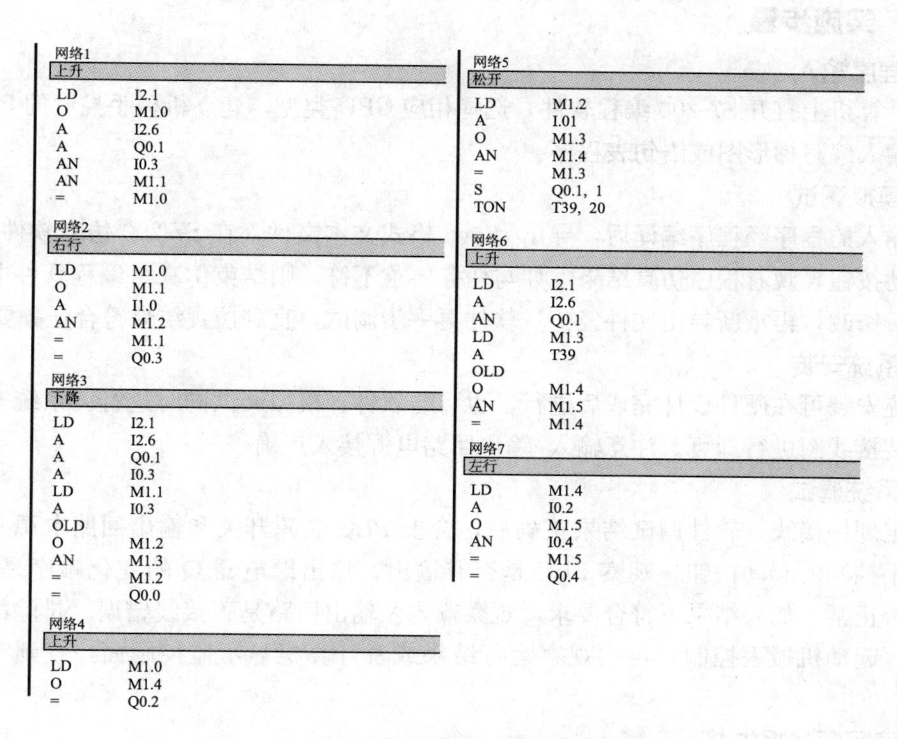

```
网络1
上升
LD    I2.1
O     M1.0
A     I2.6
A     Q0.1
AN    I0.3
AN    M1.1
=     M1.0
网络2
右行
LD    M1.0
O     M1.1
A     I1.0
AN    M1.2
=     M1.1
=     Q0.3
网络3
下降
LD    I2.1
A     I2.6
A     Q0.1
A     I0.3
LD    M1.1
A     I0.3
OLD
O     M1.2
AN    M1.3
=     M1.2
=     Q0.0
网络4
上升
LD    M1.0
O     M1.4
=     Q0.2
网络5
松开
LD    M1.2
A     I.01
O     M1.3
AN    M1.4
=     M1.3
S     Q0.1, 1
TON   T39, 20
网络6
上升
LD    I2.1
A     I2.6
AN    Q0.1
LD    M1.3
A     T39
OLD
O     M1.4
AN    M1.5
=     M1.4
网络7
左行
LD    M1.4
A     I0.2
O     M1.5
AN    I0.4
=     M1.5
=     Q0.4
```

图 5—13（b） 自动回原点程序的指令语句表

任务实施

一、器材准备

完成本任务实训安装、调试所需器材见表 5—2。

表 5—2　　电动机起停 PLC 控制实训器件一览表

器材名称	数量
PLC 基本单元 CPU224（或更高类型）	1 个
计算机	1 台
机械手模拟装置	1 个
起动按钮	7 个
停止按钮	1 个
选择开关	1 个
导线	若干
交直流电源	1 套
电工工具及仪表	1 套

二、实施步骤

1. 程序输入

在计算机上打开 S7-200 编程软件，选择相应 CPU 类型，建立机械手控制的 PLC 控制项目，输入编写梯形图或语句表程序。

2. 模拟调试

将输入的程序经程序编译后，导出为 awl 格式文本文件，在 S7-200 仿真软件中打开。按下起动按钮，观看程序仿真结果。如与任务要求不符，则结束仿真将编程软件中的程序进行分析修改，再重新导出文件经仿真软件再一步调试，直到仿真结果符合任务要求。

3. 系统安装

系统安装可在硬件设计完成后进行，也可与软件、模拟调试同时进行。系统安装只需按照安装接线图进行即可。注意输入/输出回路电源接入正确。

4. 系统调试

确定硬件接线、软件调试结果正确后，合上 PLC 电源开关和输出回路电源开关，按下机械手控制的起动按钮，观察 PLC 是否有输出，输出继电器 Q 的变化顺序是否正确，动作是否正常。如果结果不符合要求，观察输入及输出回路是否接线错误。排除故障后重新送电，起动机械手控制，再次观察运行结果或者计算机显示监控画面，直到符合要求为止。

5. 填写任务报告书

如实填写任务报告书，分析设计过程中的经验，编写设计总结。

任务检查与评价

1. 结合学生完成的情况进行点评，并给出考核成绩。
2. 展示学生优秀设计方案和程序，激发学生学习热情。

任务评析表

项目	内容	满分	评分要求	备注
机械手控制	1. 正确选择输入/输出设备及地址并画出 I/O 接线图	15	设备及端口地址选择正确，接线图正确，标注完整	输入/输出每错一个扣 5 分，接线图每少一处标注扣 1 分
	2. 正确编制梯形图程序	35	梯形图格式正确，程序时序逻辑正确，整体结构合理	每错一处扣 5 分
	3. 正确写出指令语句程序	10	各指令使用准确	每错一处扣 5 分
	4. 外部接线正确	15	电源线、通信线及 I/O 信号线接线正确	每错一处扣 5 分
	5. 写入程序并进行调试	15	操作步骤正确，动作熟练，允许根据输出情况进行反复修改和完善	若有违规操作，每次扣 10 分
	6. 运行结果及口试答辩	10	程序运行结果正确、表述清楚，口试答辩正确	对运行结果表述不清楚扣 5 分

任务二 高速计数器指令在自动裁剪机上的应用

任务描述

一、CWJ-2 型彩钢瓦自动裁剪机控制系统的原理描述

1. 彩钢卷板上支撑转送台。
2. 彩钢卷板输入裁剪机。
3. 通过面板输入彩钢瓦定长、定张数据。
4. 起动裁剪机。（手动起动液压泵）
5. 彩钢瓦定长切断。（同时输出定张信号）
6. 手动停机。
7. 人工检测定长数据。
8. 输入修正数据，输入定张数据。
9. 起动自动工作程序。
10. 彩钢瓦裁剪机自动运行。

二、任务要求

通过文本显示器设置需要裁剪的彩钢瓦长度、所设定裁剪的件数及已经裁剪的件数。

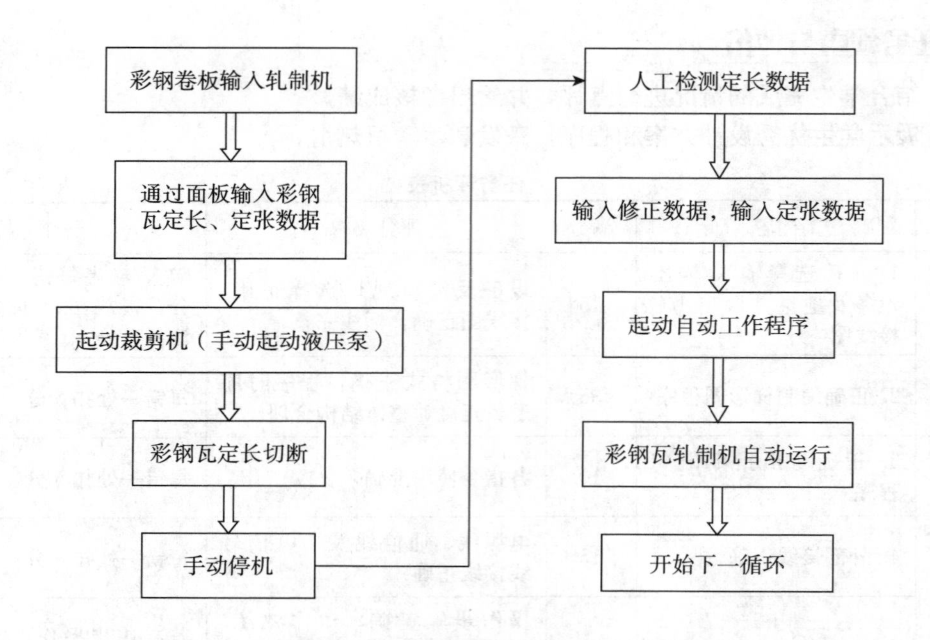

图 5—14　CWJ-2 型彩钢瓦裁剪机运行工艺框图

当彩钢瓦的长度等于设定值时，主拖动电动机停转，并对其进行制动，制动完成后裁剪开始，完成后继续下一件裁剪，完成所需件数后，停止运行直至下次设定所需的件数和长度。

一、TD200 文本显示器

中文文本液晶显示屏 TD200 是西门子公司最近推出的文本编辑显示设备，具有人体工程学设计的输入键，操作简便，不易出错，内置国际汉字库，背光 LCD 显示，不需额外电源，能够人工数字输入，便于现场修改。

1. 硬件的特点及说明

TD200 是一个小巧紧凑的显示设备，配备有与西门子 S7-200 CPU 连接所需的全部部件。简要说明：

（1）文本显示区域。

文本显示区域为一个背光液晶显示器（LCD），可显示两行信息，每行 20 个字符或 10 个汉字。使用户可以看到从 S7-200 接收来的信息及指令给 S7-200 的命令。

（2）通信端口 TD/CPU 电缆。

通信端口是一个 9 针 D 型连接器，通过 TD/CPU 电缆把 TD200 连接到 S7-200 CPU。

（3）键。

TD200 有 9 个键。其中有 5 个命令键，4 个自定义的功能键。

①命令键的说明。用“:”号写入新数据和确认信息。用“;”号转换页面显示方式和

主菜单方式，或紧急停止一个编辑，如退出正在写入的数据、结果不置入。UP上箭头用于递增数据和卷动光标到下一个更高优先级的信息。DOWN下箭头用于递减数据和卷动光标到下一个较低优先级的信息。SHIFT键转换所有功能键的数值。当按SHIFT键时，在TD200显示区域的右下方显示一个闪烁的S光标。

②功能键的说明。F1/F5：用此键显示第一画面，如果按SHIFT键的同时（或预先按下SHIFT键）按下F1/F5键，则显示第五画面。F2/F6：用此键显示第二画面，如果按SHIFT键的同时（或预先按下SHIFT键）按下F2/F6键，则显示第六画面。F3/F7：用此键显示第三画面，如果按SHIFT键的同时（或预先按下SHIFT键）按下F3/F7键，则显示第七画面。F4/F8：用此键显示第四画面，如果按SHIFT键的同时（或预先按下SHIFT键）按下F4/F8键，则显示第八画面。

③TD200的操作页面显示（Display Message）方式。TD200有两种操作方式：一种是主菜单（Menu）方式，可以访问多达6种不同的TD200菜单选项。另一种是页面显示（Display Message）方式。

注意：如果没有按键，1min之后，编辑将自动终止。

2. 主菜单（Menu）方式的使用

使用TD200的主菜单（Menu）方式可以浏览全部信息，显示PLC的状态信息与设置PLC里的时间与日期，强制输入或输出，释放口令以及修改TD200的组态。任意时刻，按ESC键，TD200即进入主菜单方式。TD200立即在文本显示区域显示到操作员菜单和诊断菜单的信息。

（1）选择菜单选项。

按UP和DOWN箭头键则可从卷动菜单进行选择。当显示出想要的项目时，按ENTER键，进入下一级子菜单。

（2）退出主菜单方式。

当在显示一个菜单项目时按ESC键，则TD200退出主菜单方式。如果在1min内没有按任何键，TD200自动退出主菜单方式，返回到页面显示方式。

（3）操作员菜单。

查看CPU状态，在查看CPU状态菜单下按ENTER键，页面显示从S7-200 CPU读取的信息。型号CPU224表示中央处理器CPU的型号版本，CPU模式—运行表示中央处理器CPU的运行状态。利用查看CPU状态菜单，可以验证S7-200 CPU的运行或停止状态，并检查CPU的致命与非致命错误；设置时间和日期，在设置时间和日期菜单下按ENTER键，页面显示从S7-200 CPU读取的时间，同时光标位于左上角。按下述步骤改变时间和日期：用UP和DOWN箭头键增大和减少光标所在字段的值。当输入值正确时，按ENTER键。然后光标移到下一个字段，直至完成所有设定；清洁小键盘。按ENTER键，自动倒计时30秒，30秒后保护小键盘，按键无反映，但不会改变所有参数。

（4）诊断菜单。

在TD200设置菜单下按ENTER键，页面显示TD200设置参数。TD200网络地址默认为1，即单一通信。TD200对应CPU地址默认为2，如改变参数将无法通信。页面显示CPU无响应参数块地址，TD200起始参数默认从0开始，如改变参数将造成参数紊乱。

页面显示无参数块波特率 9.6K，TD200 与 CPU 通讯波特率默认为 9.6K，如改变参数将无法通讯。显示 CPU 无响应 HAS31，TD200 网络最高站地址默认为 31，改变参数不影响使用。页面显示 GUF10，TD200 与 CPU 查询频度默认为 10，太高则无法及时显示信息，太低将严重消耗 CPU 资源。页面显示对比度 40，TD200 可调整显示对比度，显示对比度使用户能为不同的视角和照明条件优化显示。缺省对比度为 40，低于 30 将使显示变淡，高于 50 将使显示变浓。

二、高速计数器指令

高速计数器累计 CPU 扫描速率不能控制的高速事件，可以配置最多 12 种不同的操作模式，这些操作模式在表 5—5 中列出。高速计数器的最高计数频率有赖于 CPU 的型号。

每个计数器对其所支持的时钟、方向控制、复位和起动都有专用的输入。对于两相计数器两个时钟可以同时以最大速率工作；对正交模式，可以选择以单倍（1X）或 4 倍（4X）最大计数速率工作，HSC1 和 HSC2 互相完全独立，并且不影响其他的高速功能。所有高速计数器可同时以最高速率工作而互不干扰。使用高速计数器，用轴式编码器的时钟和复位脉冲做为高速计数器的输入。高速计数器装入一组预置值中的第一个值，当前计数值小于当前预置值时，希望的输出有效，计数器设置成在当前值等于预置值和有复位时产生中断。随着每次当前计数值等于预置值的中断事件的出现，一个新的预置值被装入，并重新设置下一个输出状态，当出现复位中断事件时，设置第一个预置值和第一个输出状态，这个循环又重新开始。由于中断事件产生的速率远低于高速计数器的计数速率，用高速计数器可实现精确控制，而与 PLC 整个扫描周期的关系不大，采用中断的方法允许在简单的状态控制中用独立的中断程序装入一个新的预置值，这样使得程序简单直接；并容易读懂，当然也可以在一个中断程序中处理所有的中断事件。

三、高速计数器的详细时序

下面的时序图（见图 5—12 至图 5—18）按模式给出了每个计数器是如何工作的，复位和起动输入的操作用独立的时序图表示，并且对所有用到复位和起动输入的种类都给出了时序图。在复位和起动输入图中，复位和起动都编程为高电平有效。

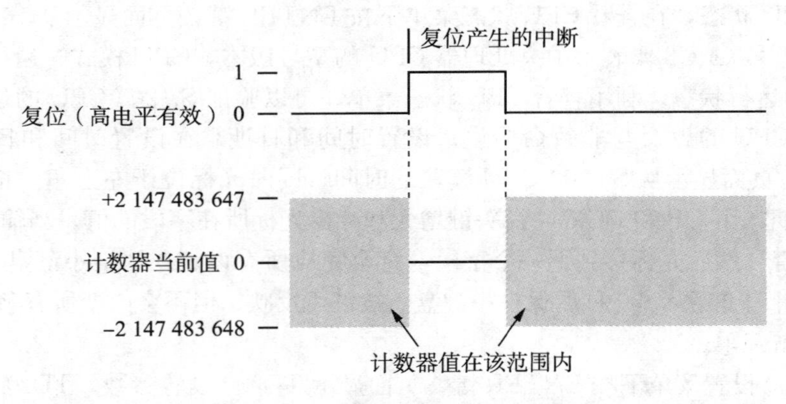

图 5—15　有复位无起动的操作举例

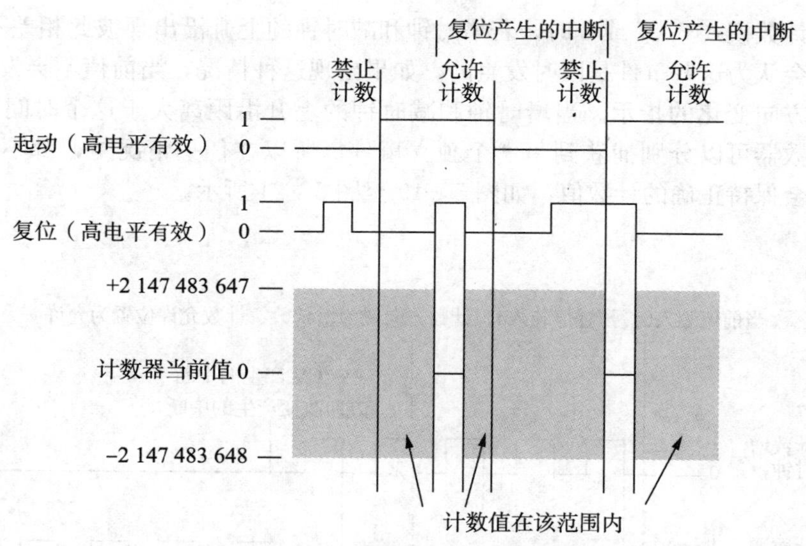

图 5—16　有复位和起动的操作举例

当前值装入0，预置值装入4，计数方向置为增计数，计数允许位置为允许

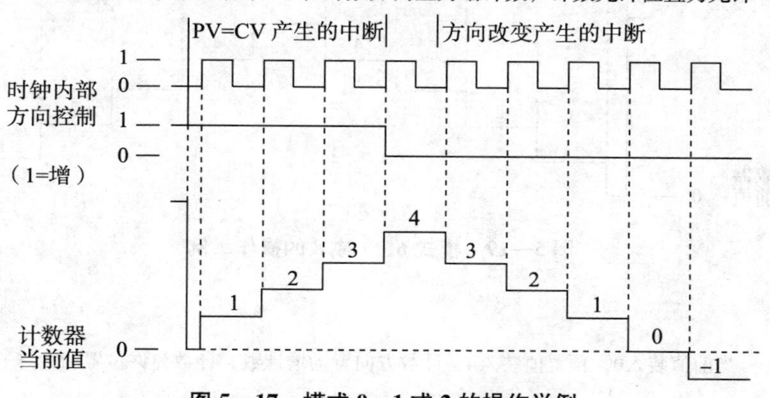

图 5—17　模式 0、1 或 2 的操作举例

当前值装入0，预置值装入4，计数方向置为增计数，计数允许位置为允许

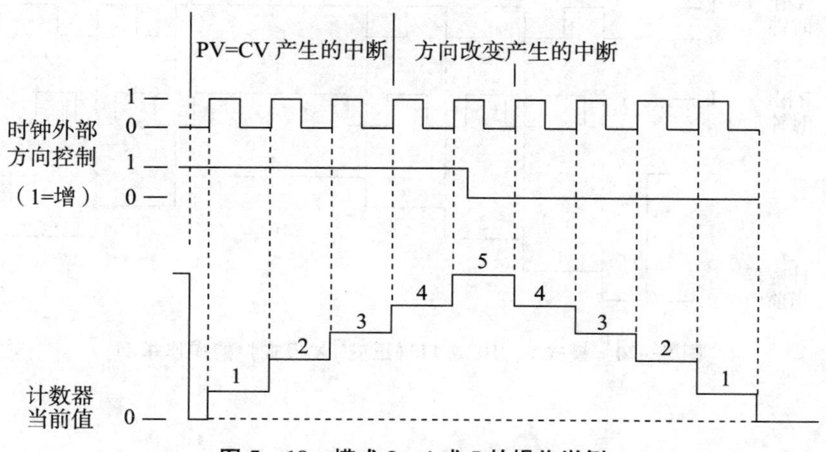

图 5—18　模式 3、4 或 5 的操作举例

当采用计数模式 6、7 或 8 时，若增时钟和减时钟的上升沿出现彼此相差不到 0.3ms，高速计数器会认为这些事件是同时发生的。如果出现这种情况，当前值不会发生变化，也不会有计数方向变化的指示。当增时钟和减时钟的上升沿距离大于这个时间段（0.3ms）时，高速计数器可以分别捕获到每一个独立事件。所以在任一情况下，都不会有错误产生，计数器会保持正确的计数值，如图 5—19 至图 5—21 所示。

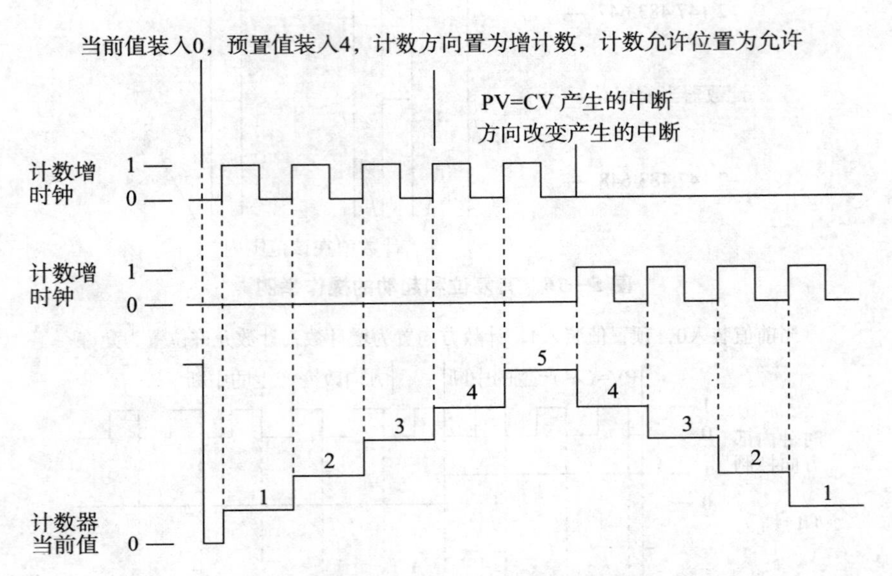

图 5—19　模式 6、7 或 8 的操作举例

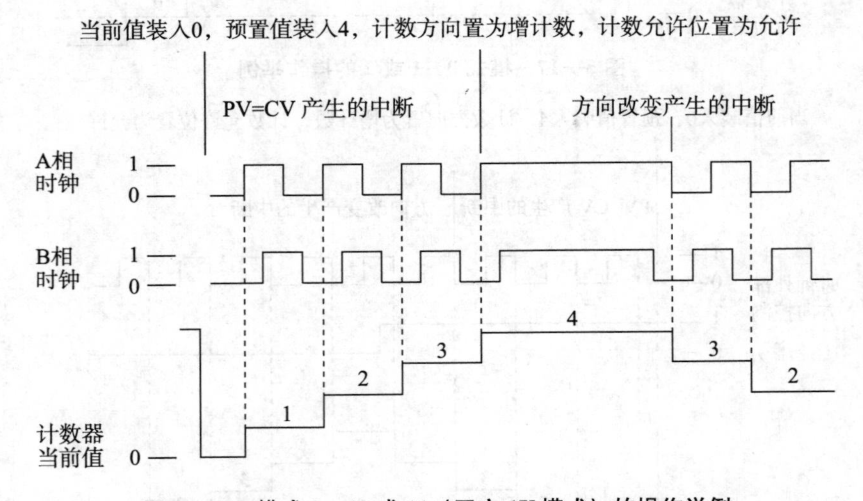

图 5—20　模式 9、10 或 11（正交 1X 模式）的操作举例

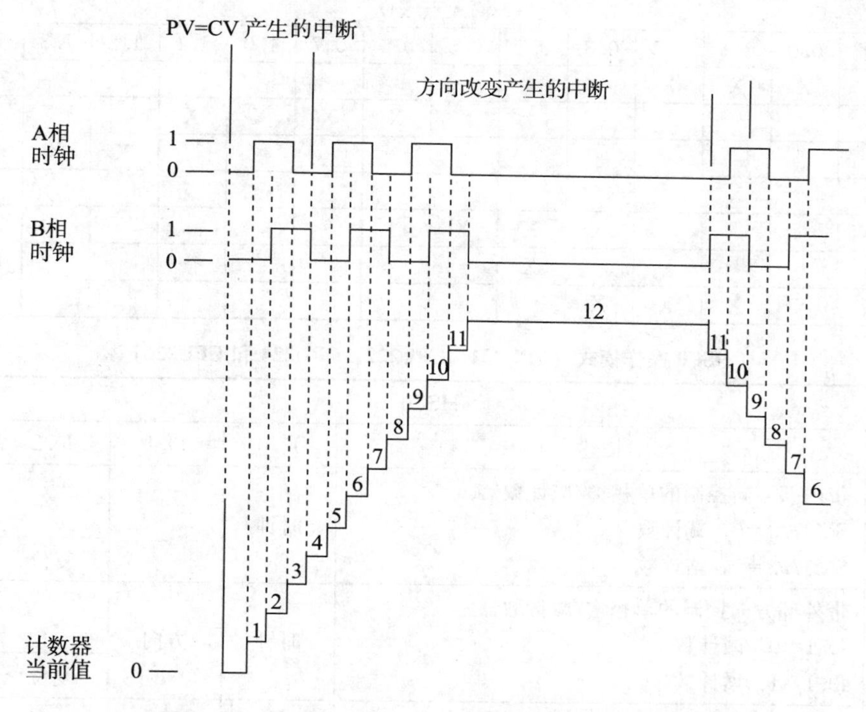

图 5—21　模式 9、10 或 11（正交 4X 模式）的操作举例

四、高速计数器输入线的连接

表 5—3 给出了高速计数器的时钟方向控制复位和起动所使用的输入，这些输入功能的描述见表 5—5 至表 5—10。

表 5—3　　　　高速计数器的指定输入

高速计数器	使用的输入
HSC0	I0.0，I0.1，0.2
HSC1	I0.6，I0.7，I1.0，I1.1
HSC2	I1.2，I1.3，I1.4，I1.5
HSC3	I0.1
HSC4	I0.3，I0.4，I0.5
HSC5	I0.4

高速计数器和边沿中断的输入点分配存在一些重叠，同一个输入不能用于两个不同的功能，见表 5—4。但是不用于高速计数的输入端可以做它用。例如：如果 HSC0 工作于模式 2，使用 I0.0 和 I0.2，那么 I0.1 可以用于 HSC3 的边沿中断。如果 HSC0 的模式不使用输入 I0.1，那么该输入端可以用作 HSC3 或边沿中断。同样，如果在选择的 HSC0 模式中不使用 I0.2，则该输入端可以用作边沿中断，如果在选择的 HSC4 模式中不使用 I0.4，则该输入端可以为 HSC5 所用。注意：HSC0 的所有模式都使用 I0.0，HSC4 的所有模式都使用 I0.3，所以，当使用这些计数器时这些点不能作他用。

表 5—4　　高速计数器和边沿中断的输入点分配

高速计数器	0.0	0.1	0.2	0.3	0.4	0.5	0.6	0.7	1.0	1.1	1.2	1.3	1.4	1.5
	输入点（I）													
HSC0	X	X	X											
HSC1							X	X	X	X				
HSC2											X	X	X	X
HSC3		X												
HSC4				X	X	X								
HSC5					X									
边沿中断	X	X	X	X										

表 5—5　　HSC0 操作模式（CPU221，CPU222，CPU224 和 CPU226）

HSC0

模式	描述	I0.0	I0.1	I0.2	
0	带内部方向控制的单相增/减计数器 SM37.3=0，减计数	时钟			
1	SM37.3=1，增计数			复位	
3	带外部方向控制的单相增/减计数器 I0.1=0，减计数	时钟	方向		
4	I0.1=1，增计数			复位	
6	带增减计数时钟输入的双相计数器	时钟（增）	时钟（减）		
7				复位	
9	A/B 相正交计数器 A 相超前 B 相 90°，顺时针转动	时钟 A 相	时钟 B 相		
10	B 相超前 A 相 90°，逆时针转动			复位	

表 5—6　　HSC1 操作模式（CPU224 和 CPU226）

HSC1

模式	描述	I0.6	I0.7	I1.0	I1.1
0	带内部方向控制的单相增/减计数器	时钟			
1	SM47.3=0，减计数			复位	
2	SM47.3=1，增计数				起动
3	带外部方向控制的单相增/减计数器	时钟	方向		
4	I0.7=0，减计数			复位	
5	I0.7=1，增计数				起动
6	带增减计数时钟输入的双相计数器	时钟（增）	时钟（减）		
7				复位	
8					起动
9	A/B 相正交计数器	时钟 A 相	时钟 B 相		
10	A 相超前 B 相 90°，顺时针转动			复位	
11	B 相超前 A 相 90°，逆时针转动				起动

表 5—7　　HSC2 操作模式（CPU224 和 CPU226）

<table>
<tr><th colspan="6">HSC2</th></tr>
<tr><th>模式</th><th>描述</th><th>I1. 2</th><th>I1. 3</th><th>I1. 4</th><th>I1. 5</th></tr>
<tr><td>0</td><td rowspan="3">带内部方向控制的单相增/减计数器
SM57. 3＝0，减计数
SM57. 3＝1，增计数</td><td rowspan="3">时钟</td><td rowspan="3"></td><td></td><td></td></tr>
<tr><td>1</td><td rowspan="2">复位</td><td></td></tr>
<tr><td>2</td><td>起动</td></tr>
<tr><td>3</td><td rowspan="3">带外部方向控制的单相增/减计数器
I1. 3＝0，减计数
I1. 3＝1，增计数</td><td rowspan="3">时钟</td><td rowspan="3">方向</td><td></td><td></td></tr>
<tr><td>4</td><td rowspan="2">复位</td><td></td></tr>
<tr><td>5</td><td>起动</td></tr>
<tr><td>6</td><td rowspan="3">带增减计数时钟输入的双相计数器</td><td rowspan="3">时钟
（增）</td><td rowspan="3">时钟
（减）</td><td></td><td></td></tr>
<tr><td>7</td><td rowspan="2">复位</td><td></td></tr>
<tr><td>8</td><td>起动</td></tr>
<tr><td>9</td><td rowspan="3">A/B 相正交计数器
A 相超前 B 相 90°，顺时针转动
B 相超前 A 相 90°，逆时针转动</td><td rowspan="3">时钟
A 相</td><td rowspan="3">时钟
B 相</td><td></td><td></td></tr>
<tr><td>10</td><td rowspan="2">复位</td><td></td></tr>
<tr><td>11</td><td>起动</td></tr>
</table>

表 5—8　　HSC3 操作模式（CPU221，CPU222，CPU224 和 CPU226）

<table>
<tr><th colspan="6">HSC3</th></tr>
<tr><th>模式</th><th>描述</th><th>I0. 1</th><th></th><th></th><th></th></tr>
<tr><td>0</td><td>带内部方向控制的单相增/减计数器
SM137. 3＝0，减计数
SM137. 3＝1，增计数</td><td>时钟</td><td></td><td></td><td></td></tr>
</table>

表 5—9　　HSC4 操作模式（CPU221，CPU222，CPU224 和 CPU226）

<table>
<tr><th colspan="6">HSC4</th></tr>
<tr><th>模式</th><th>描述</th><th>I0. 3</th><th>I0. 4</th><th>I0. 5</th><th></th></tr>
<tr><td>0</td><td rowspan="2">带内部方向控制的单相增/减计数器
SM147. 3＝0，减计数
SM147. 3＝1，增计数</td><td rowspan="2">时钟</td><td rowspan="2"></td><td></td><td></td></tr>
<tr><td>1</td><td>复位</td><td></td></tr>
<tr><td>3</td><td rowspan="2">带外部方向控制的单相增/减计数器
I0. 4＝0，减计数
I0. 4＝1，增计数</td><td rowspan="2">时钟</td><td rowspan="2">方向</td><td></td><td></td></tr>
<tr><td>4</td><td>复位</td><td></td></tr>
<tr><td>6</td><td rowspan="2">带增减计数时钟输入的双相计数器</td><td rowspan="2">时钟
（增）</td><td rowspan="2">时钟
（减）</td><td></td><td></td></tr>
<tr><td>7</td><td>复位</td><td></td></tr>
<tr><td>9</td><td rowspan="2">A/B 相正交计数器
A 相超前 B 相 90°，顺时针转动
B 相超前 A 相 90°，逆时针转动</td><td rowspan="2">时钟
A 相</td><td rowspan="2">时钟
B 相</td><td></td><td></td></tr>
<tr><td>10</td><td>复位</td><td></td></tr>
</table>

表 5—10　　　　HSC5 操作模式（CPU221，CPU222，CPU224 和 CPU226）

	HSC5				
模式	描述	I0.4			
0	带内部方向控制的单相增/减计数器 SM157.3=0，减计数 SM157.3=1，增计数	时钟			

五、对高速计数器差异的理解

所有计数器在相同的工作模式下有相同的功能，如表 5—11 所示共有 4 种基本的计数模式。用户可使用下列类型：无复位或起动输入、有复位无起动输入或同时有复位和起动输入。当激活复位输入，就清除当前计数值并保持到复位无效。当激活起动输入，就允许计数器计数。当起动输入无效时，计数器的当前值保持不变，时钟事件被忽略。如果在起动输入保持无效时，复位有效，则复位被忽略，当前值不变；如果在复位保持有效时，起动变为有效，则计数器的当前值被清除。使用高速计数器前，必须选定一种工作模式，可以用 HDEF 指令（定义高速计数器）做到这件事。HDEF 给出了高速计数器（HSCx）和计数模式之间的联系，对每个高速计数器只能使用一条 HDEF 指令，可利用初次扫描存储器位 SM0.1（此位仅在第一次扫描周期时接通然后断开）调用一个包含 HDEF 指令的子程序来定义高速计数器选择有效状态和 1×/4×模式。4 个高速计数器有 3 个控制位用来设置复位与起动输入的有效状态以及选择 1×/4×计数方式，这些位在每个计数器的控制字节中只有在执行 HDEF 指令时才有用。

在执行 HDEF 指令前，必须把这些控制位设定到希望的状态。否则，计数器对计数模式的选择取缺省设置，缺省的设置为：复位和起动输入高电平有效，正交计数速率是 4×(4 倍输入时钟频率)。一旦 HDEF 指令被执行，就不能再更改计数器的设置，除非先进入 STOP 模式。

表 5—11　　　　复位、起动和 1×/4×控制位的有效电平

HSC0	HSC1	HSC2	HSC4	描述 （仅当 HDEF 执行时使用）
SM37.0	SM47.0	SM57.0	SM147.0	复位有效电平控制位： 0=复位高电平有效；1=复位低电平有效
—	SM47.1	SM57.1	—	起动有效电平控制位： 0=起动高电平有效；1=起动低电平有效
SM37.2	SM47.2	SM57.2	SM147.2	正交计数器计数速率选择： 0=4×计数率；1=1×计数率

六、控制字节

只有定义了计数器和计数器模式，才能对计数器的动态参数进行编程。每个高速计数器都有一个控制字节，包括下列几项：允许或禁止计数；计数方向控制（只能是模式 0，1，2）；或对所有其他模式的初始化计数方向要装入的计数器当前值和要装入的预置值，执行 HSC 指令时要检验控制字节和有关的当前值及预置值。表 5—12 对这些控制位逐一做了说明。

表 5—12　　　　　　　　　　HSC 控制字节

HSC0	HSC1	HSC2	HSC3	HSC4	HSC5	描述（仅当 HDEF 执行时使用）
SM37.0	SM47.0	SM57.0	—	SM147.0	—	复位有效电平控制位；0＝复位高电平有效；1＝复位低电平有效
—	SM47.1	SM57.1	—	—	—	起动有效电平控制位；0＝起动高电平有效；1＝起动低电平有效
SM37.2	SM47.2	SM57.2	—	SM147.2	—	正交计数器计数速率选择：0＝4X　计数率；1X　计数率
SM37.3	SM47.3	SM57.3	SM137.3	SM147.3	SM157.3	计数方向控制位：0＝减计数；1＝增计数
SM37.4	SM47.4	SM57.4	SM137.4	SM147.4	SM157.4	向 HSC 中写入计数方向：0＝不更新；1＝更新计数方向
SM37.5	SM47.5	SM57.5	SM137.5	SM147.5	SM157.5	向 HSC 中写入预置值：0＝不更新；1＝更新预置值
SM37.6	SM47.6	SM57.6	SM137.6	SM147.6	SM157.6	向 HSC 中写入新的当前值：0＝不更新；1＝更新当前值
SM37.7	SM47.7	SM57.7	SM137.7	SM147.7	SM157.7	HSC 允许：0＝禁止 HSC；1＝允许 HSC

七、设定当前值和预置值

每个高速计数器都有一个 32 位的当前值和一个 32 位的预置值，当前值和预置值都是符号整数。为了向高速计数器装入新的当前值和预置值，必须先设置控制字节，并把当前值和预置值存入特殊存储器字节中，然后必须执行 HSC 指令，从而将新的值送给高速计数器。表 5—13 对保存新的当前值和预置值的特殊存储器字节作了说明。除了控制字节和新的预置值与当前值保存字节外，每个高速计数器的当前值可利用数据类型 HC（高速计数器当前值）后跟计数器号（0，1，2，3，4 或 5）的格式读出，因此，可用读操作直接访问当前值，但写操作只能用上述的 HSC 指令来实现。

表 5—13　　　　HSC0，HSC1，HSC2，HSC3，HSC4 和 HSC5 的当前值和预置值

要装入的值	HSC0	HSC1	HSC2	HSC3	HSC4	HSC5
新当前值	SMD38	SMD48	SMD58	SMD138	SMD148	SMD158
新预置值	SMD42	SMD52	SMD62	SMD142	SMD152	SMD162

八、状态字节

每个高速计数器都有一个状态字节，其中某些位指出了当前计数方向，当前值是否等于预置值？当前值是否大于预置值？表 5—14 对每个高速计数器的状态位作了定义。

表 5—14　　HSC0，HSC1，HSC2，HSC3，HSC4 和 HSC5 的状态位

HSC0	HSC1	HSC2	HSC3	HSC4	HSC5	描述
SM36.0	SM46.0	SM56.0	SM136.0	SM146.0	SM1156.0	不用
SM36.1	SM46.1	SM56.1	SM136.1	SM146.1	SM156.1	不用
SM36.2	SM46.2	SM56.2	SM136.2	SM146.2	SM156.2	不用
SM36.3	SM46.3	SM56.3	SM136.3	SM146.3	SM156.3	不用
SM36.4	SM46.4	SM56.4	SM136.4	SM146.4	SM156.4	不用
SM36.5	SM46.5	SM56.5	SM136.5	SM146.5	SM156.5	当前计数方向状态位： 0=减计数 1=增计数
SM36.6	SM46.6	SM56.6	SM136.6	SM146.6	SM156.6	当前值等于预置值状态位： 0=不等 1=相等
SM36.7	SM46.7	SM56.7	SM136.7	SM146.7	SM156.7	当前值大于预置值状态位： 0=小于等于 1=大于

注意：只有执行高速计数器的中断程序时，状态位才有效，监视高速计数器状态的目的是使外部事件可产生中断，以完成重要的操作。

1. HSC 中断

所有高速计数器都支持中断条件。当前值等于预置时产生中断，使用外部复位输入的计数器模式支持外部复位有效时产生的中断。除模式 0，1 和 2 外所有的计数器模式都支持计数方向改变的中断，每个中断条件可分别地被允许或禁止。

为帮助理解高速计数器的操作，提供了如下的初始化和操作顺序的描述，并以 HSC1 作为这些描述的计数器模型，即以 HSC1 为例，初始化描述假定 S7-200 已置成 RUN 模式，由于这个原因，初次扫描存储器位为真（SM0.1=1）。如果不是这种情况，记住在进入 RUN 模式后，对每个高速计数器的 HDEF 指令只能执行一次，对一个高速计数器执行第二个 HDEF 指令会引起运行错误。而且，不能改变第一次执行 HDEF 指令时对计数器的设置。

2. 初始化模式 0，1 或 2

HSC1 为内部方向控制的单相增/减计数器（模式 0，1 或 2），初始化步骤如下：

（1）用初次扫描存储器位（SM0.1=1）调用执行初始化操作的子程序。由于采用了这样的子程序调用，后续扫描不会再调用这个子程序，从而减少了扫描时间，也提供了一个结构优化的程序。

（2）初始化子程序中，根据所希望的控制操作对 SMB47 置数，例如：

SMB47 = 16#F8

产生如下的结果：

允许计数；

写入新的当前值；

写入新的预置值；

置计数方向为增；

置起动和复位输入为高电平有效。

（3）执行 HDEF 指令时，HSC 输入置 1，MODE 输入置 0（无外部复位或起动）或

置 1（有外部复位和无起动）或置 2（有外部复位和起动）。

（4）将所希望的当前值装入 SMD48（双字）中，若装入 0，则清除 SMD48。

（5）将所希望的预置值装入 SMD52（双字）中。

（6）为了捕获当前值（CV）等于预置值（PV）中断事件，编写中断子程序，并指定 CV＝PV 中断事件（事件号 13）调用该中断子程序。

（7）为了捕获外部复位事件，编写中断子程序，并指定外部复位中断事件（事件号 15）调用该中断程序、执行全局中断允许指令（ENI）来允许 HSC 中断。

（8）退出子程序。

3. 初始化模式 3，4 或 5

HSC1 为外部方向控制的单相增/减计数器（模式 3，4 或 5），初始化步骤如下：

（1）用初次扫描存储器位（SM0.1＝1）调用执行初始化操作的子程序。由于采用了这样的子程序调用，后续扫描不会再调用这个子程序，从而减少了扫描时间，也提供了一个结构优化的程序。

（2）初始化子程序中，根据所希望的控制操作对 SMB47 置数。例如：

SMB47 ＝ 16＃F8

产生如下的结果：

允许计数；

写入新的当前值；

写入新的预置值；

置 HSC 的初始计数方向为增；

置起动和复位输入为高电平有效。

（3）执行 HDEF 指令时，HSC 输入置 1，MODE 输入置 3（无外部复位或起动）或置 4（有外部复位和无起动）或置 5（有外部复位和起动）。

（4）将所希望的当前值装入 SMD48（双字）中，若装入 0 则清除 SMD48。

（5）将所希望的预置值装入 SMD52（双字）中。

（6）为了捕获当前值（CV）等于预置值（PV）中断事件，编写中断子程序，并指定 CV＝PV 中断事件（事件号 13），调用该中断子程序。

（7）为了捕获计数方向改变中断事件，编写中断子程序，并指定计数方向改变中断事件（事件号 14）调用该中断子程序。

（8）为了捕获外部复位中断事件，编写中断子程序，并指定外部复位中断事件（事件号 15）调用该中断子程序。

（9）执行全局中断允许指令（ENI）来允许 HSC 中断。

（10）执行 HSC 指令，使 S7-200 对 HSC1 编程。

（11）退出子程序。

4. 初始化模式 6，7 或 8

HSC1 为具有增/减两种时钟的双相增/减计数器（模式 6，7 或 8），初始化步骤如下：

（1）用初次扫描存储器位（SM0.1＝1）调用执行初始化操作的子程序。由于使用了这样的子程序调用，后续的扫描不会再调用这个子程序，从而减少了扫描时间，也提供了一个结构优化的程序。

（2）初始化子程序中，根据所希望的控制操作对 SMB47 置数。例如：

SMB47 ＝ 16＃F8

产生如下的结果：

允许计数；

写入新的当前值；

写入新的预置值；

置 HSC 的初始计数方向为增；

置起动和复位输入为高电平有效。

（3）执行 HDEF 指令时，HSC 输入置 1，MODE 输入置 6（无外部复位或起动）或置 7（有外部复位和无起动）或置 8（有外部复位和起动）。

（4）将所希望的当前值装入 SMD48（双字）中，若装入 0 则清除 SMD48。

（5）将所希望的预置值装入 SMD52（双字）中。

（6）为了捕获当前值（CV）等于预置值（PV）中断事件，编写中断子程序并指定 CV＝PV 中断事件（事件号 13）调用该中断子程序。

（7）为了捕获方向改变中断事件，编写中断子程序并指定计数方向改变中断事件（事件号 14）调用该中断子程序。

（8）为了捕获外部复位中断事件，编写中断子程序并指定外部复位中断事件（事件号 15）调用该中断子程序。

（9）执行全局中断允许指令（ENI）来允许 HSC1 中断。

（10）执行 HSC 指令，使 S7-200 对 HSC1 编程。

（11）退出子程序。

5. 初始化模式 9，10 或 11

HSC1 为 A/B 相正交计数器（模式 9，10 或 11），初始化步骤如下：

（1）用初次扫描存储器位（SM0.1＝1）调用执行初始化操作的子程序。由于采用了这样的子程序调用，后续的扫描不会再调用这个子程序，从而减少了扫描时间，也提供了一个结构优化的程序。

（2）初始化子程序中，根据所希望的控制操作对 SMB47 置数。

1X 计数方式：SMB47 ＝ 16＃FC

产生如下的结果：

允许计数；

写入新的当前值；

写入新的预置值；

置 HSC 的初始计数方向为增；

置起动和复位输入为高电平有效。

4X 计数方式：SMB47 ＝ 16＃F8

产生如下的结果：

允许计数；

写入新的当前值；

写入新的预置值；

置 HSC 的初始计数方向为增；

置起动和复位输入为高电平有效。

（3）执行 HDEF 指令时，HSC 输入置 1，MODE 输入置 9（无外部复位或起动）或置 10（有外部复位和无起动）或置 11（有外部复位和起动）。

（4）将所希望的当前值装入 SMD48（双字）中，若装入 0 则清除 SMD48。

（5）将所希望的预置值装入 SMD52（双字）中。

（6）为了捕获当前值（CV）等于预置值（PV）中断事件，编写中断子程序并指定 CV＝PV 中断事件（事件号 13）调用该子程序。

（7）为了捕获计数方向改变中断事件，编写中断子程序，并指定计数方向改变中断事件（事件号 14）调用该中断子程序。

（8）为了捕获外部复位中断事件，编写中断子程序，并指定外部复位中断事件（事件号 15）调用该中断子程序。

（9）执行全局中断允许指令（ENI）来允许 HSC1 中断。

（10）执行 HSC 指令使 S7-200 对 HSC1 编程。

（11）退出子程序。

6. 改变模式 0，1 或 2 的计数方向

具有内部方向控制（模式 0，1 或 2）的单相计数器 HSC1 改变其计数方向的步骤如下：

（1）向 SMB47 写入所需的计数方向：

SMB47 ＝ 16＃90　　允许计数；
　　　　　　　　　　置 HSC 计数方向为减。

SMB47 ＝ 16＃98　　允许计数；
　　　　　　　　　　置 HSC 计数方向为增。

（2）执行 HSC 指令，使 S7-200 对 HSC1 编程。

7. 写入新的当前值（任何模式下）

以下步骤描述了如何改变 HSC1 的当前值（任何模式下）。在改变当前值时，迫使计数器处于非工作状态，此时计数器不再计数，也不产生中断。

（1）向 SMB47 写入新的当前值的控制位。

SMB47 ＝ 16＃C0　　允许计数；
　　　　　　　　　　写入新的当前值。

（2）向 SMD48（双字）写入所希望的当前值（若写入 0 则清除）。

（3）执行 HSC 指令，使 S7-200 对 HSC1 编程。

8. 写入新的预置值（任何模式下）

以下步骤描述了如何改变 HSC1 的预置值（任何模式下）。

（1）向 SMB47 写入允许写入新的预置值的控制位。

SMB47 ＝ 16＃A0　　允许计数；
　　　　　　　　　　写入新的预置值。

（2）向 SMD52（双字）写入所希望的预置值。

（3）执行 HSC 指令使 S7-200 对 HSC1 编程。

9. 禁止 HSC（任何模式下）

以下步骤描述了如何禁止 HSC1 高速计数器（任何模式下）。

（1）写入 SMB47 以禁止计数。

SMB47 ＝ 16＃00　　禁止计数。

（2）执行 HSC 指令以禁止计数。

虽然上面依次给出了如何单独改变计数方向、当前值和预置值，但实际上可以在同一步中通过对 SMB47 设置适当的值改变所有的或其中的任意几个，然后执行 HSC 指令。

10. 高速计数器举例

初始化 HSC1 的举例（LAD 和 STL）如图 5—22 所示。

LAD		STL
MAIN OB1		
Network 1 SM0.1 —| |— SBR0 (EN)	初次扫描，调用子程序0 主程序结束	Network 1 LD SM0.1 CALL 0
SUBROUTINE 0		

Network 1
SM0.0 —| |— MOV_B (EN ENO)
16#F8 — IN OUT — SMB47
	允许计数器
	写入新当前值，写入新预置
	设定计数初始方向为增，
	设定起动和复位输入的有效电平为高，设定为4X模式
		Network 1
		LD SM0.0
		MOVB 16#F8,SMB47
		HDEF 1,11
		MOVD 0,SMD48
		MOVD 50,SMD52
		ATCH 0,13
		ENI
		HSC 1

HDEF (EN ENO) 1 — HSC 11 — MODE	HSC1设置为带有复位和起动输入的正交模式	
MOV_DW (EN ENO) 0 — IN OUT — SMD48	清除HSC1的当前值	
MOV_DW (EN ENO) 50 — IN OUT — SMD52	设定HSC1的预置值为50	
ATCH (EN ENO) 0 — INT 13 EVEN	HSC1当前值=预置值（事件13）连到中断程序0	
—(ENI)	允许全局中断	
HSC (EN ENO) 1 — IN OUT	编程HSC1.	
INTERRUPT 0		

Network 1
SM0.0 —| |— MOV_DW (EN ENO)
0 — IN OUT — SMD48
	清除HSC1的当前值
	写入新当前值并允许计数器
		Network 1
		LD SM0.0
		MOVD 0,SMD48
		MOVD 16#C0,SMB47
		HSC 1

MOV_B (EN ENO) 16#C0 — IN OUT — SMB47		
HSC (EN ENO) 1 — IN	编程HSC1.	

图 5—22　初始化 HSC1 举例

任务分析

一、PLC 选型

根据控制系统的设计要求，考虑扩展和功能，可选择继电器输出结构的小型 PLC CPU224 及以上作为控制元件。

二、输入/输出分配

结合设计要求和 PLC 型号，编写 I/O 地址分配表，见表 5—15。

表 5—15　彩钢瓦裁剪机的 I/O 分配表

输入		输出	
起动开关（QA）	I0.0	电磁阀 Y1	Q0.1
S1	I0.1	电磁阀 Y2	Q0.2
S2	I0.2	电磁阀 Y3	Q0.3
S3	I0.3	电磁阀 Y4	Q0.4
S4	I0.4		
S5	I0.5		
S6	I0.6		

三、硬件设计

依照 PLC 的 I/O 地址分配表，结合系统的控制要求，设彩钢瓦裁剪机模拟装置中电磁阀、指示灯等采用直流 12V 电流供电，并且负载电流较小，可由 PLC 输出点直接驱动。（图略）

四、软件设计

彩钢瓦裁剪机控制程序梯形图，如图 5—23 所示。

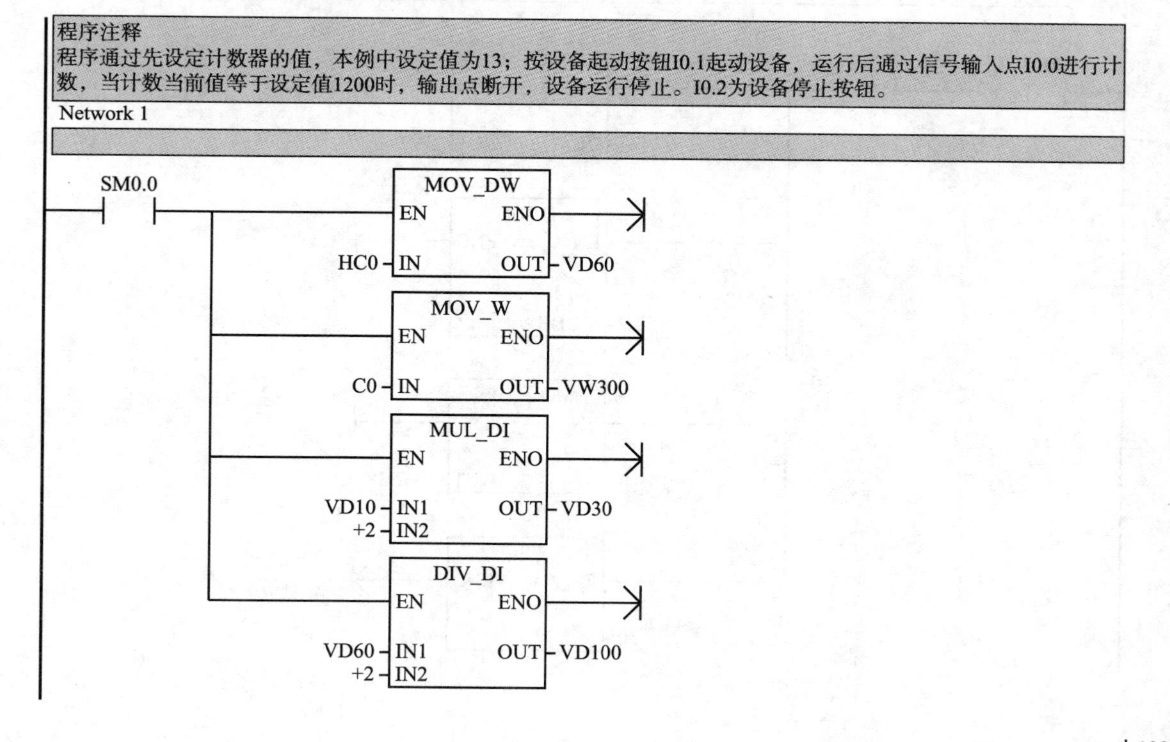

Network 2

SM0.1　M0.0 (R 8)

Network 3

SM0.1　M0.5 / 　M2.0 ( )

T38　M0.3　C0

M2.0

Network 4

网络注释
（1）对高速记速器HSC0初始化，写入控制字节（16#C8含义为：要求进行初始值设定；不装入预设值；动行中不要求更改计数方向；计数器类型为增。）
（2）执行HDEF指令，进行高速计数器工作模式的选定设置（计数器为HSC0；模式为0）
（3）初始值设定：装载高速记数器初始值为0
（4）执行HSC指令，写入HSC0设置。

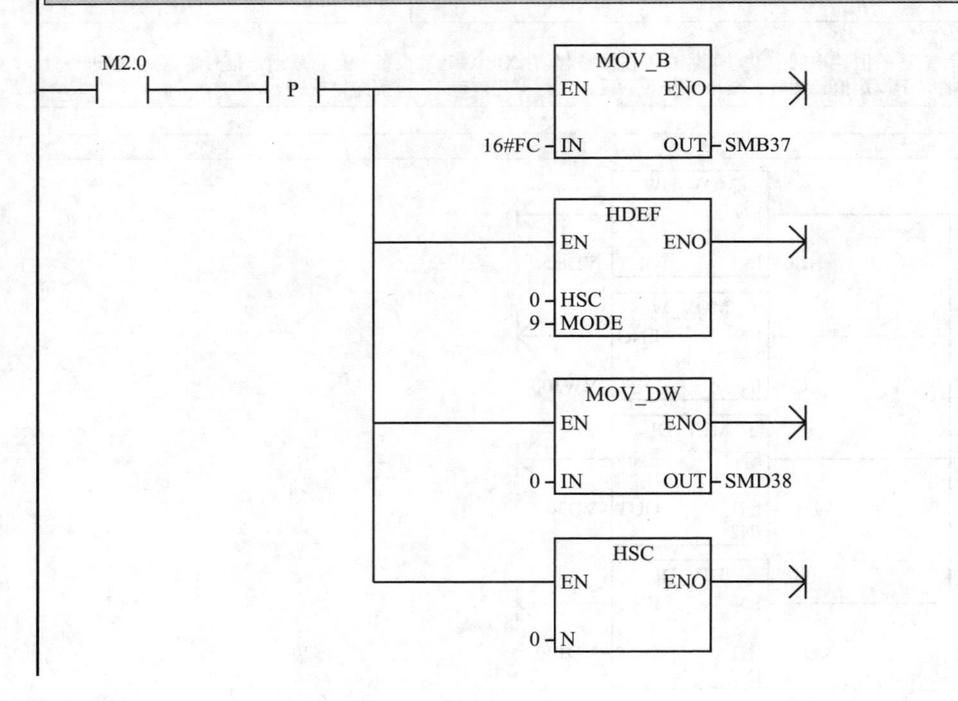

Network 5

程序注释：当记数值达到要求值时，M14.0复位，高速计数器计数将复位为初始值，以备下次计数使用。

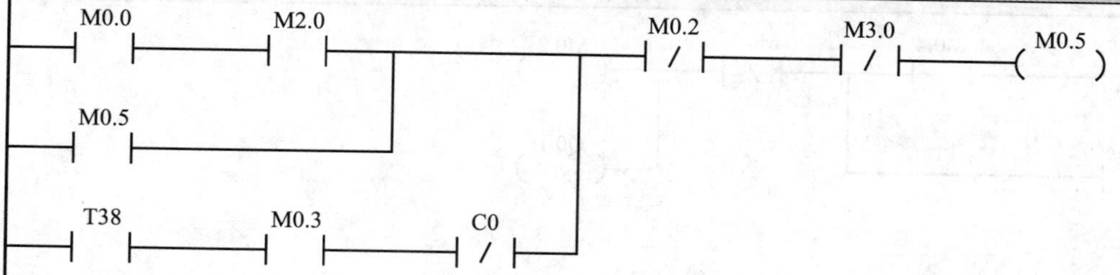

M0.0 M2.0 M0.2 M3.0 M0.5

M0.5

T38 M0.3 C0

Network 6

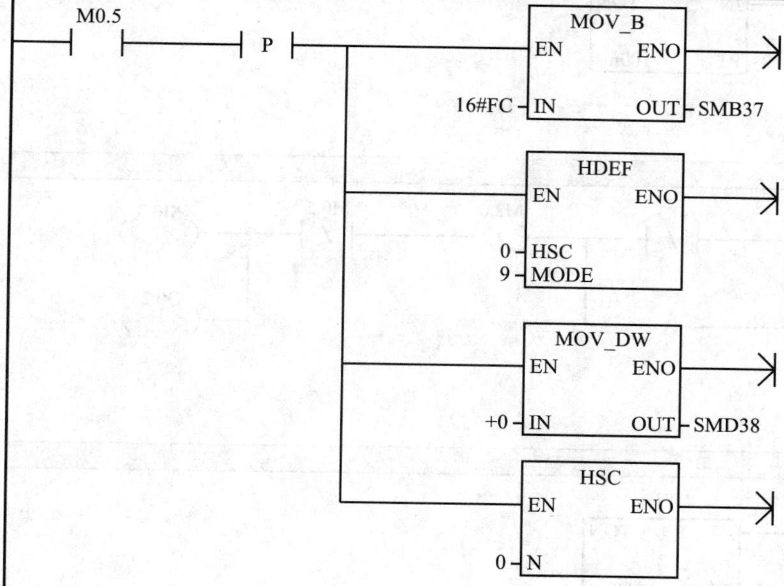

M0.5 P

MOV_B
EN ENO
16#FC IN OUT SMB37

HDEF
EN ENO
0 HSC
9 MODE

MOV_DW
EN ENO
+0 IN OUT SMD38

HSC
EN ENO
0 N

Network 7

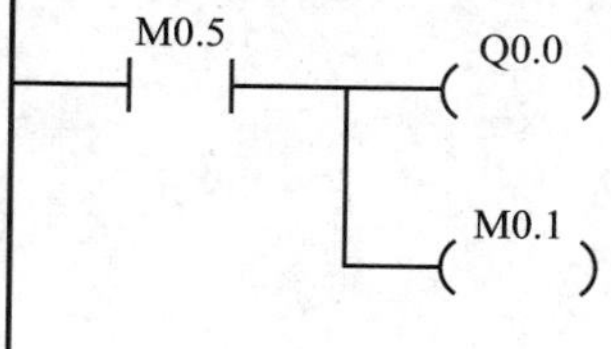

M0.5 Q0.0

M0.1

Network 8

程序注解：当计数器值小于1300时，M14.0始终处于置位状态。

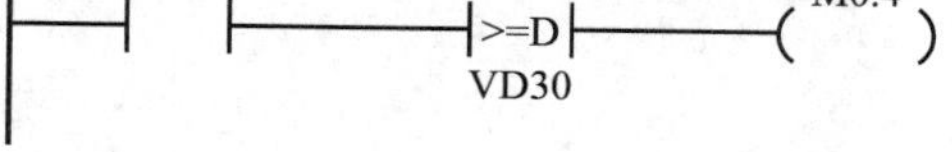

M0.5 HC0 >=D VD30 M0.4

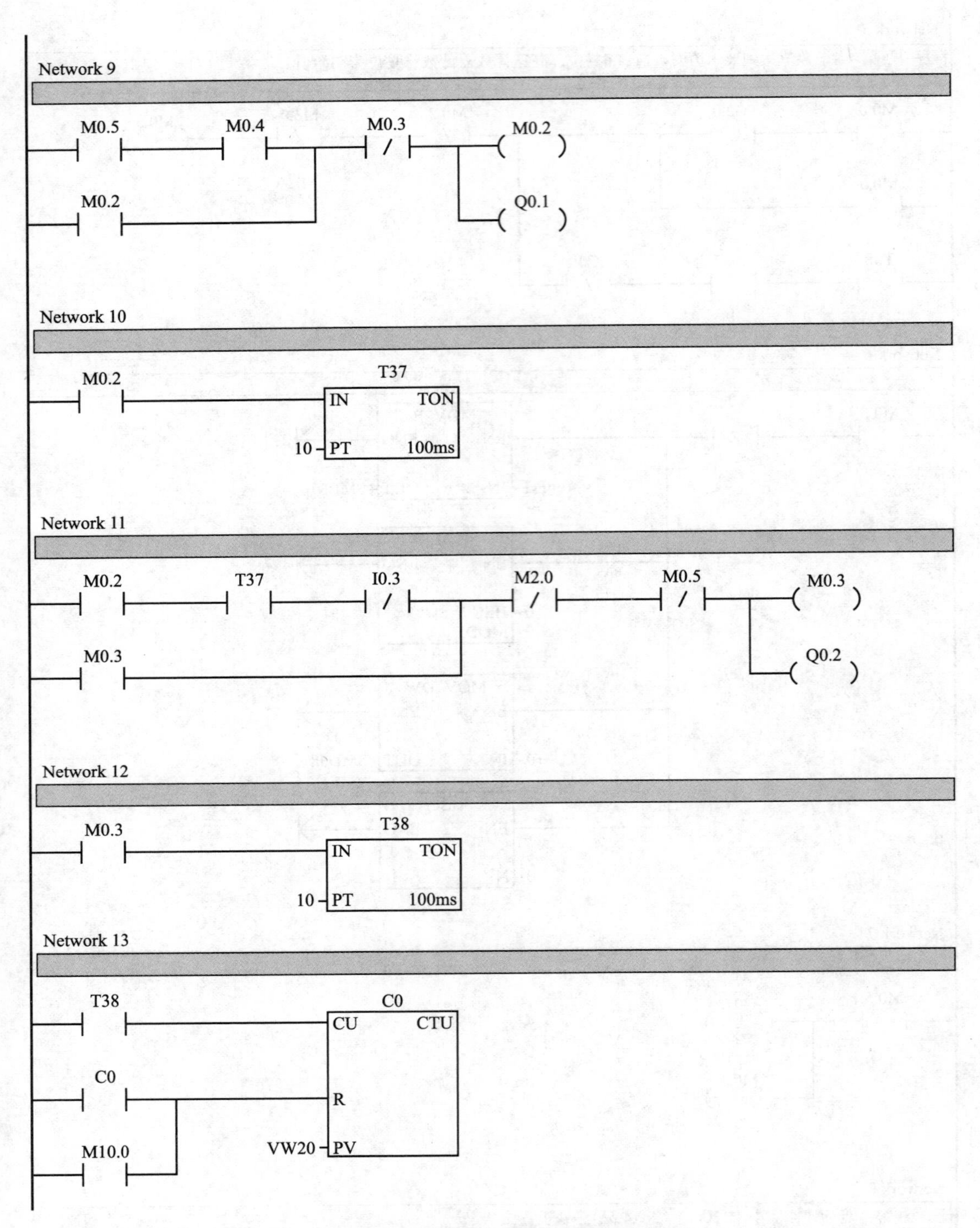

图 5—23　彩钢瓦裁剪机控制程序梯形图

任务实施

一、器材准备

完成本任务实训安装测试所需器材，见表5—16。

表5—16 彩钢瓦裁剪机控制实训器材一览表

器材名称	数量
PLC基本单元CPU224（或更高类型）	1个
计算机	1台
彩钢瓦裁剪机模拟装置	1个
起动按钮	2个
停止按钮	2个
选择开关	1个
导线	若干
交直流电源	1套
电工工具及仪表	1套

二、实施步骤

1. 程序输入

在计算机上打开S7-200编程软件，选择相应CPU类型，建立彩钢瓦裁剪机控制的PLC控制项目，输入编写梯形图或语句表程序。

2. 模拟调试

将输入的程序经程序编译后，将其导出为awl格式文本文件，在S7-200仿真软件中打开。按下起动按钮，观看程序仿真结果。如与任务要求不符，则结束仿真并对编程软件中程序进行分析修改，重新导出文件经仿真软件再一步调试，直到仿真结果符合任务要求。

3. 系统安装

系统安装可在硬件设计完成后进行，即可与软件、模拟调试同时进行。系统安装只需按照安装接线图进行即可。注意输入/输出回路电源接入正确。

4. 系统调试

确定硬件接线、软件调试结果正确后，合上PLC电源开关和输出回路电源开关，按下彩钢瓦裁剪机控制的起动按钮，观察PLC是否有输出，输出继电器Q的变化顺序是否正确，动作是否正常。如果结果不符合要求，观察输入及输出回路是否接线错误。排除故障后重新送电，起动彩钢瓦裁剪机控制，再次观察运行结果或者计算机显示监控画面，直到符合要求为止。

5. 填写任务报告书

如实填写任务报告书，分析设计过程中的经验，编写设计总结。

任务检查与评价

1. 结合学生完成的情况进行点评并给出考核成绩。

2. 展示学生优秀设计方案和程序，激发学生学习热情。

任务评析表

项目	内容	满分	评分要求	备注
机械手控制	1. 正确选择输入/输出设备及地址并画出 I/O 接线图	15	设备及端口地址选择正确，接线图正确，标注完整	输入/输出每错一个扣 5 分，接线图每少一处标注扣 1 分
	2. 正确编制梯形图程序	35	梯形图格式正确，程序时序逻辑正确，整体结构合理	每错一处扣 5 分
	3. 正确写出指令语句程序	10	各指令使用准确	每错一处扣 5 分
	4. 外部接线正确	15	电源线、通信线及 I/O 信号线接线正确	每错一处扣 5 分
	5. 写入程序并进行调试	15	操作步骤正确，动作熟练，允许根据输出情况进行反复修改和完善	若有违规操作，每次扣 10 分
	6. 运行结果及口试答辩	10	程序运行结果正确，表述清楚，口试答辩正确	对运行结果表述不清楚扣 5 分

任务三 利用组态王软件实现机械手的监控

任务描述

一、机械手工作原理描述

为了满足生产的需要，很多设备要求设置多种工作方式，如手动和自动（包括连续、单周期、单步、自动返回初始状态等）工作方式。某机械手用来将工件从 A 点搬运到 B 点，如图 5—24 所示。

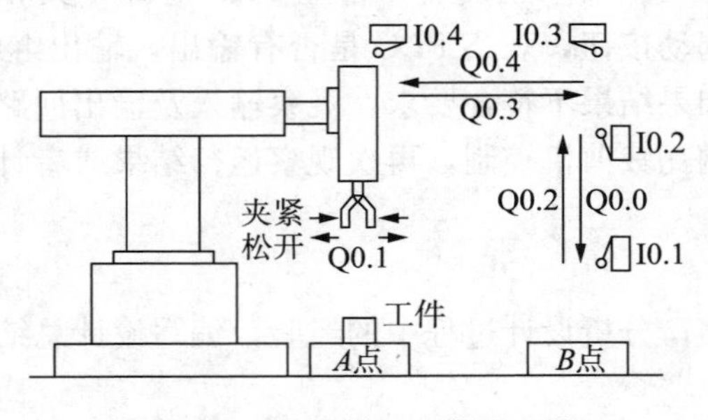

图 5—24 机械手工作原理图

二、控制要求

利用组态王软件建立新工程，选择合适的通信协议，正确定义变量及绘制监控画面，实现对机械手控制系统中机械手运行状态的监控。

一、建立新工程的一般过程

建立新工程的一般过程是：

(1) 设计图形界面（定义画面）。

(2) 定义设备。

(3) 构造数据库（定义变量）。

(4) 建立动画连接。

(5) 运行和调试。

需要说明的是，这五个步骤并不是完全独立的，事实上，这几个部分常常是交错进行的。在用组态王软件编制工程时，要依照此过程考虑三个方面：

(1) 用户希望怎样的图形画面？也就是怎样用抽象的图形画面来模拟实际的工业现场和相应的工控设备。

(2) 怎样用数据来描述工控对象的各种属性？也就是创建一个具体的数据库，此数据库中的变量反映了工控对象的各种属性，比如温度、压力等。

(3) 数据和图形画面中的图素的连接关系是什么？也就是画面上的图素以怎样的动画来模拟现场设备的运行，以及怎样让操作者输入控制设备的指令。

1. 建立新工程

要建立新工程，请首先为工程指定工作目录（或称“工程路径”）。“组态王”软件用工作目录标识工程，不同的工程应置于不同的目录。工作目录下的文件由“组态王”自动管理。

(1) 创建工程路径。

起动“组态王”工程管理器（ProjManager），选择菜单“文件\新建工程”或单击“新建”按钮，弹出对话框如图 5—25 所示。

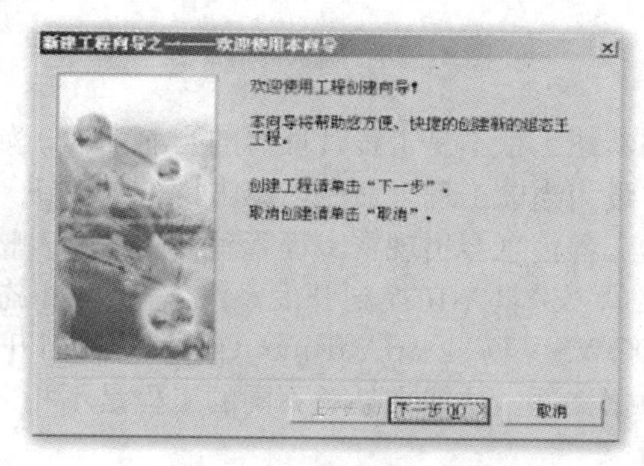

图 5—25　创建工程路径

(2) 选择工程所在路径。

单击“下一步”按钮。弹出“选择工程所在路径”对话框，如图 5—26 所示。

在工程路径文本框中输入一个有效的工程路径，或单击“浏览…”按钮，在弹出的路径选择对话框中选择一个有效的路径。

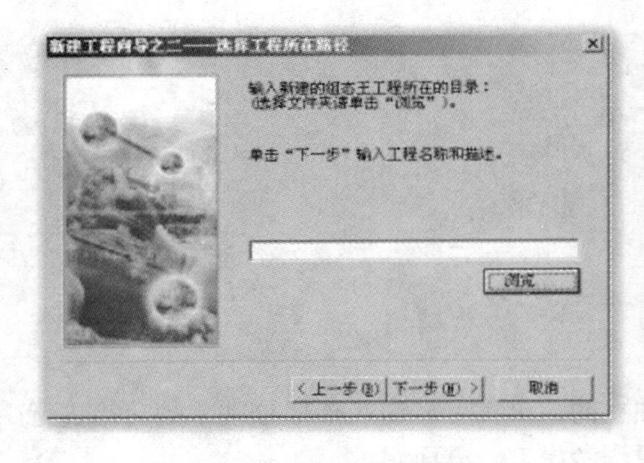

图 5—26 选择工程所在路径

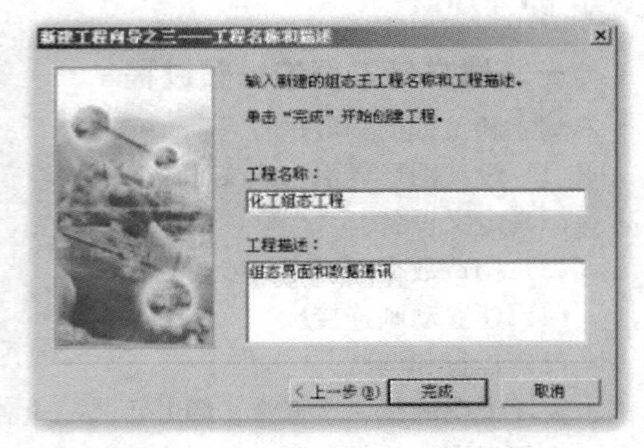

图 5—27 设定工程名称和描述

(3) 设定工程名称。

单击“下一步”按钮。弹出“工程名称和描述”对话框，如图 5—27 所示。

在工程名称文本框中输入工程的名称，该工程名称同时将被作为当前工程的路径名称。在工程描述文本框中输入对该工程的描述文字。工程名称长度应小于 32 个字节，工程描述长度应小于 40 个字节。单击“完成”完成工程的新建。系统会弹出对话框，询问用户是否将新建工程设为当前工程，如图 5—28 所示。

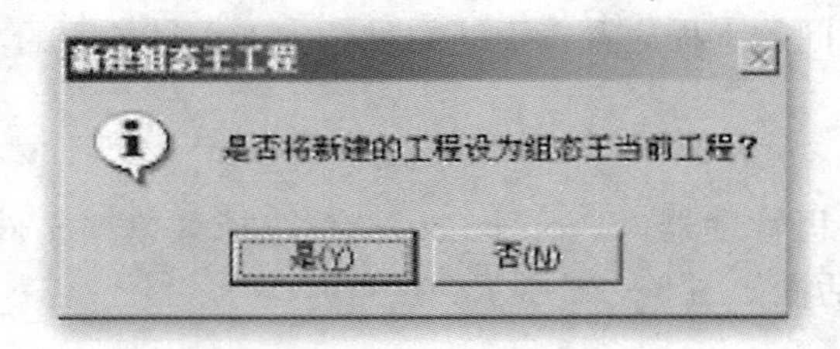

图 5—28 确认当前工程

单击“否”按钮，则新建工程不是工程管理器的当前工程。如果要将该工程设为新建工程，可以执行“文件\设为当前工程”命令，单击“是”按钮，则将新建的工程设为组态王的当前工程。定义的工程信息会出现在工程管理器的信息表格中。双击该信息条或单击“开发”按钮或选择菜单“工具\切换到开发系统”，进入组态王的开发系统。建立的工程路径为：C:\WINDOWS\Desktop\demo（组态王画面开发系统为此工程建立目录）并生成必要的初始数据文件。这些文件对不同的工程是不相同的。因此，不同的工程应该分置不同的目录。

注意：建立的每个工程必须在单独的目录中。除非特别说明，不允许编辑修改这些初始数据文件。

2. 创建组态画面

进入组态王开发系统后，就可以为每个工程建立数目不限的画面，在每个画面上生成互相关联的静态或动态图形对象。这些画面都是由组态王提供的类型丰富的图形对象组成的。系统为用户提供了矩形（圆角矩形）、直线、椭圆（圆）、扇形（圆弧）、点位图、多边形（多边线）、文本等基本图形对象，以及按钮、趋势曲线窗口、报警窗口、报表等复杂的图形对象。提供了对图形对象在窗口内任意移动、缩放、改变形状、复制、删除、对齐等编辑操作，全面支持键盘、鼠标绘图，并提供可对图形对象的颜色、线型、填充属性进行改变的操作工具。组态王采用面向对象的编程技术，使用户可以方便地建立画面的图形界面。用户构图时可以像搭积木那样利用系统提供的图形对象完成画面的生成。同时，支持画面之间的图形对象拷贝，可重复使用以前的开发结果。

（1）定义新画面。

进入新建的组态王工程，选择工程浏览器左侧大纲项“文件\画面”，在工程浏览器右侧用鼠标左键双击“新建”图标，弹出对话框如图 5—29 所示。

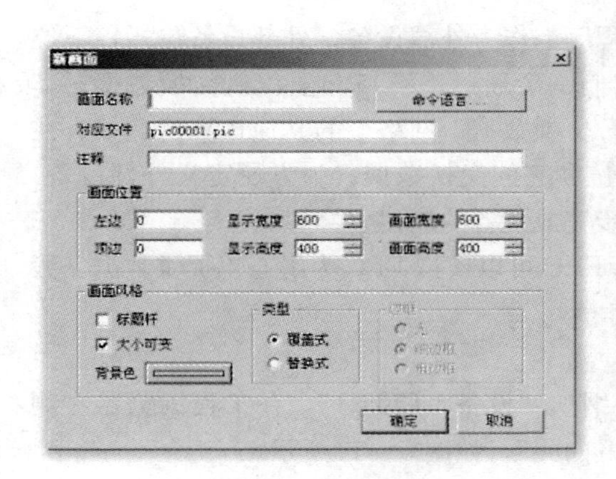

图 5—29　新建画面

图 5—30　新画面绘图区

在“画面名称”处输入新的画面名称，如 Test，其他属性不用更改。点击“确定”按钮进入内嵌的组态王画面开发系统，如图 5—30 所示。

（2）绘制矩形和文本对象。

在组态王开发系统中，从“工具箱”中分别选择“矩形”和“文本”图标，绘制一个矩形对象和一个文本对象，如图 5—31 所示。

在工具箱中选中“圆角矩形”，拖动鼠标在画面上画一矩形。用鼠标在工具箱中点击“显示画刷类型”和“显示调色板”。在弹出的“过渡色类型”窗口点击第二行第四个过渡色类型；在“调色板”窗口点击第一行第二个“填充色”按钮，从下面的色块中选取红色作为填充色，然后点击第一行第三个“背景色”按钮，从下面的色块中选取黑色作为背景色。此时就构造好了一个使用过渡色填充的矩形图形对象。在工具箱中选中“文本”，此时鼠标变成“I”形状，在画面上单击鼠标左键，输入“＃＃＃＃”文字。选择“文件\全部存”命令保存现有画面。

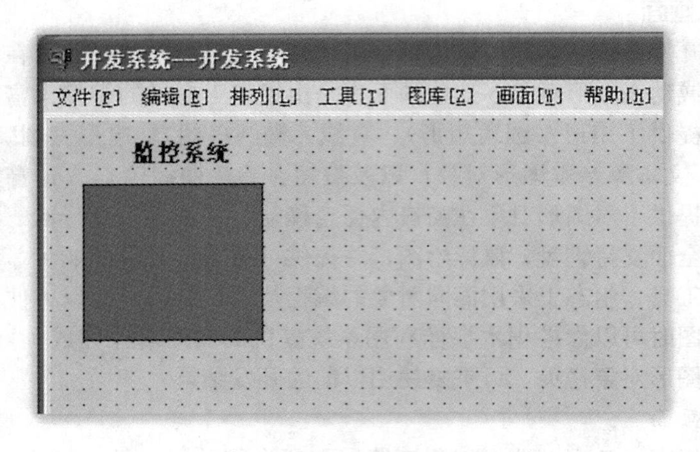

图 5—31　矩形绘制

3. 定义 I/O 设备

组态王把那些需要与之交换数据的设备或程序都作为外部设备。外部设备包括：下位机（PLC、仪表、模块、板卡、变频器等），它们一般通过串行口和上位机交换数据；其他 Windows 应用程序，它们之间一般通过 DDE 交换数据；网络上的其他计算机。只有在定义了外部设备之后，组态王才能通过 I/O 变量和它们交换数据。为方便定义外部设备，组态王设计了“设备配置向导”引导用户一步步完成设备的连接。

本例中使用仿真 PLC 和组态王通信。仿真 PLC 可以模拟 PLC 为组态王提供数据。假设仿真 PLC 连接在计算机的 COM1 口。

(1) 定义 I/O 设备。

继续前面的工程。选择工程浏览器左侧大纲项“设备\COM1”，在工程浏览器右侧用鼠标左键双击“新建”图标，运行“设备配置向导”，如图 5—32 所示。

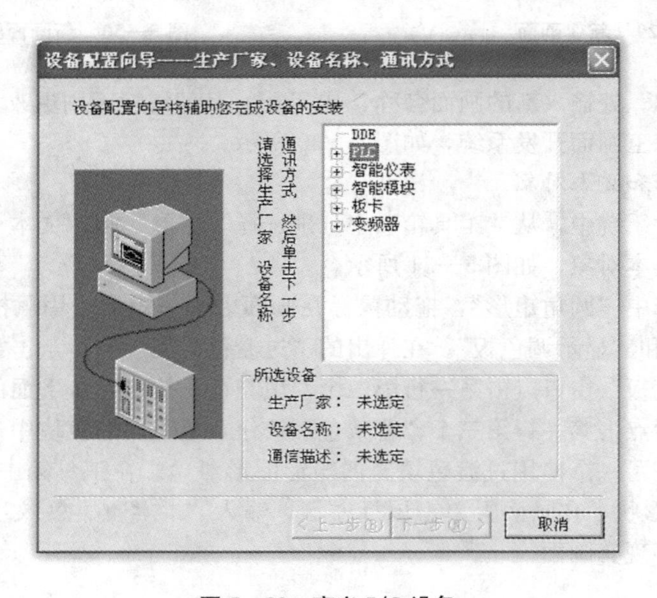

图 5—32　定义 I/O 设备

（2）给安装指定逻辑名称。

选择“仿真PLC”的“串行”项，单击“下一步”，弹出“设备配置向导——逻辑名称”对话框，如图5—33所示。

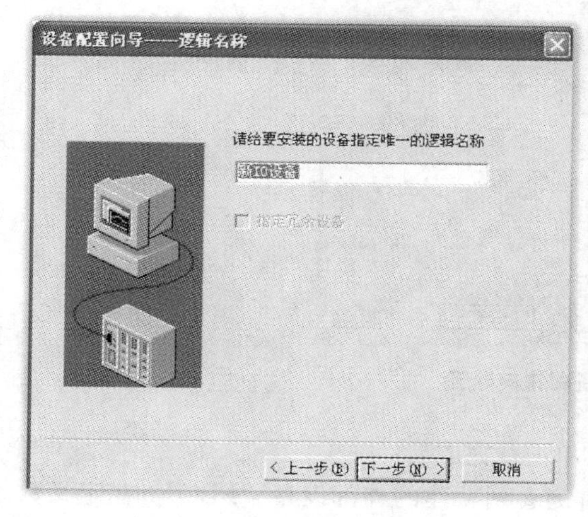

图5—33　设备配置向导一

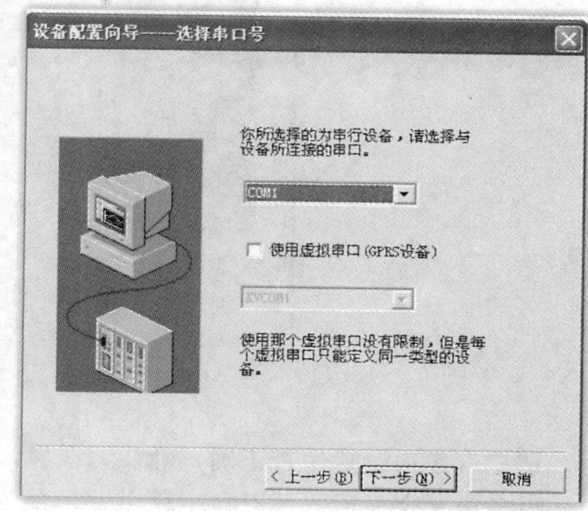

图5—34　设备配置向导二

为外部设备取一个名称，输入“PLC”，单击“下一步”，弹出“设备配置向导——选择串口号”对话框，如图5—34所示。

为设备选择连接串口，假设为COM1，单击“下一步”，弹出“设备配置向导——设备地址设置指南”对话框，如图5—35所示。

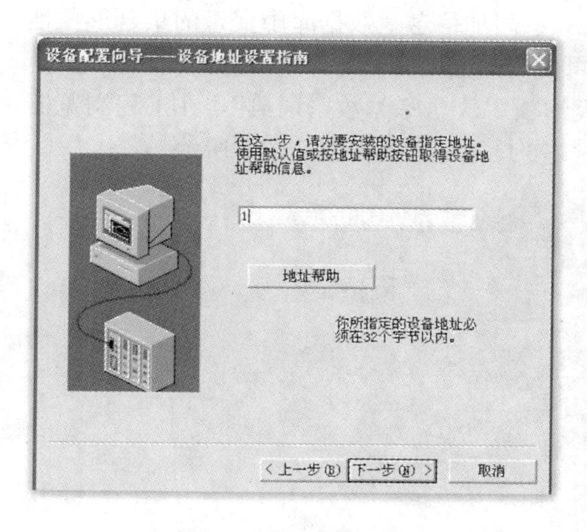

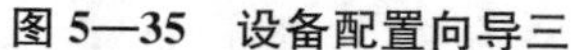

图5—35　设备配置向导三

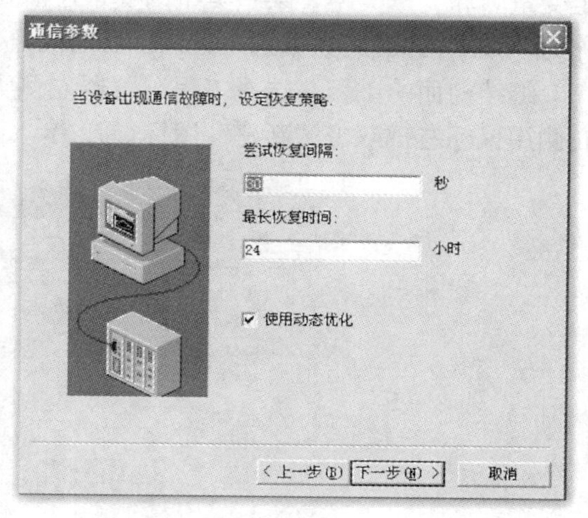

图5—36　设备配置向导四

填写设备地址，假设为1，单击“下一步”，弹出“通信参数”对话框，如图5—36所示。

设置通信故障恢复参数（一般情况下使用系统默认设置即可），单击“下一步”，弹出“设备配置向导——信息总结”对话框，如图5—37所示。

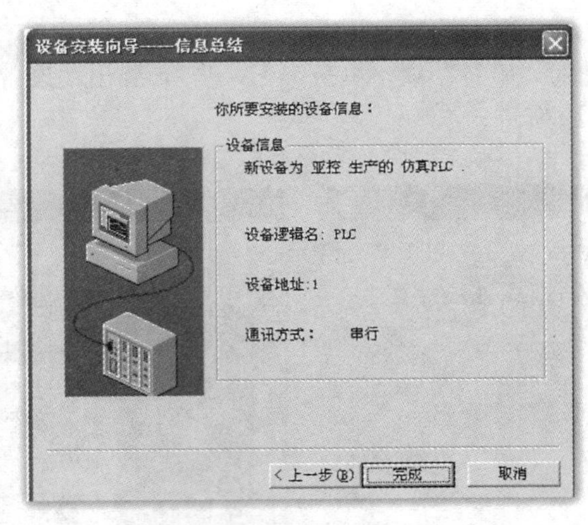

图 5—37 设备配置向导五

请检查各项设置是否正确，确认无误后，单击“完成”。

设备定义完成后，可以在工程浏览器的右侧看到新建的外部设备“PLC”。在定义数据库变量时，只要把 I/O 变量连接到这台设备上，它就可以和组态王交换数据了。

4. 构造数据库

数据库是“组态王”软件的核心部分，工业现场的生产状况要以动画的形式反映在屏幕上，操作者在计算机前发布的指令也要迅速送达生产现场，所有这一切都是以实时数据库为中介环节，所以说数据库是联系上位机和下位机的桥梁。在 TouchVew 运行时，它含有全部数据变量的当前值。变量在画面制作系统组态王画面开发系统中定义，定义时要指定变量名和变量类型，某些类型的变量还需要一些附加信息。数据库中变量的集合形象地称为“数据词典”，数据词典记录了所有用户可使用的数据变量的详细信息。

继续前面的工程。选择工程浏览器左侧大纲项“数据库 \ 数据词典”，在工程浏览器右侧用鼠标左键双击“新建”图标，弹出“定义变量”对话框如图 5—38 所示。

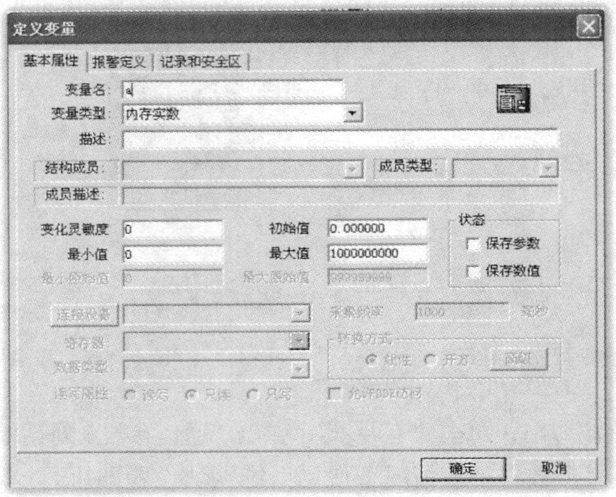

图 5—38 构造数据库 1

此对话框可以对数据变量完成定义、修改等操作，以及数据库的管理工作。在“变量名”处输入变量名，如 a；在“变量类型”处选择变量类型，如：内存实数；其他属性不用更改，单击“确定”即可。

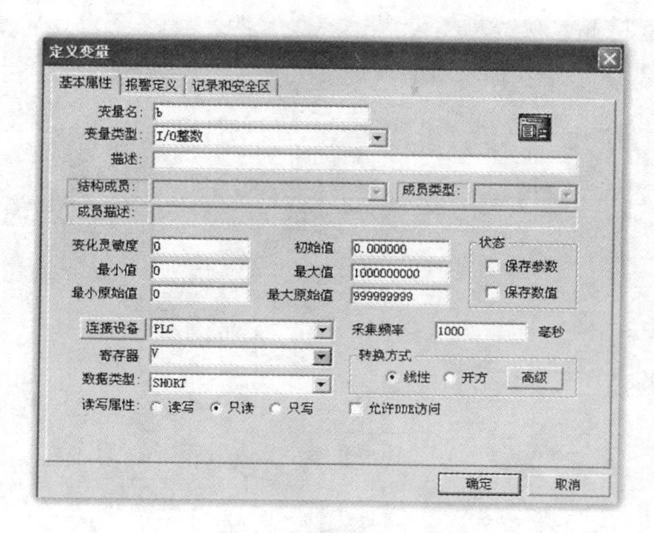

图 5—39　构造数据库 2

下面继续定义一个 I/O 变量，如图 5—39 所示。在“变量名”处输入变量名，如 b；在“变量类型”处选择变量类型，如 I/O 整数；在“连接设备”中选择先前定义好的 I/O 设备 PLC；在“寄存器”中定义为 V；在“数据类型”中定义为 SHORT 类型。其他属性不用更改，单击“确定”即可。

5. 建立动画连接

定义动画连接是指在画面的图形对象与数据库的数据变量之间建立一种关系，当变量的值改变时，在画面上以图形对象的动画效果表示出来，或者由软件使用者通过图形对象来改变数据变量的值。“组态王”提供了 21 种动画连接方式，见表 5—17。

表 5—17　　动画连接方式

属性变化	线属性变化、填充属性变化、文本色变化
位置与大小变化	填充、缩放、旋转、水平移动、垂直移动
值输出	模拟值输出、离散值输出、字符串输出
值输入	模拟值输入、离散值输入、字符串输入
特殊	闪烁、隐含
滑动杆输入	水平、垂直
命令语言	按下时、弹起时、按住时

一个图形对象可以同时定义多个连接，组合成复杂的效果，以便满足实际中任意的动画显示需要。

继续前面的工程。双击图形对象——矩形，可弹出“动画连接”对话框，如图 5—40 所示。

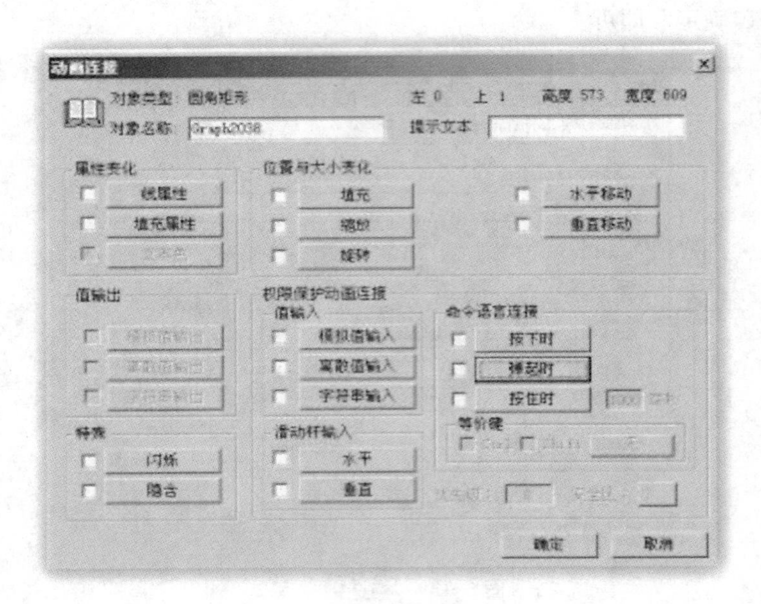

图 5—40　动画连接对话框

用鼠标单击“填充”按钮，弹出对话框如图 5—41 所示。

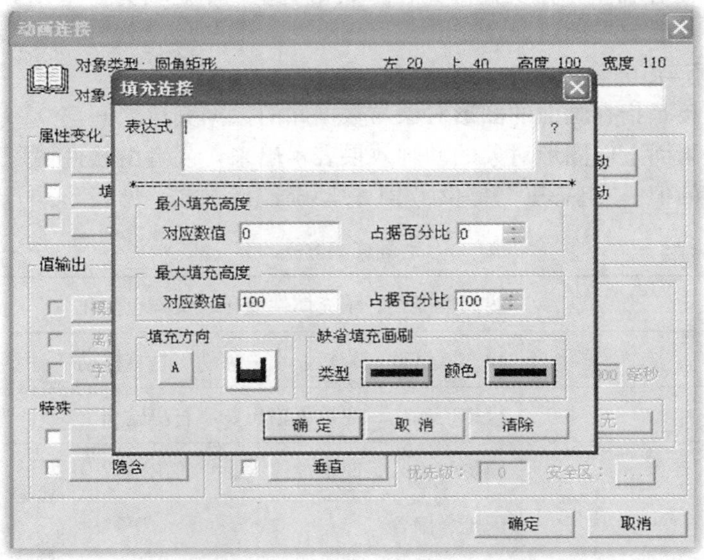

图 5—41　填充连接 1

在“表达式”处输入“a”，“缺省填充画刷”的颜色改为黄色，其余属性不用更改，如图 5—42 所示。

单击“确定”返回组态王开发系统。为了让矩形动起来，需要使变量即 a 能够动态变化，选择“编辑\画面属性”菜单命令，弹出“画面属性”对话框如图 5—43 所示。

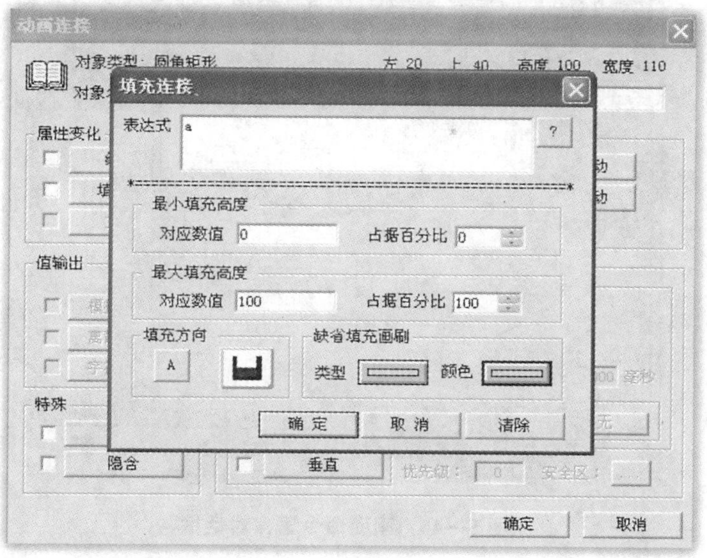

图 5—42　填充连接 2

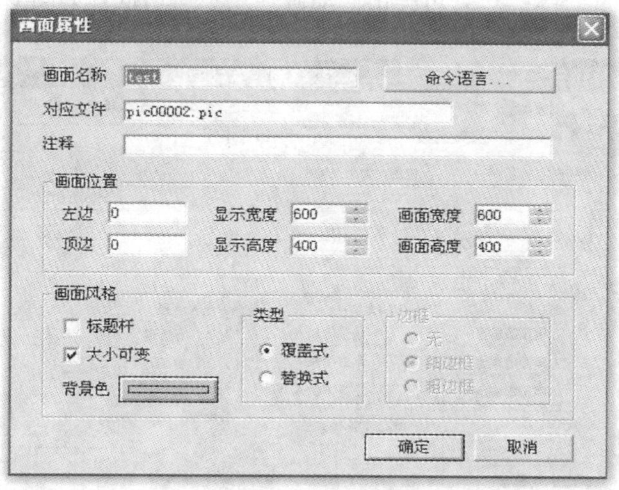

图 5—43　画面属性对话框

单击“命令语言…”按钮，弹出“画面命令语言”对话框，如图 5—44 所示。

在编辑框处输入命令语言：

```
if (a<100)
a=a+10;
else
a=0;
```

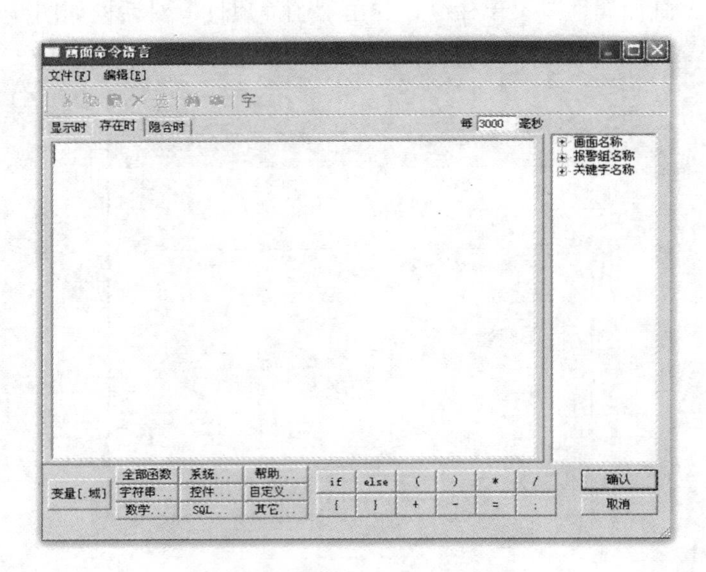

图 5—44　画面命令语言对话框

可将“每 3 000 毫秒”改为“每 500 毫秒”，此为画面执行命令语言的执行周期。单击“确认”及“确定”回到开发系统。

双击文本对象“＃＃＃＃”，可弹出“动画连接”对话框，如图 5—45 所示。

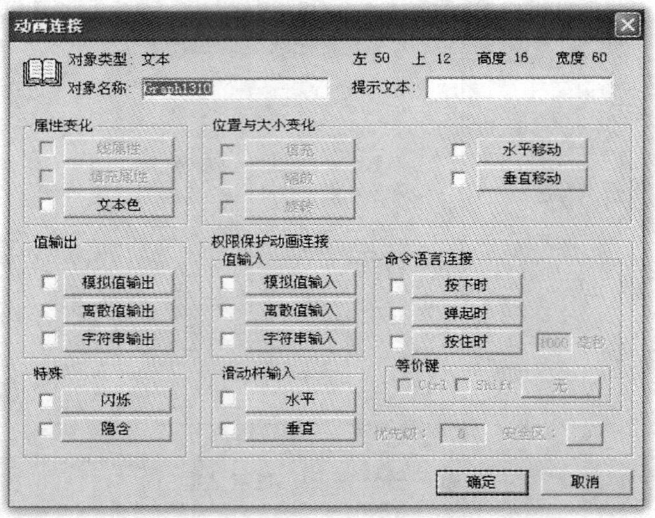

图 5—45　动画连接对话框

用鼠标单击“模拟值输出链接”按钮，弹出“模拟值输出连接”对话框如图 5—46 所示。

在“表达式”处输入“b”，其余属性不用更改。单击“确定”返回组态王开发系统，选择“文件＼全部存”菜单命令。

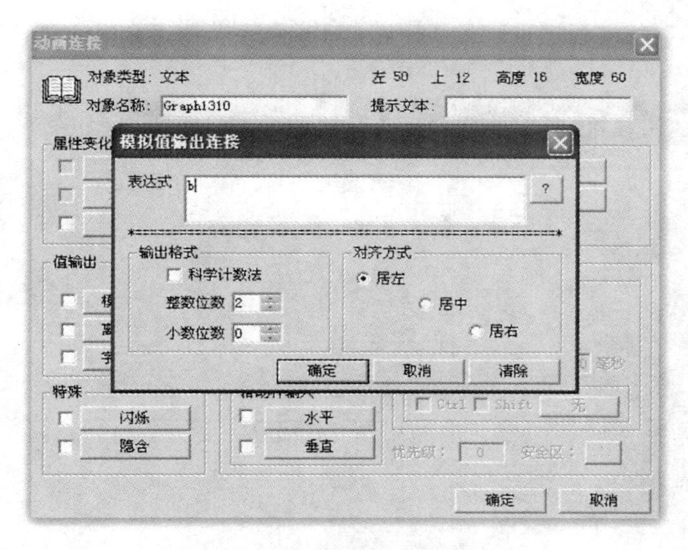

图 5—46 模拟值输出连接对话框

6. 运行和调试

组态王工程已经初步建立起来，进入到运行和调试阶段。在组态王开发系统中选择“文件 \ 切换到 View”菜单命令，进入组态王运行系统。在运行系统中选择“画面 \ 打开”命令，从“打开画面”窗口选择“Test”画面。显示出组态王运行系统画面，即可看到矩形框和文本在动态变化。

任务分析

一、建立新工程

打开组态王监控软件，在工程管理器内点击新建工程菜单，出现如图 5—47 所示对话框。

单击“下一步”选择工程所在路径，如图 5—48 所示。

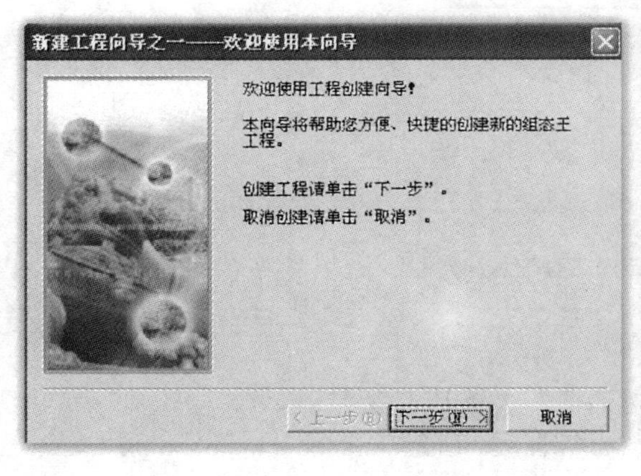

图 5—47 工程向导一

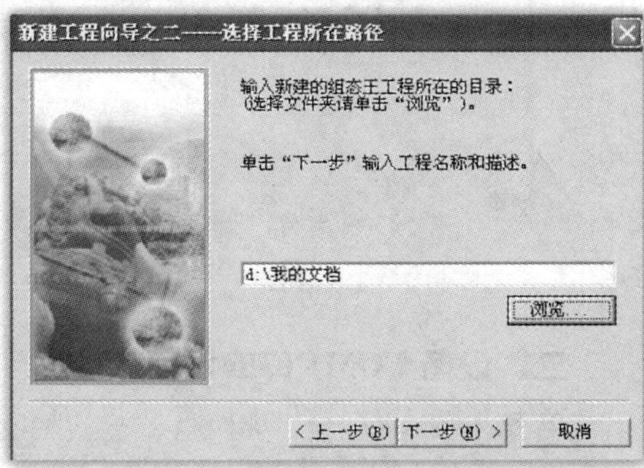

图 5—48 工程所在路径

单击“下一步”给工程进行取名和描述，如图 5—49 所示。

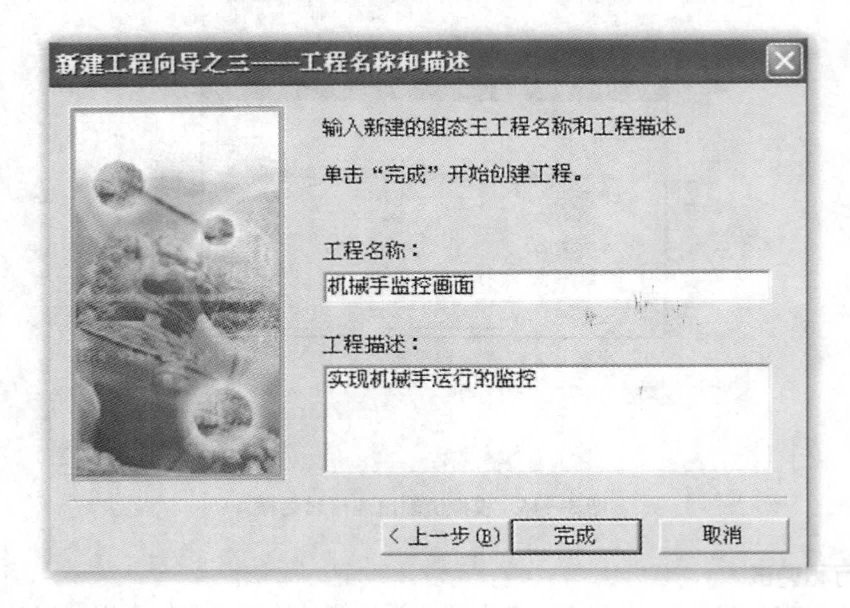

图 5—49　工程描述

单击“完成”，完成新项目的建立如图 5—50 所示。

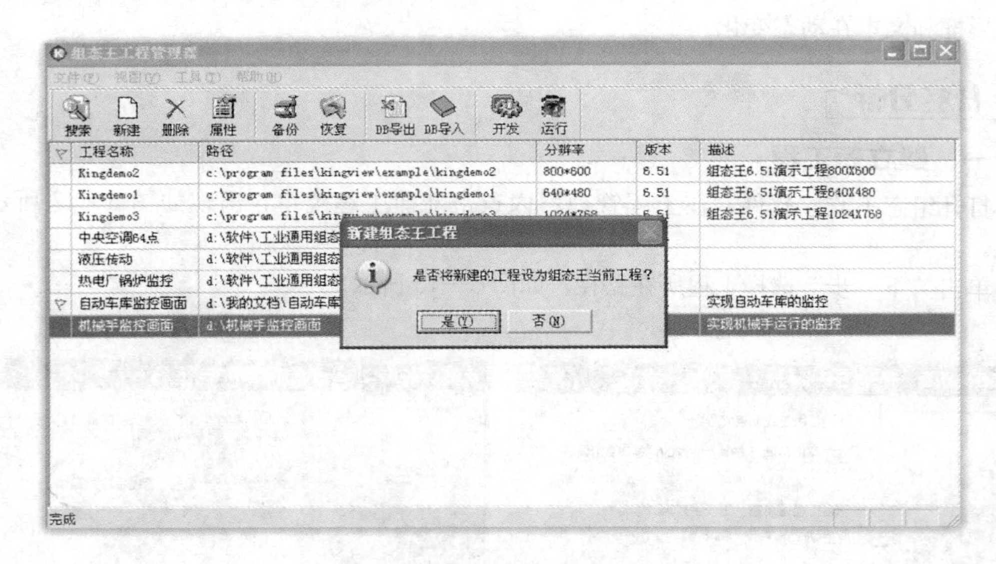

图 5—50　新建工程信息

二、设备 COM1 口的设置

单击设备配置向导出现如图 5—51 所示对话框，选择 PLC 型号。

单击“下一步”，为设备取名为“PLC”，如图 5—52 所示。

图 5—51　设备选择

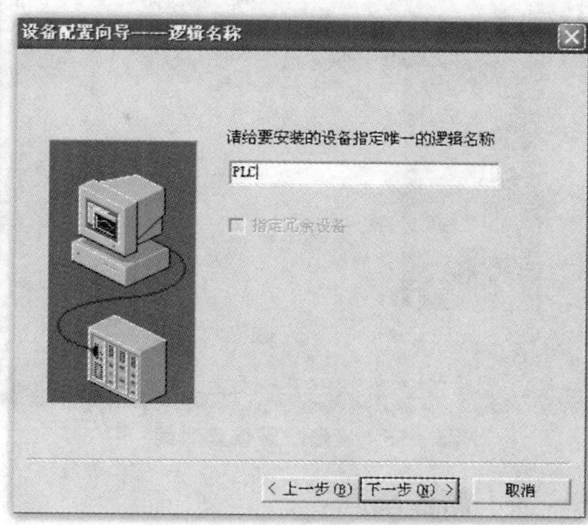

图 5—52　设备名称

单击“下一步”，为串口设备选择串行端口 COM1，如图 5—53 所示。

单击“下一步”，为安装的设备指定地址为 0，如图 5—54 所示。

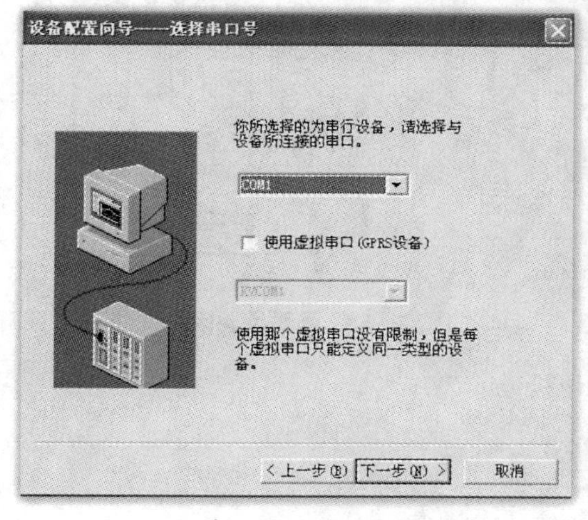

图 5—53　设备连接口

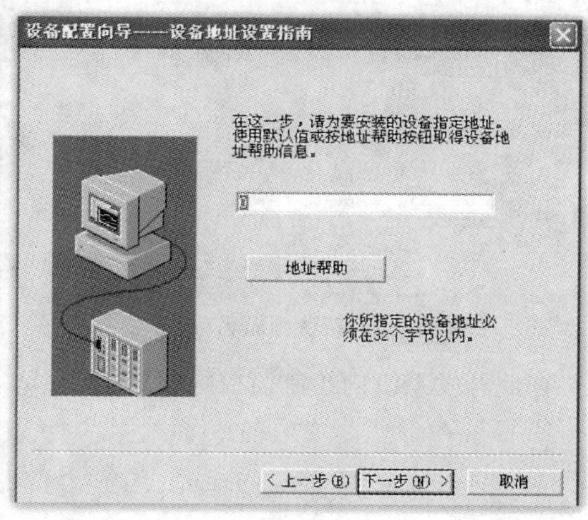

图 5—54　设备物理地址

单击“下一步”，设置设备故障恢复时间，如图 5—55 所示。

单击“下一步”，完成设备设置，出现如图 5—56 所示设置信息，如若没错点击“完成”，如若有错单击“上一步”进行修改。

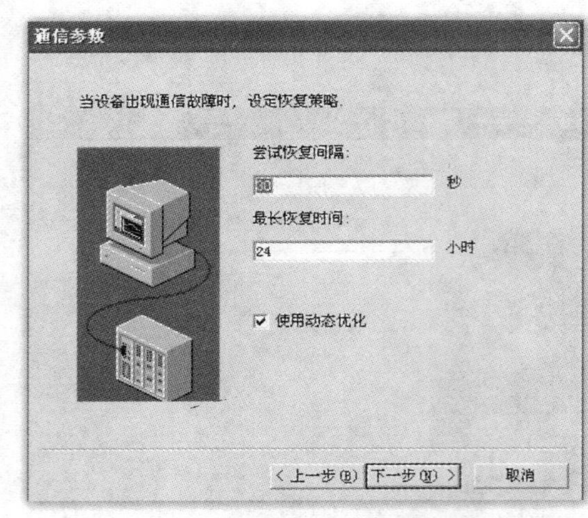

图 5—55　设备故障恢复时间

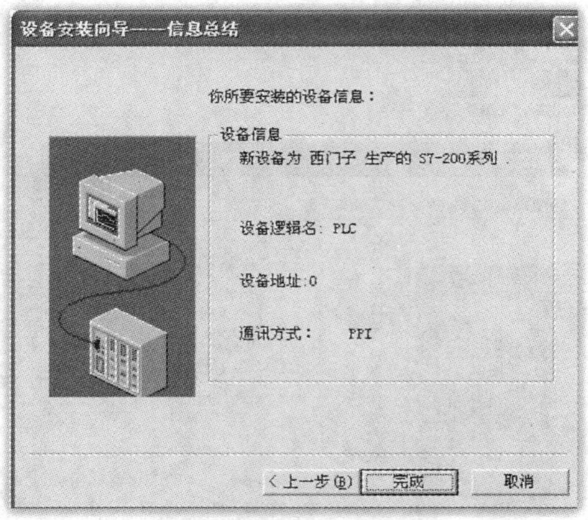

图 5—56　新建设备信息

三、新建画面

选择文件/画面，单击新建按钮出现如图 5—57 所示的对话框。

填写画面名称及参数，单击确定按钮出现如图 5—58 所示的对话框。

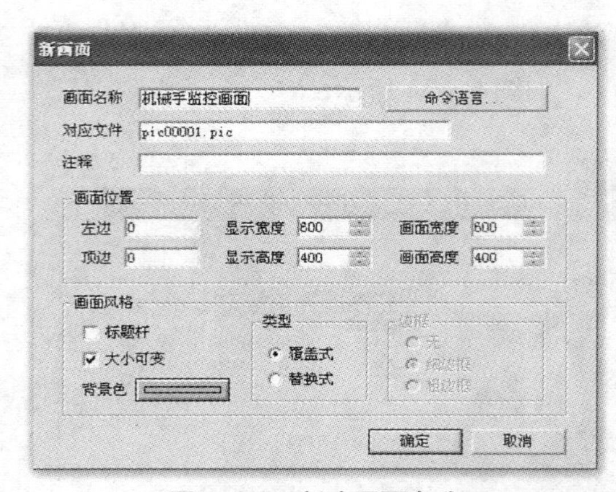

图 5—57　新建画面名称

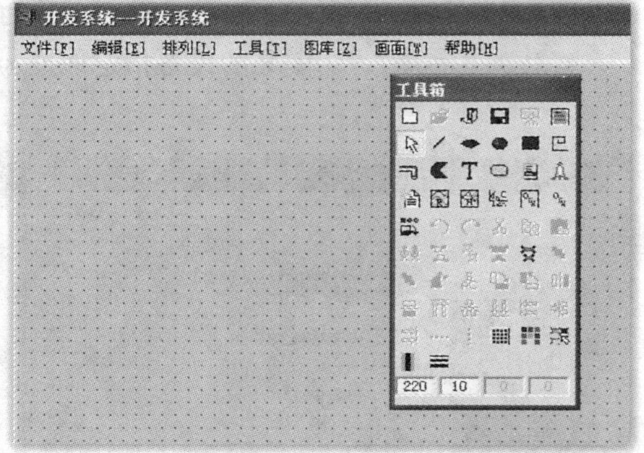

图 5—58　画面绘制区

在此开发系统内绘制监控画面如图 5—59 所示。

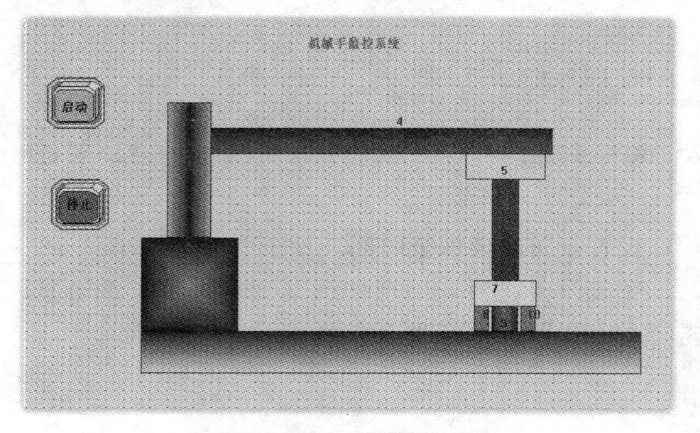

图 5—59　绘制的画面

四、动画连接

对上述编号为 5～10 的部件进行动画设置如图 5—60 所示。

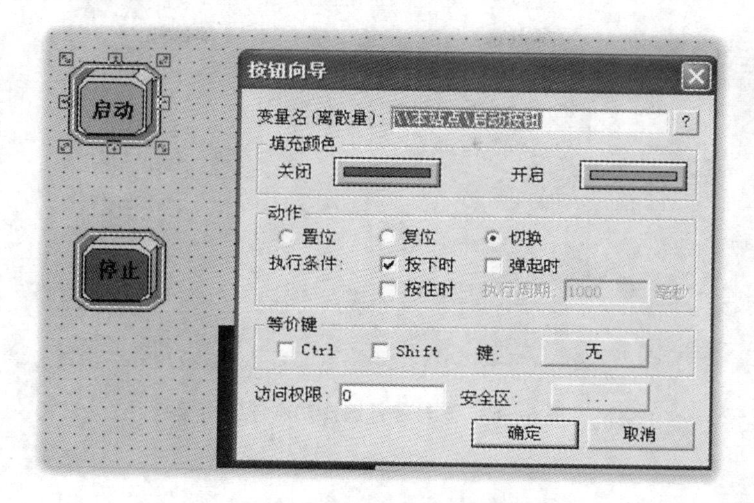

图 5—60　按钮动画连接

单击 4 号部件选择动画连接菜单，进行动画参数设置如图 5—61 所示。

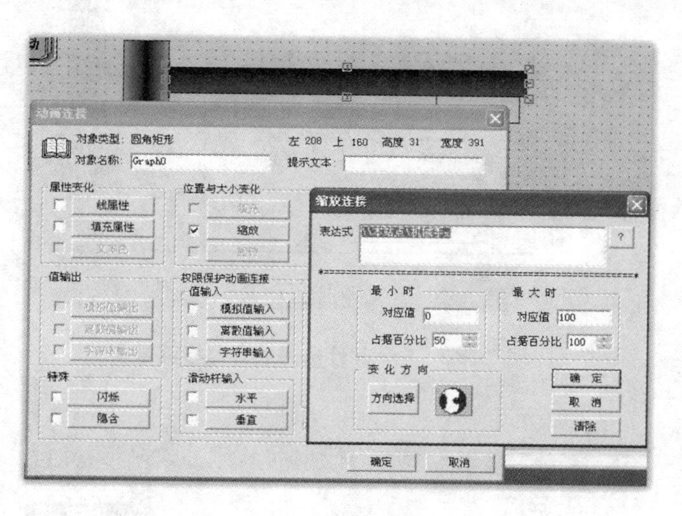

图 5—61　4 号部件选择动画连接菜单

单击 5 号部件选择动画连接菜单，进行动画参数设置如图 5—62 所示。
单击 6 号部件选择动画连接菜单，进行动画参数设置如图 5—63 所示。
单击 7 号部件选择动画连接菜单，进行动画参数设置如图 5—64 所示。
单击 8 号部件选择动画连接菜单，进行动画参数设置如图 5—65 所示。
单击 9 号部件选择动画连接菜单，进行动画参数设置如图 5—66 所示。
单击 10 号部件选择动画连接菜单，进行动画参数设置如图 5—67 所示。

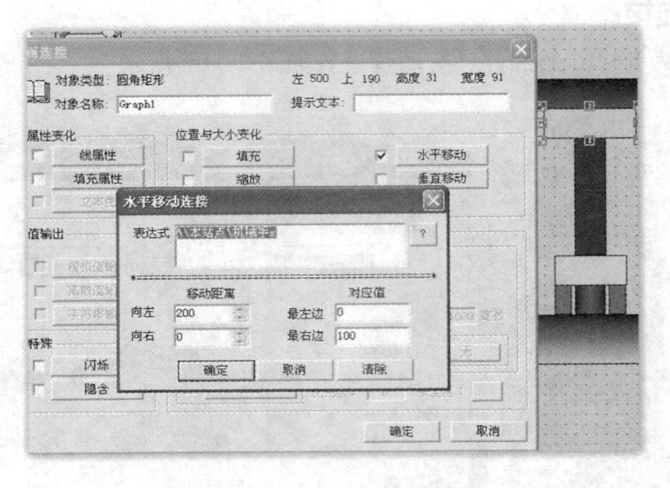

图 5—62　5 号部件选择动画连接菜单

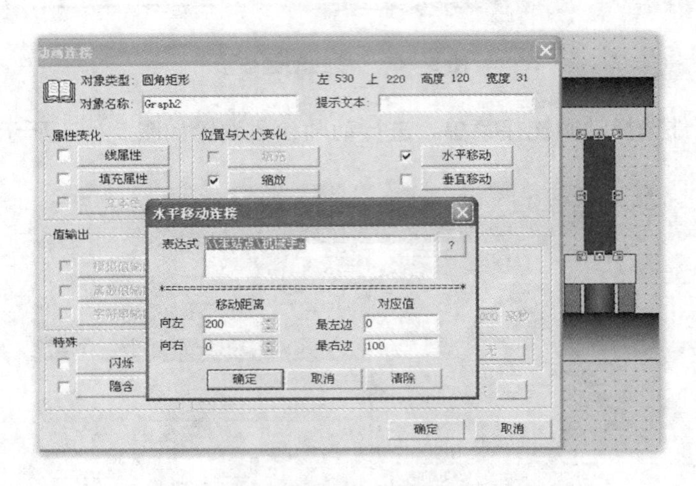

图 5—63　6 号部件选择动画连接菜单

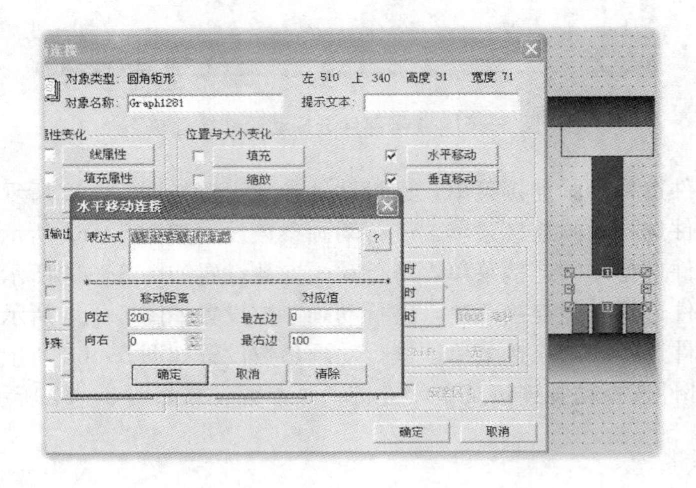

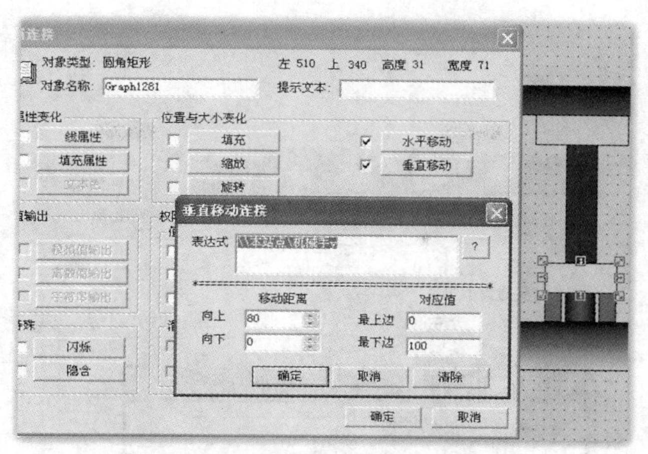

图 5—64　7 号部件选择动画连接菜单

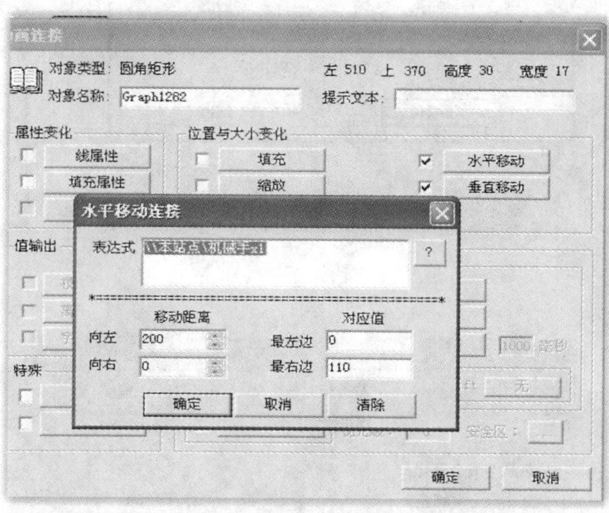

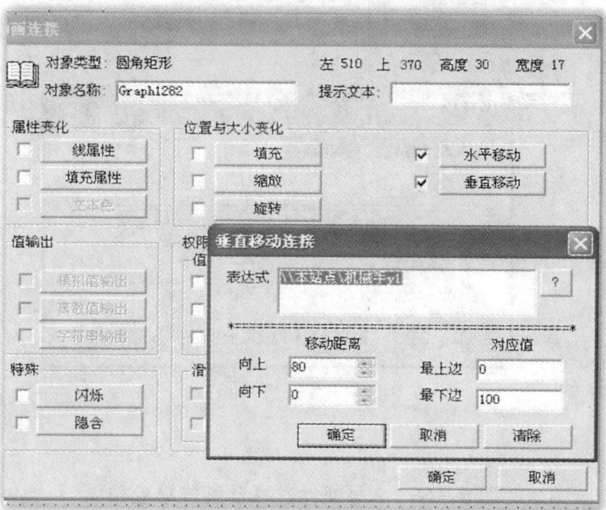

图 5—65　8 号部件选择动画连接菜单

矩形 左 530 上 369 高度 31 宽度 30
提示文本:
位置与大小变化
填充
水平移动
缩放
垂直移动
水平移动连接
表达式 \\本站点\工件x
?
移动距离
对应值
向左 200
最左边 0
向右 0
最右边 100
确定
取消
清除
确定
取消

图 5—66　9 号部件选择动画连接菜单

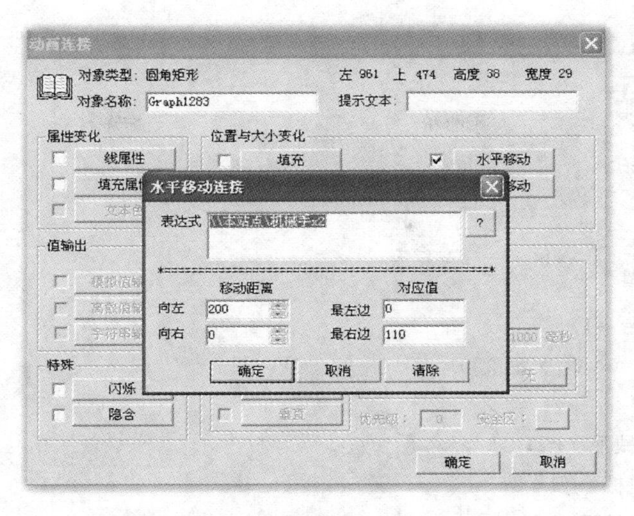

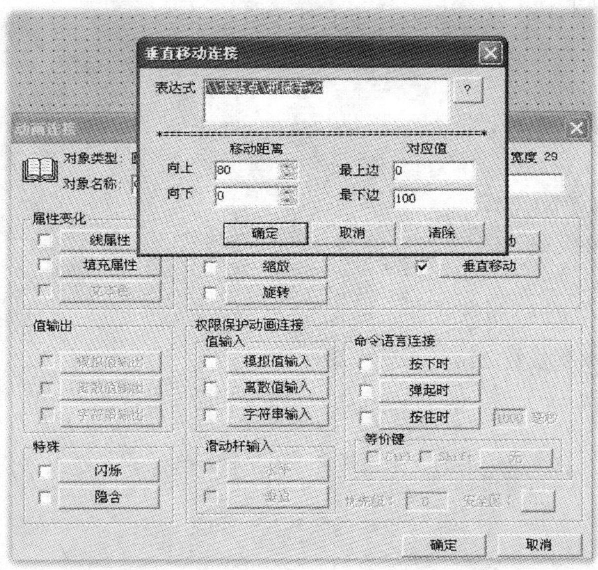

图 5—67　10 号部件选择动画连接菜单

五、命令语言

1. 应用程序命令语言

起动时：

上移阀＝0；

下移阀＝0；

左移阀＝0；

右移阀＝0；

放松阀＝0；

夹紧阀＝0；

机械手 x＝0；

```
机械手 x1=0;
机械手 x2=5;
机械手 y=0;
机械手 y1=0;
机械手 y2=0;
工件 x=0;
工件 y=100
```

运行时:

```
if (运行标志==1)
 {if (次数>=0&& 次数<50)
 {下移阀=1;
机械手 y=机械手 y+2;
机械手 y1=机械手 y1+2;
机械手 y2=机械手 y2+2;
次数=次数+1;
}
if (次数>=50&& 次数<52)
 {下移阀=0;
机械手 x1=机械手 x1+2;
机械手 x2=机械手 x2-2;
次数=次数+1;
}
if (次数>=52&& 次数<70)
 {次数=次数+1;
}
if (次数>=70&& 次数<120)
 {夹紧阀=0;
上移阀=1;
机械手 y=机械手 y-2;
机械手 y1=机械手 y1-2;
机械手 y2=机械手 y2-2;
工件 y=工件 y-2;
次数=次数+1;
}
if (次数>=120&& 次数<220)
 {上移阀=0;
右移阀=1;
机械手 x=机械手 x+1;
机械手 x1=机械手 x1+1;
机械手 x2=机械手 x2+1;
```

```
工件 x=工件 x+1;
次数=次数+1;
}
if (次数>=220&& 次数<270)
{右移阀=0;
下移阀=1;
机械手 y=机械手 y+2;
机械手 y1=机械手 y1+2;
机械手 y2=机械手 y2+2;
工件 y=工件 y+2;
次数=次数+1;
}
if (次数>=270&& 次数<290)
{下移阀=0;
放松阀=1;
次数=次数+1;
}
if (次数>=290&& 次数<340)
{放松阀=0;
上移阀=1;
机械手 y=机械手 y-2;
机械手 y1=机械手 y1-2;
机械手 y2=机械手 y2-2;
次数=次数+1;
}
if (次数>=340&& 次数<440)
{上移阀=0;
左移阀=1;
机械手 x=机械手 x-1;
机械手 x1=机械手 x1-1;
机械手 x2=机械手 x2-1;
次数=次数+1;
}
if (次数==440)
{左移阀=0;
次数=0;
工件 x=0;
工件 y=100;
if (停止标志==1)
{停止标志=0;
```

```
运行标志=0;
   }
  }
 }
```

2. 事件命令语言

事件命令语言如图 5—68 所示。

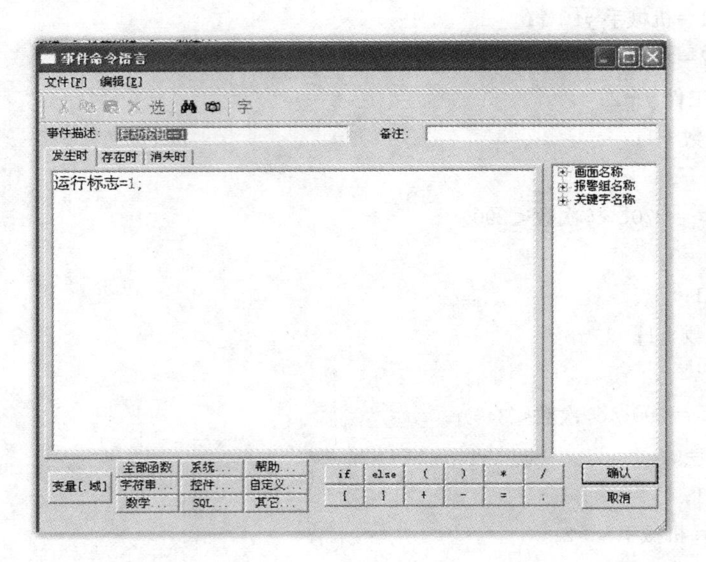

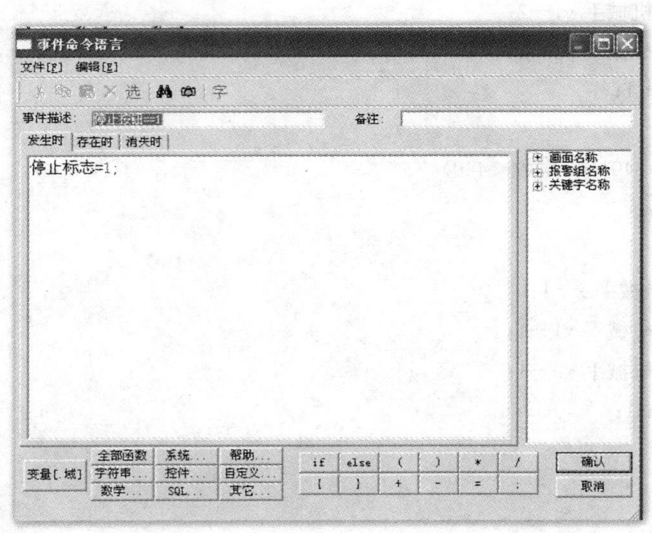

图 5—68　事件命令语言

运行时画面如图 5—69 所示。

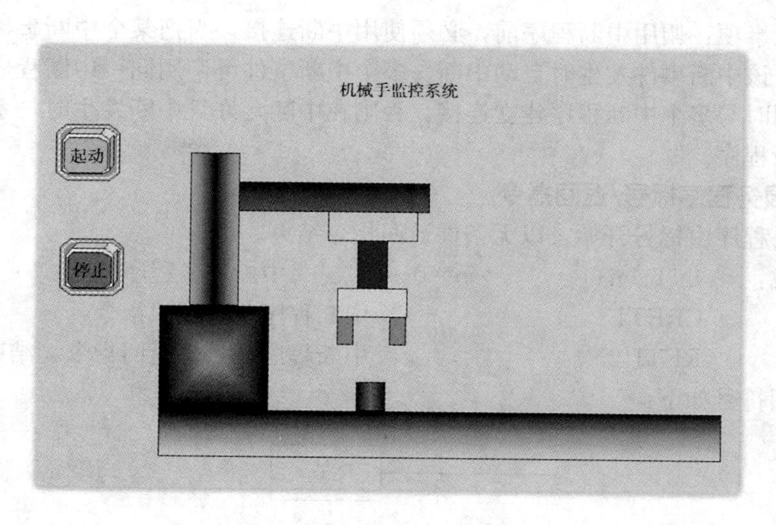

图 5—69　运行时画面

知识拓展

中断指令：系统暂时中断当前程序，转去对随机发生的紧迫事件进行处理，处理完后自动回到原处。

1. 全局中断允许/禁止指令

指令格式：ENI　　　　全局中断允许

　　　　　DISI　　　　全局中断禁止

其梯形图符号如下：

——(ENI)

——(DISI)

2. 中断连接/分离指令

指令格式：ATCH　INT _ n，EVENT　　中断连接

　　　　　DTCH　EVENT　　　　　　中断分离

其梯形图如下：

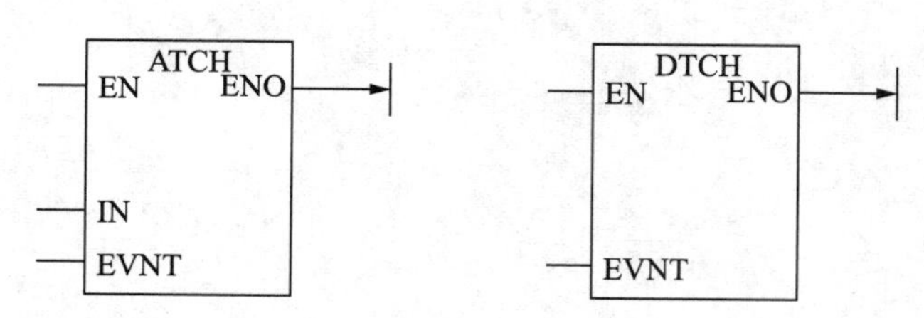

INT：字节常量 0～127。

EVNT：字节常量，取值与 CPU 的型号有关，CPU226 为 0～33。

使用注意事项：调用中断程序前，必须使用中断连接，当把某个中断事件和中断程序建立连接后，该中断事件发生时自动中断。多个中断事件可调用同一中断程序，但一个中断事件不能同时与多个中断程序建立连接。否则在中断允许且中断发生时，系统默认连接最后一个中断程序。

3. 中断服务程序标号/返回指令

中断服务程序由标号开始，以无条件返回指令结束。

指令格式：　INT　n　　　n=0～127　　中断服务程序开始

　　　　　　CRETI　　　　　　　　中断程序条件返回指令

　　　　　　RETI　　　　　　　　　中断程序无条件返回指令，结束必须使用

其梯形图符号如下：

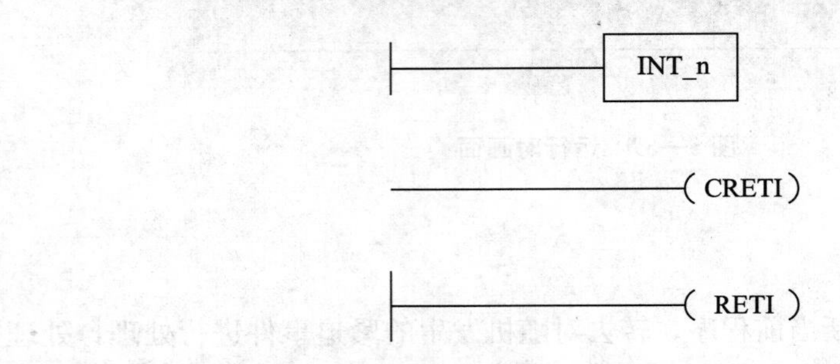

中断服务程序中禁止使用以下指令：DISI、ENI、CALL、HDEF、FOR/NEXT、LSCR、SCRE、SCRT、END。

参考文献

[1] 王烈准．电气控制与PLC应用技术．北京：机械工业出版社，2010.

[2] 刘美俊．可编程控制器应用技术．福州：福建科学技术出版社，2006.

[3] 张万忠．可编程控制器应用技术．北京：化学工业出版社，2005.

[4] 张进秋，陈永利，等．可编程控制器原理及应用实例．北京：机械工业出版社，2004.

[5] 华满香，刘小春，等．电气控制与PLC应用．北京：人民邮电出版社，2009.

[6] 徐国林．PLC应用技术．北京：机械工业出版社，2007.

[7] 廖常初．S7-200 PLC编程及应用．北京：机械工业出版社，2007.

[8] 胡学林．可编程控制器教程（基础篇）．北京：电子工业出版社，2003.

[9] 高钦和．可编程控制器应用技术与设计实例．北京：人民邮电出版社，2004.

[10] 西门子（中国）有限公司．S7-200可编程控制器系统手册，2005.

图书在版编目（CIP）数据

电气控制及 PLC 技术/李美菊，陈建主编；中国高等教育学会组织编写．—北京：中国人民大学出版社，2013.8

普通高等教育“十二五”高职高专规划教材·专业课（理工科）系列

ISBN 978-7-300-17546-1

Ⅰ.①电…　Ⅱ.①李…　Ⅲ.①电气控制 ②plc 技术　Ⅳ.①TM571.2 ②TM571.6

中国版本图书馆 CIP 数据核字（2013）第 188158 号

普通高等教育“十二五”高职高专规划教材·专业课（理工科）系列

电气控制及 PLC 技术

中国高等教育学会　组织编写

主　编　李美菊　陈建

副主编　范振瑞　孙晓鹏　梁　强　宋清龙

参　编　李晓楠　叶云云　徐伟伟　陈丽娟

Dianqi Kongzhi ji PLC Jishu

出版发行	中国人民大学出版社		
社　址	北京中关村大街 31 号	邮政编码	100080
电　话	010－62511242（总编室）		010－62511770（质管部）
	010－82501766（邮购部）		010－62514148（门市部）
	010－62515195（发行公司）		010－62515275（盗版举报）
网　址	http://www.crup.com.cn		
	http://www.ttrnet.com(人大教研网)		
经　销	新华书店		
印　刷	北京密兴印刷有限公司		
规　格	185 mm×260 mm　16 开本	版　次	2013 年 8 月第 1 版
印　张	14.25	印　次	2014 年 7 月第 2 次印刷
字　数	326 000	定　价	29.80 元

教师信息反馈表

为了更好地为您服务，提高教学质量，中国人民大学出版社愿意为您提供全面的教学支持，期望与您建立更广泛的合作关系。请您填好下表后以电子邮件或信件的形式反馈给我们。

您使用过或正在使用的我社教材名称		版次	
您希望获得哪些相关教学资料			
您对本书的建议（可附页）			
您的姓名			
您所在的学校、院系			
您所讲授的课程名称			
学生人数			
您的联系地址			
邮政编码		联系电话	
电子邮件（必填）			
您是否为人大社教研网会员	□ 是，会员卡号：＿＿＿＿＿＿ □ 不是，现在申请		
您在相关专业是否有主编或参编教材意向	□ 是　　□ 否 □ 不一定		
您所希望参编或主编的教材的基本情况（包括内容、框架结构、特色等，可附页）			

我们的联系方式：北京市西城区马连道南街 12 号

中国人民大学出版社应用技术分社

邮政编码：100055

电话：010-63311862

网址：http://www.crup.com.cn

E-mail：smooth.wind@163.com

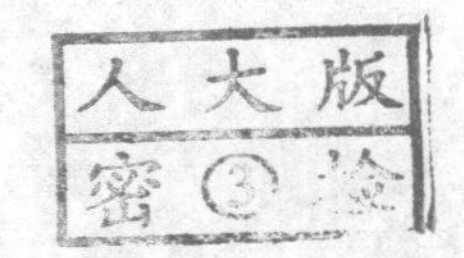
人大版
密 ③ 检